Inverse Steuerung piezoelektrischer Aktoren mit Hysterese-, Kriech- und Superpositionsoperatoren

Dissertation

zur Erlangung des Grades
Doktor der Ingenieurwissenschaften (Dr.-Ing.)
der Fakultät 7 - Physik und Elektrotechnik
der Universität des Saarlandes

von

Klaus Kuhnen

Saarbrücken

2001

Tag des Kolloquiums:	02. November 2001
Dekan:	Prof. Dr. rer. nat. Jörn Petersson
Gutachter:	Prof. Dr.-Ing. habil. Hartmut Janocha
	Prof. Dr. tech. Romanus Dyczij-Edlinger
	Dr. Pavel Krejci

Berichte aus der Steuerungs- und Regelungstechnik

Klaus Kuhnen

Inverse Steuerung piezoelektrischer Aktoren mit Hysterese-, Kriech- und Superpositionsoperatoren

Shaker Verlag
Aachen 2001

Die Deutsche Bibliothek - CIP-Einheitsaufnahme

Kuhnen, Klaus:
Inverse Steuerung piezoelektrischer Aktoren mit Hysterese-, Kriech- und Superpositionsoperatoren / Klaus Kuhnen.
Aachen : Shaker, 2001
(Berichte aus der Steuerungs- und Regelungstechnik)
Zugl.: Saarbrücken, Univ., Diss., 2001
ISBN 3-8265-9635-8

Printed in Germany.

ISBN 3-8265-9635-8
ISSN 0945-1005

Shaker Verlag GmbH • Postfach 1290 • 52013 Aachen
Telefon: 02407 / 95 96 - 0 • Telefax: 02407 / 95 96 - 9
Internet: www.shaker.de • eMail: info@shaker.de

Für Margot, Franziska und Klaus

Vorwort

Die vorliegende Arbeit entstand während meiner Zeit als Wissenschaftlicher Mitarbeiter am Lehrstuhl für Prozeßautomatisierung (LPA) der Universität des Saarlandes. Mein besonderer Dank gilt Herrn Prof. Dr. Hartmut Janocha. Ohne seine Unterstützung und Betreuung wäre diese Arbeit nicht möglich gewesen. Herrn Dr. Pavel Krejci und Herrn Prof. Dr. Romanus Dyczij-Edlinger danke ich für die Übernahme des Korreferates. Darüber hinaus danke ich Herrn Dr. Pavel Krejci für seinen fachlichen Rat während meiner wissenschaftlichen Arbeit. Mit seiner steten Diskussions- und Kooperationsbereitschaft hat er mir zu einem tieferen Verständnis der mathematischen Theorie hysteresebehafteter Systeme verholfen und damit wesentliche Impulse zum Gelingen dieser Arbeit gegeben.

Ich danke allen Studenten, die mich durch ihre Arbeiten und Anregungen während der Arbeit unterstützt haben. Ebenso danke ich allen Mitarbeitern des Lehrstuhls für Prozeßautomatisierung für die anregenden Diskussionen und das angenehme Arbeitsklima im Verlauf der Arbeit.

Mein besonderer Dank gilt außerdem meiner Mutter Franziska Kuhnen und meinem Vater Klaus Kuhnen, die mit ihrem steten Einsatz und Weitblick die Voraussetzungen für meine berufliche Ausbildung und damit die Grundlage für meine wissenschaftliche Arbeit geschaffen haben.

Den letzten Abschnitt dieses Vorwortes widme ich Frau Margot Gottdang, die mich während der Zeit meiner Ausbildung und über weite Strecken meiner wissenschaftlichen Tätigkeit begleitet hat. Vor allem wegen ihrer großen menschlichen Qualitäten war sie mir immer ein Vorbild und in schwierigen Phasen meiner persönlichen Entwicklung ein großer Rückhalt. Ihr Beitrag zu meiner persönlichen Entwicklung im allgemeinen und zu dieser Arbeit im speziellen ist daher für mich nicht hoch genug zu bewerten. Deshalb empfinde ich ihr gegenüber eine besonders tiefe Dankbarkeit.

Saarbrücken, Juni 2001

Klaus Kuhnen

Kurzfassung

Piezoelektrische Materialien werden aufgrund ihrer Fähigkeit, elektrische Energie in mechanische Energie umwandeln zu können, schon seit längerer Zeit industriell zum Aufbau von Aktoren genutzt. Zur Erzeugung möglichst großer Auslenkungen werden piezoelektrische Aktoren mit großen elektrischen Spannungen angesteuert. Durch die elektrische Großsignalansteuerung werden Hysterese-, Kriech- und Sättigungseffekte im Übertragungsverhalten des piezoelektrischen Aktors erzeugt.

Zentraler Gegenstand der vorliegenden Arbeit ist die konsistente Erweiterung der mathematisch-phänomenologischen Methode zur Beschreibung hysteresebehafteter Übertragungsglieder um Elemente, die die im Großsignalverhalten piezoelektrischer Aktoren zusätzlich auftretenden Kriech- und Sättigungseffekte berücksichtigen. Die Erweiterung basiert auf sogenannten elementaren Kriech- und Superpositionsoperatoren. Auf der Grundlage dieser operatorbasierten Methodik erfolgt im Anschluß daran die Entwicklung eines neuartigen, echtzeitfähigen Steuerungskonzeptes zur simultanen Kompensation von Hysterese-, Kriech- und Sättigungseffekten sowie zur zusätzlichen Kompensation von Störeffekten, die durch die endliche Steifigkeit des Aktormaterials zustande kommen.

Aufgrund der inhärenten sensorischen Eigenschaften piezoelektrischer Materialien können piezoelektrische Wandler während des aktorischen Betriebs auch sensorisch arbeiten. Sie werden daher zu den multifunktionalen Werkstoffen gezählt. In dieser Art und Weise betrieben werden piezoelektrische Wandler auch als smarte Aktoren bezeichnet. Auf der Basis der elementaren Hysterese-, Kriech- und Superpositionsoperatoren läßt sich ein operatorbasiertes Signalverarbeitungskonzept aufstellen, das eine Realisierung des smarten Aktors auch für den von Hysterese-, Kriech- und Sättigungseffekten geprägten Großsignalbetrieb ermöglicht.

Aus der Kombination des operatorbasierten Steuerungs- und Signalverarbeitungskonzepts resultiert das Prinzip der sogenannten smarten inversen Steuerung. Diese neuartige Steuerung ist in der Lage, gleichzeitig Hysterese-, Kriech- und Sättigungseffekte sowie Störeffekte, die durch die endliche Steifigkeit des Aktormaterials zustande kommen, zu kompensieren, ohne einen externen Weg- oder Kraftsensor zu verwenden. Die Sensorinformation, die zur Sicherstellung dieser Funktionalität benötigt wird, gewinnt die inverse Steuerung dabei allein durch Nutzung der inhärenten sensorischen Eigenschaften des Aktormaterials.

Die Arbeit schließt mit einer Validierung der operatorbasierten Steuerungs- und Signalverarbeitungskonzepte am Beispiel eines kommerziell erhältlichen piezoelektrischen Mikropositioniersystems. Dabei wird gezeigt, daß mit Hilfe der neuartigen Steuerungs- und Signalverarbeitungskonzepte das Aktorübertragungsverhalten um ungefähr eine Größenordnung verbessert werden kann.

Abstract

Piezoelectric materials have been found in industrial use in the form of actuators for many years due to their ability to convert electrical into mechanical energy. High driving voltages are applied to the piezoelectric actuators to achieve large displacements. Controlling a piezoelectric actuator with large driving signals results in effects of hysteresis, creep and saturation in the transfer function behaviour.

A central topic of the present work is the consistent extension of the mathematic phenomenological method of describing hysteretic elements to include elements that cover the creep and saturation effects present in the large-signal behaviour of piezoelectric actuators. The mathematical extension is based on so-called elementary creep and superposition operators. Building upon the foundation of this operator-based method, a new, real-time, feed-forward control concept is developed which simultaneously compensates hysteresis, creep and saturation effects as well as disturbances resulting from the limited actuator stiffness.

Due to their inherent sensory capabilities, piezoelectric materials can supply sensory information during actuator operation and therefore belong to the group of multifunctional materials. Utilised in this way, piezoelectric transducers are referred to as smart actuators. The pronounced hysteresis, creep and saturation effects occurring in actuators driven by large electrical signals can be taken into consideration in a signal processing concept based on elementary operators corresponding to each of these effects. Such a signal processing concept therefore makes possible the operation of smart actuators under electrical large-signal conditions.

Combining both of these operator-based concepts results in so-called smart inverse control. This novel control type is capable of simultaneously compensating hysteresis, creep and saturation effects as well as disturbances resulting from the limited actuator stiffness without the need for an external displacement or force sensor. The sensor information that is required by the inverse controller to guarantee the described functionality is gained solely via the inherent sensory properties of the actuator material.

The present work closes with a validation of the operator-based control and signal processing approaches by example of a commercial piezoelectric micropositioning system. The actuator transfer behaviour is improved by about one order of magnitude with the help of the novel control and signal processing concepts.

Inhaltsverzeichnis

1 Einleitung

Zur Einführung in das Thema „Inverse Steuerung piezoelektrischer Aktoren mit Hysterese-, Kriech- und Superpositionsoperatoren“ beschreibt dieses Kapitel die Linearitätsprobleme, die bei dem Einsatz von piezoelektrischen Keramiken als Aktoren auftreten. Im Stand der Technik werden die aus der Literatur bekannten Methoden zur Beseitigung der Linearitätsprobleme erläutert und Vor- und Nachteile aufgezeigt. Daran schließt sich ein kurzer geschichtlicher Abriß zur Modellbildung der bei piezoelektrischen Aktoren auftretenden Nichtlinearitäten an, und es werden diesbezüglich Defizite im Stand der Technik verdeutlicht. Abschließend werden die Ziele der Arbeit definiert und eine kurze Übersicht über den Inhalt der folgenden Kapitel gegeben.

1.1 Einführung und Motivation

Aufgrund der Fähigkeit von piezoelektrischen Materialien, elektrische Energie in mechanische Energie umwandeln zu können, werden diese schon seit längerer Zeit zum Aufbau von Aktoren genutzt. Gegenüber herkömmlichen Antriebsprinzipien weisen piezoelektrische Werkstoffe den Vorteil auf, daß die Energiewandlung nahezu verzögerungsfrei erfolgt. Dadurch lassen sich Aktoren mit einer sehr breitbandigen Übertragungscharakteristik realisieren. Weitere Vorteile piezoelektrischer Aktoren sind die hohen erzielbaren Stellkräfte, der geringe Leistungsverbrauch im quasistatischen Betrieb, die hohe Steifigkeit und das nahezu unbegrenzte Wegauflösungsvermögen. Andererseits sind ihre Auslenkungen klein, da die erreichbaren Dehnungen nur maximal 1,5...2 ‰ betragen. Aufgrund dieser Eigenschaften werden piezoelektrische Aktoren vorwiegend in Mikropositionieranwendungen, in Systemen zur Schwingungserzeugung und -dämpfung und in schnellen Ventilen eingesetzt.

Zur Erzeugung möglichst großer Auslenkungen werden piezoelektrische Aktoren mit großen elektrischen Spannungen angesteuert. Infolge dieser hohen elektrischen Spannungen laufen im Innern des piezoelektrischen Materials mikrophysikalische Domänenprozesse ab. Diese erzeugen auf makroskopischer Ebene Hysterese-, Kriech- und Sättigungseffekte im Übertragungsverhalten des piezoelektrischen Wandlers. Aufgrund dieser Effekte weicht das reale Übertragungsverhalten piezoelektrischer Aktoren erheblich von dem einer ideal linearen Kennlinie ab. Als Folge davon kommt der Vorteil des nahezu unbegrenzten Wegauflösungsvermögens des Antriebs bei Positionieraufgaben nicht zur Geltung, weil in diesem Fall die momentane Abweichung zwischen Positionssollwert und Positionsistwert maßgeblich durch statische Hysterese- und Nichtlinearitätsfehler sowie dynamische Kriechfehler bestimmt wird. Zudem werden bei harmonischer Ansteuerung des Aktors unerwünschte Oberwellen erzeugt, die in Systemen zur Schwingungsdämpfung ungewollt Eigenschwingungen anregen können. Diese Beispiele zeigen, daß je nach Anwendung vorab eine Kompensation der im elektrischen Großsignalbetrieb entstehenden Hysterese-, Kriech- und Sättigungseffekte erfolgen muß.

Neben der Fähigkeit elektrische Energie in mechanische Energie umwandeln zu können, sind piezoelektrische Werkstoffe zugleich auch in der Lage, mechanische Energie in elektrische Energie zu transformieren. Aufgrund dieser Eigenschaft werden diese nicht nur aktorisch sondern auch sensorisch betrieben. Da piezoelektrische Materialien mehr als eine technisch nutzbare Funktion in sich vereinen, zählen sie zur Klasse der sogenannten multifunktionalen Werkstoffe. Im Bereich der Piezoaktorik wird in letzter Zeit verstärkt der Versuch unternommen, diese multifunktionalen Eigenschaften zum Bau sogenannter smarter piezoelektrischer Aktoren zu nutzen. Die Idee, die dem Prinzip des smarten piezoelektrischen Aktors zugrunde liegt, besteht darin, im aktorischen Betrieb aus den meßbaren elektrischen Größen Spannung und Ladung Information über die mechanischen Größen Kraft und Auslenkung zu gewinnen. Dies ist sonst nur durch die Verwendung externer Weg- bzw. Kraftsensoren möglich. Das Herausfiltern des Kraft- und Auslenkungssignals aus dem gemessenen Spannungs- und Ladungssignal erfordert jedoch spezielle Signalverarbeitungsmethoden, die die im elektrischen Großsignalbetrieb auftretenden nichtlinearen Übertragungseffekte berücksichtigen.

1.2 Stand der Technik

Aus der Literatur sind verschiedene Methoden zur Linearisierung des Übertragungsverhaltens piezoelektrischer Wandler bekannt, die sich grob in die drei folgenden Kategorien einteilen lassen.

- Ladungsansteuerung statt Spannungsansteuerung,
- Regelung der Aktorausgangsgröße,
- inverse Steuerung in offener Wirkungskette.

Das Linearisierungskonzept der ersten Kategorie nutzt den Umstand, daß bei piezoelektrischen Aktoren zwischen der Aktorauslenkung und der elektrischen Ladung des Aktors ein zwar nicht ganz linearer, aber zumindest ein einigermaßen eindeutiger funktionaler Zusammenhang besteht [MGN95,CCS82,FUM98]. Ein Nachteil dieser Methode beruht jedoch darauf, daß die zur Messung der Aktorladung notwendige Integration des Lade- und Entladestroms aufgrund des endlichen Isolationswiderstands des piezoelektrischen Aktors immer mit einem Fehler behaftet ist, der mit der Zeit ansteigt. Um diesen Integrationsfehler zu eliminieren, wird der zur Realisierung der Ladungssteuerung benötigte Ladungssensor als Hochpaß ausgeführt. Damit ist die Ladungssteuerung für den dynamischen und den quasistatischen, nicht jedoch für den rein statischen Betrieb geeignet.

In der industriellen Praxis werden überwiegend Lösungen der zweiten Kategorie eingesetzt [QI97,PI98,MG97,PLD98]. Diese Vorgehensweise hat den Vorteil, daß bei entsprechender Wahl des Sensors und Auslegung des Reglers nicht nur eine nahezu vollständige Linearisierung des Aktorübertragungsverhaltens erreicht wird, sondern auch eine wirksame Unterdrückung externer Störeinflüsse erfolgt. Dieser Ansatz erfordert jedoch einen externen Sensor zur Erfassung der Regelgröße. Außerdem ist beim Entwurf des Regelkreises auf ein stabiles Gesamtsystemverhalten zu achten. Diese Punkte deuten an, daß trotz der technischen Vorteile eines geregelten Aktorsystems der Einsatz einer Regelung in bestimmten Anwendungsfällen aufgrund technischer und auch wirtschaftlicher Randbedingungen nicht in Frage kommt.

Eine weitere Alternative besteht in der Kompensation von nichtidealen Übertragungsanteilen in offener Wirkungskette durch Vorschalten einer inversen Kompensationssteuerung, siehe Bild 1.1 [GR98,GJ96]. Die Aufgabe einer solchen Steuerung besteht darin, aus einem vorgegebenen Steuersignal y_{soll}, das dem gewünschten Ausgangssignal des realen Systems entspricht, ein Eingangssignal x für das reale System so zu erzeugen, daß das tatsächliche Ausgangssignal y des realen Systems mit dem vorgegebenen Steuersignal y_{soll} bis auf die physikalische Dimension vollständig übereinstimmt. Diese zur dritten Kategorie gehörende Lösungsvariante ist wegen der Einsparung des Sensors zur Erfassung der Aktorausgangsgröße wirtschaftlicher. Zudem besteht durch den Einsatz einer stabilen inversen Steuerung zur Linearisierung des Aktorübertragungsverhaltens nie die Gefahr der Instabilität des Gesamtsystems. Da der Entwurf eines geregelten Aktorsystems in der Praxis nach wie vor unter der Annahme eines linearen Aktorübertragungsverhaltens nach den Entwurfsmethoden der linearen Regelungstechnik erfolgt, muß er zur Sicherung der Stabilität des Regelkreises bezüglich des nichtlinearen Aktorübertragungsverhaltens robust ausgelegt werden. Die Forderung nach Robustheit bezüglich des nichtlinearen Aktorübertragungsverhaltens führt häufig zu einer verminderten dynamischen Regelgüte des realen Regelkreises im Vergleich zum linearen Referenzregelkreis und damit zu einer Verringerung der Bandbreite des Gesamtsystems.

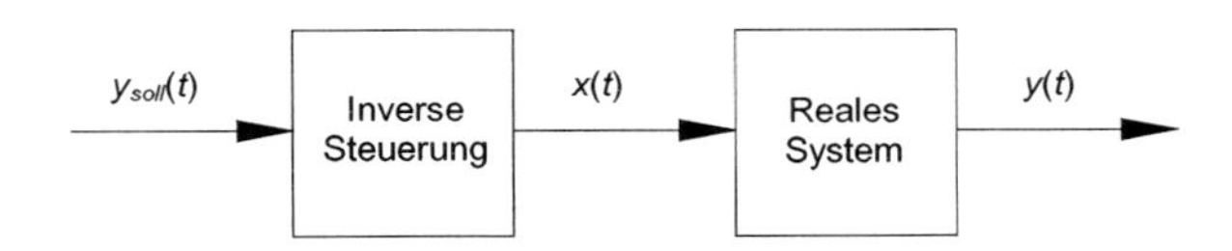

Bild 1.1: Inverse Steuerung eines Übertragungssystems

Daher werden in der Literatur auch Ansätze verfolgt, die die Methoden der Kategorien zwei und drei miteinander kombinieren und die Verwendung einer inversen Steuerung zur Linearisierung des Aktorübertragungsverhaltens innerhalb des Regelkreises nutzen [GR98, GJ96,Las98]. Ein prinzipieller Nachteil der inversen Steuerung besteht darin, daß aufgrund der fehlenden Rückkopplung der Aktorausgangsgröße für eine wirkungsvolle Kompensation unerwünschter Übertragungsanteile ein hinreichend detailliertes mathematisches Modell der zu steuernden Strecke vorliegen muß.

Die meisten Arbeiten, die sich mit der gleichzeitigen Nutzung der sensorischen und aktorischen Fähigkeiten innerhalb eines piezoelektrischen Wandlerelementes befaßt haben, gehen auf [DIG92] zurück und verwenden zur Rekonstruktion der mechanischen Größen eine analoge Brückenschaltung in Verbindung mit einem linearen Systemmodell für die piezoelektrischen Materialbeziehungen [JGW94,HR93,Val95,CC94,KT95,JSJ94]. Allen diesen Arbeiten ist jedoch gemeinsam, daß sie die Folgen der elektrischen Großsignalansteuerung, nämlich nichtideales Übertragungsverhalten in Form von Hysterese, Kriech- und Sättigungserscheinungen, vernachlässigen. Dieses kann zu erheblichen Fehlern bei der Rekonstruktion der mechanischen Größen und damit zu einem deutlichen Performanceverlust von Regelungen führen, in denen die sensorischen Eigenschaften piezoelektrischer Materialien zur Erfassung von Regelgrößen genutzt werden. Aus diesem Grund wurde in jüngster Vergangenheit versucht, auf der Basis nichtlinearer Wandlermodelle die mechanischen Größen aus den elektrischen Meßgrößen mit Hilfe eines digitalen Signalprozessors rechnerisch zu rekonstruieren [JJSS96,Cle99,JG97,JKC98].

Modelle zur Beschreibung hysteresebehafteten Übertragungsverhaltens haben sich aus zwei unterschiedlichen Zweigen der Physik entwickelt, dem Ferromagnetismus und der Plastizitätstheorie. Die Wurzeln beider Zweige liegen am Ende des 19. Jahrhunderts. Jedoch erst Ende der 60er bzw. zu Beginn der 70er Jahre des 20. Jahrhunderts wurde ein mathematischer Formalismus zur systematischen Behandlung hysteresebehafteter Übertragungsglieder entwickelt. Den Kern dieser Theorie bilden sogenannte Hystereseoperatoren, die hysteresebehaftete Übertragungsglieder als Abbildung zwischen Funktionenräumen beschreiben. Aus diesem Ansatz heraus hat sich ausgehend von den fundamentalen Arbeiten der russischen Mathematiker M.A. Krasnosel'skii und A.V. Pokrovskii ein eigenständiger Zweig innerhalb der Systemtheorie entwickelt, mit dem sich komplexes, hysteresebehaftetes Übertragungsverhalten losgelöst von den physikalischen Hintergründen rein phänomenologisch behandeln läßt.

Zur Beschreibung realer Hysteresephänomene werden durch gewichtete Überlagerung sogenannter elementarer Hystereseoperatoren komplexe Hystereseoperatoren gebildet. Gegenstand der Arbeiten von Krasnosel'skii und Pokrovskii war vor allem die systematische Analysis der sogenannten Play- und Stopoperatoren sowie der Prandtl-Ishlinskii-Hystereseoperatoren vom Play- bzw. Stoptyp, die sich aus der gewichteten Überlagerung unendlich vieler Play- bzw. Stopoperatoren zusammensetzen. Ihre Monographie aus dem Jahr 1983 markiert den Beginn der Theorie hysteresebehafteter Übertragungsglieder [KP89]. Weitere Monographien, die zusammen mit dem Werk von Krasnosel'skii und Pokrovskii das mathematische Fundament der Theorie hysteresebehafteter Übertragungsglieder bilden, stammen von I. D. Mayergoyz [May91], A. Visintin [Vis94], M. Brokate und J. Sprekels [BS96], P. Krejci [Kre96], E. Della-Torre [Del99] und G. Bertotti [Ber98]. Das Werk von Mayergoyz nimmt hierbei eine für die Praxis wichtige Sonderstellung ein, da es sich im Gegensatz zu den anderen Werken weniger mit der exakten mathematischen Analysis von Hystereseoperatoren als mehr mit einer möglichst geschickten und effizienten numerischen Berechnung und Identifikation von Systemen mit Hysterese befaßt. Dazu verwendet Mayergoyz ausschließlich den Preisach-Hystereseoperator. Dieser Operator wurde ursprünglich in den 30er Jahren des 20. Jahrhunderts von Preisach zur Beschreibung ferromagnetischer Materialien entwickelt [Pre35] und später von Krasnosel'skii und Pokrovskii losgelöst von seiner physikalischen Interpretation rein phänomenologisch formuliert.

Aufgrund der stark angestiegenen Anzahl mechatronischer Anwendungen, die neue Festkörperaktoren aus magnetostriktiven und piezoelektrischen Materialien oder aus Formgedächtnislegierungen als Antriebe verwenden, - alle diese Aktoren zeigen starke Hystereseeffekte - wird seit Beginn der 90er Jahre des 20. Jahrhunderts die Theorie hysteresebehafteter Systeme von Ingenieuren verstärkt zur Entwicklung von inversen Steuerungen für hysteresebehaftete Übertragungsglieder und zur inversen Filterung von Sensorsignalen genutzt. Während anfangs überwiegend der Preisach-Hystereseoperator als Grundlage für die Modellbildung und die inverse Steuerung von Festkörperaktoren herangezogen wurde [GJ95,GJ97,HW97,SSN93, SJ95], verwenden neuere Arbeiten auch den Prandtl-Ishlinskii-Hystereseoperator zur mathematischen Beschreibung und Steuerung von piezoelektrischen Aktoren [DHL99,KJ99b].

Neben den Hystereseeffekten zeigt das Übertragungsverhalten piezoelektrischer Aktoren aber auch nicht vernachlässigbare dynamische Kriecheffekte. Obwohl dieser Umstand schon seit langem bekannt ist und in [GJ95] auch explizit untersucht wird, blieb er in den operatorbasierten Modellbildungs-, Steuerungs- und Signalverarbeitungskonzepten bislang unberücksichtigt. Da aber Hystereseoperatoren ihrer Natur nach statische Übertragungsglieder sind, erfordert die simultane Berücksichtigung von hysterese- und kriechbehaftetem Übertragungsverhalten eine Erweiterung des operatorbasierten Konzeptes um Elemente zur Beschreibung derartiger dynamischer Effekte. Diesbezügliche Erweiterungen des Preisach-Hystereseoperators sind insbesondere in [May88,Ber92,Kor93,JK98] zu finden. Nach Ansicht des Autors ist jedoch diesen Ansätzen gemeinsam, daß die Modelle für die praktische Realisierung einer echtzeitfähigen, inversen Steuerung zur simultanen Kompensation von Hysterese-, Kriech- und Sättigungseffekten weniger geeignet sind, so daß ein praxistaugliches Konzept zur simultanen Kompensation von Hysterese-, Kriech- und Sättigungseffekten in Echtzeit bisher noch aussteht.

1.3 Ziel der Arbeit

Das Hauptziel der Arbeit ist die Entwicklung eines robusten Verfahrens zur automatisierten Synthese echtzeitfähiger Kompensatoren für das hysterese-, kriech- und sättigungsbehaftete Übertragungsverhalten piezoelektrischer Aktoren. Die Lösung des Syntheseproblems gliedert sich dabei in die Bearbeitung der folgenden drei Teilprobleme.

1. Modellbildung

Im Rahmen der Modellbildung ist die operatorbasierte Methodik zur mathematischen Nachbildung hysteresebehafteter Systeme so zu erweitern, daß eine Berücksichtigung von Kriech- und Sättigungseffekten, wie sie beispielsweise im Übertragungsverhalten von piezoelektrischen Aktoren auftreten, ermöglicht wird. Ein Teilziel der Arbeit ist es, aufbauend auf der erweiterten, operatorbasierten Methodik ein Modell zu ermitteln, das das hysterese-, kriech- und sättigungsbehaftete Übertragungsverhalten des realen Systems hinreichend genau nachbildet und echtzeitfähig ist. Echtzeitfähigkeit bedeutet in diesem Zusammenhang, daß bei Vorgabe eines Eingangssignalwertes die numerische Berechnung des entsprechenden Ausgangssignalwertes des Modells garantiert innerhalb einer bestimmten, im voraus bekannten Anzahl von Rechenoperationen terminiert. Das Ergebnis der Modellbildung ist somit ein Modell mit einer bestimmten Struktur, das von zunächst unbekannten Parametern abhängt.

2. Identifikation der Modellparameter

Im Rahmen der Identifikation erfolgt die Berechnung geeigneter Modellparameter durch Anpassung des Ausgang-Eingang-Übertragungsverhaltens des Modells an das gemessene Ausgang-Eingang-Übertragungsverhalten des realen Systems. Schwierigkeiten bei der Lösung dieses Teilproblems ergeben sich meist aus der starken Empfindlichkeit der Modellparameter gegenüber unbekannten Fehlern in den Meßdaten des Ausgang-Eingang-Übertragungsverhaltens und gegenüber Modellfehlern, die infolge nicht modellierter Effekte und nicht bekannter Modellordnungen entstehen. Aufgrund dieser Unsicherheiten resultiert aus der Identifikation im günstigsten Fall ein Modell mit reduzierter Vorhersagekraft, im ungünstigsten Fall jedoch ein nicht invertierbares Modell, was den gesamten Kompensatorsyntheseprozess in Frage stellt. Ein weiteres Teilziel der Arbeit ist daher die Herleitung eines Identifikationsverfahrens zur Bestimmung der Modellparameter, das einerseits numerisch effizient und andererseits robust gegenüber diesen Unsicherheiten ist.

3. Modellinvertierung

Im Rahmen der Modellinvertierung erfolgt die Berechnung des inversen Modells aus dem Modell für das reale System. Im Hinblick auf Anwendungen in der Steuerungs- und Meßtechnik kann das inverse Modell innerhalb einer inversen Steuerung oder eines inversen Filters eingesetzt werden. Ein weiteres Teilziel der Arbeit ist somit die Herleitung von Invertierungsverfahren, die auf der Basis des Modells des realen Systems ein echtzeitfähiges, inverses Modell realisieren.

Aufbauend auf der Grundlage der erweiterten, operatorbasierten Methodik sollen innovative, echtzeitfähige Steuerungs- und Signalverarbeitungskonzepte erarbeitet werden, die einen hysterese-, kriech- und sättigungsfreien, smarten, aktorischen Betrieb eines piezoelektrischen Stellantriebes ermöglichen.

Die Arbeit ist wie folgt gegliedert. Im zweiten Kapitel werden die zum Verständnis der Funktionsweise piezoelektrischer Aktoren benötigten Grundlagen erläutert, wobei der Schwerpunkt auf den die Hysterese-, Kriech- und Sättigungseffekte erzeugenden Domänenprozessen liegt. In Anlehnung an die Vorgehensweise zur Beschreibung hysteresebehafteter Systeme werden im dritten Kapitel die Kriech- und Superpositionsoperatoren zur Behandlung von Kriech- und Sättigungseffekten eingeführt. Durch die geeignete Kombination von Hysterese-, Kriech- und Superpositionsoperatoren wird anschließend das Systemmodell zur simultanen Berücksichtigung aller Phänomene gebildet. Im vierten Kapitel werden die Algorithmen zur numerischen Berechnung, Identifikation und Invertierung des Systemmodells vorgestellt und hinsichtlich ihrer Robustheit und Echtzeitfähigkeit diskutiert. Im fünften Kapitel werden operatorbasierte Konzepte zur inversen Steuerung smarter piezoelektrischer Aktoren erarbeitet, die auf den zuvor entwickelten Operatoren und deren Inversen gründen. Im sechsten Kapitel werden am Beispiel eines kommerziellen, piezoelektrischen Mikropositioniersystems die neuartigen, operatorbasierten Steuerungs- und Signalverarbeitungskonzepte verifiziert. Die Arbeit schließt mit einer Zusammenfassung und Bewertung der Ergebnisse und zeigt im Rahmen eines Ausblicks zu erwartende Forschungstrends auf.

2 Piezoelektrische Materialien

Im ersten Teil dieses Kapitels wird die Entstehung des piezoelektrischen und des inversen piezoelektrischen Effektes von piezoelektrischen Keramiken erläutert. Der piezoelektrische Effekt führt bei mechanischer Belastung zu einer mechanischen Deformation der Keramik und bildet somit die Grundlage für den Bau von Sensoren. Infolge des inversen piezoelektrischen Effektes kommt es bei elektrischer Belastung der Keramik zu einer elektrischen Polarisation, so daß dieser Effekt zum Bau von Aktoren genutzt werden kann. Für hinreichend kleine elektrische und mechanische Belastungen, im sogenannten Kleinsignalbetrieb, wird das quasistatische Übertragungsverhalten von piezoelektrischen Keramiken weitestgehend durch den piezoelektrischen und den inversen piezoelektrischen Effekt bestimmt, die beide von Natur aus linear sind. Im Fall großer elektrischer und mechanischer Belastungen, dem sogenannten Großsignalbetrieb, werden der piezoelektrische und der inverse piezoelektrische Effekt von Domänenprozessen überlagert. Eine Beschreibung der Domänenprozesse bildet den zweiten Schwerpunkt in diesem Kapitel. Im dritten Teil wird der Einfluß der Domänenprozesse auf das quasistatische Übertragungsverhalten piezoelektrischer Keramiken im Großsignalbetrieb diskutiert. Der grundsätzliche Aufbau piezoelektrischer Stapelaktoren, die in praktischen Anwendungen auftretenden Belastungsbereiche sowie deren Einfluß auf das Übertragungsverhalten piezoelektrischer Stapelaktoren werden im vierten Teil beschrieben.

2.1 Piezoelektrischer und inverser piezoelektrischer Effekt

Die Brüder Pierre und Jacques Curie veröffentlichten 1880, daß bestimmte Kristalle unter mechanischem Druck an ihrer Oberfläche druckproportionale positive und negative Ladungen zeigen. Dieser Effekt wird als direkter piezoelektrischer Effekt bezeichnet. Ein Jahr später wurde der indirekte piezoelektrische Effekt nachgewiesen, der die Grundlage für die Anwendung der piezoelektrischen Kristalle als Aktoren darstellt. 1947 wurde erstmals auch in Keramiken Piezoelektrizität beobachtet und sieben Jahre später wurde der außergewöhnlich hohe Piezoeffekt in Blei-Zirkonat-Titanat-Keramik (PZT) festgestellt.

Den piezoelektrischen Effekt kann man nur an solchen Kristallen beobachten, die kein Symmetriezentrum in bezug auf die positiven und negativen Kristallionen im Gitter besitzen. Bei natürlich vorkommenden piezoelektrischen Werkstoffen, wie z.B. Quarz, ist diese Bedingung erfüllt. Heute werden hauptsächlich keramische, polykristalline Materialien, wie z.B. Blei-Zirkonat-Titanat, verwendet. Diese Werkstoffe werden wegen ihres starken piezoelektrischen Effektes für den Wandlerbau eingesetzt. Außerdem kann man sie in vielen unterschiedlichen Formen herstellen, was sie universell einsetzbar macht. Diese Materialien weisen eine Kristallstruktur auf, deren allgemeine Formel durch ABO_3 gegeben ist. Diese Kristallstruktur wird auch Perowskit-Struktur genannt. Bei der Perowskit-Struktur stellt A ein zweifach positives Ion (Barium, Blei), B ein vierfach positives Ion (Titan, Zirkon) und O ein zweifach negatives Sauerstoffatom dar. Oberhalb einer bestimmten Temperatur, der sogenannten Curie-Temperatur, ist die Elementarzelle der Keramik, wie in Bild 2.1a dargestellt, kubisch. Die Keramik hat somit oberhalb der Curie-Temperatur ein Symmetriezentrum, und folglich ist keine Piezoelektrizität vorhanden. Wird die Curie-Temperatur unterschritten, geht das Gitter aus energetischen Gründen spontan vom kubischen in den tetragonalen Zustand über. Das Sauerstoffionengitter wird insgesamt im tetragonalen Fall in Richtung einer kristallographischen Achse, der sogenannten c-Achse, verschoben, bei gleichzeitiger Verrückung der positiven Ionengitter in die entgegengesetzte Richtung. Das hat die in Bild 2.1b dargestellte Verlängerung der Elementarzelle in Richtung der c-Achse und eine

Kontraktion senkrecht dazu, das heißt in Richtung der beiden *a*-Achsen, zur Folge. Diese beim Übergang von der paraelektrischen in die ferroelektrische Phase entstehende Verzerrung wird als spontane Deformation bezeichnet. In jeder Elementarzelle entsteht weiterhin durch die Verrückung ein Dipolmoment, und neben der spontanen Deformation tritt bei der Elementarzelle eine spontane Polarisation auf, die parallel oder antiparallel zur *c*-Achse ausgerichtet ist. Der Übergang von der kubischen Elementarzelle zum tetragonalen Gitter erlaubt damit drei Richtungen für die spontane Dehnung und entsprechend sechs Richtungen für die spontane Polarisation [Krü75].

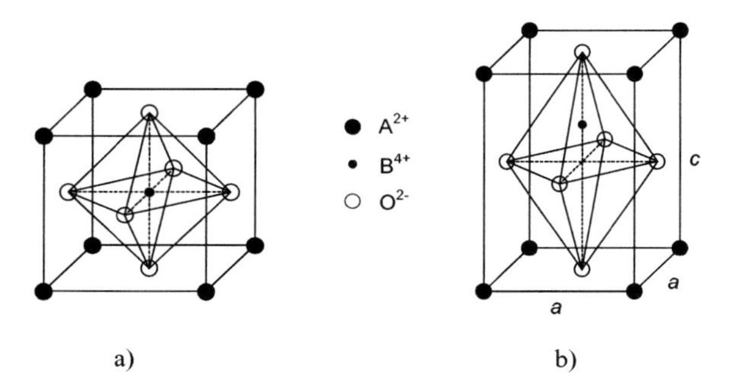

Bild 2.1: Kristallstruktur von piezoelektrischen Blei-Zirkonat-Titanat Keramiken [Krü75]
a) Kubisches Gitter b) Tetragonales Gitter

Wirkt auf die tetragonal verzerrte Elementarzelle ein äußeres elektrisches Feld, entsteht aufgrund der Kraftwirkung auf die Ladungsschwerpunkte eine zusätzliche feldinduzierte Polarisation und Deformation der Elementarzelle, die bei gegebener Feldstärke umso größer ist, je mehr Parallelität die Richtungen der spontanen Polarisation und des äußeren elektrischen Feldes aufweisen. Andererseits bewirkt ein durch äußere mechanische Belastung entstehendes, mechanisches Spannungsfeld ebenfalls eine Verrückung der Ladungsschwerpunkte und damit eine zusätzliche Polarisation und Deformation der Elementarzelle. Diese der spontanen Polarisation und spontanen Deformation überlagerte, feldinduzierte Polarisation und Deformation wird als inverser piezoelektrischer bzw. als direkter piezoelektrischer Effekt bezeichnet.

2.2 Domänenprozesse

In einem ferroelektrischen Einkristall, z.B. Quarz, sind die Richtungen, die die spontane Polarisation der Elementarzelle einnehmen kann, vorgegeben. Dabei beeinflussen sich die Dipole der Elementarzellen gegenseitig so, daß Bereiche einheitlicher Dipolausrichtung, sogenannte Weisssche Bezirke oder Domänen, entstehen. Der Grenzbereich zwischen zwei Domänen wird Domänenwand genannt. In tetragonalen Kristallen werden entsprechend den möglichen Polarisationsrichtungen sogenannte 180°- und 90°-Domänen unterschieden. Dabei sind 180°-Domänen durch eine entgegengesetzt gerichtete Polarisation in benachbarten Bereichen und 90°-Domänen durch senkrecht aufeinander stehende Polarisationsrichtungen benachbarter Bereiche gekennzeichnet. Das Auftreten von 90°-Domänen ist mit einer Vertauschung der verschieden langen *c*-Achse und *a*-Achsen in den Elementarzellen verbunden. Je nach auftretender Domänenkonfiguration werden die Grenzbereiche 180°- oder 90°-

Domänenwände genannt. Nach Unterschreiten der Curie-Temperatur sind Ferroelektrika ohne äußeres Feld in eine große Anzahl von Domänen zerfallen und damit depolarisiert. Dies ist schematisch in Bild 2.2a dargestellt. Durch Anlegen eines ausreichend großen elektrischen Feldes können die Domänen, wie in Bild 2.2b gezeigt, in Richtung des angelegten Feldes orientiert werden. Dabei wachsen die weitgehend parallel zum Feld gelegenen Domänen auf Kosten der senkrecht oder antiparallel ausgerichteten Domänen. Das Umorientierungsverhalten der spontanen Polarisation von Ferroelektrika unter der Einwirkung eines äußeren, elektrischen Feldes kann grundsätzlich über zwei unterschiedliche Domänenprozesse erfolgen, die einzeln oder auch gleichzeitig auftreten können. Im ersten Fall bilden sich infolge des Anwachsens der elektrischen Feldstärke durch antiparallele Umpolarisationskeime 180°-Domänen aus. Bei diesem 180°-Domänenprozess klappt die spontane Polarisation mit wachsendem Feld nach und nach direkt um 180° um, bis die gesamte Polarisation parallel zum elektrischen Feld ausgerichtet ist. Im zweiten Fall klappt die spontane Polarisation zunächst aus antiparalleler Richtung in eine energetisch günstiger gelegene Richtung senkrecht zum Feld um, um sich dann bei weiterer Erhöhung des Feldes durch einen zweiten 90°-Domänenprozess in Feldrichtung zu orientieren. Dieser Umorientierungsvorgang ist demnach durch zwei aufeinanderfolgende 90°-Domänenprozesse gekennzeichnet.

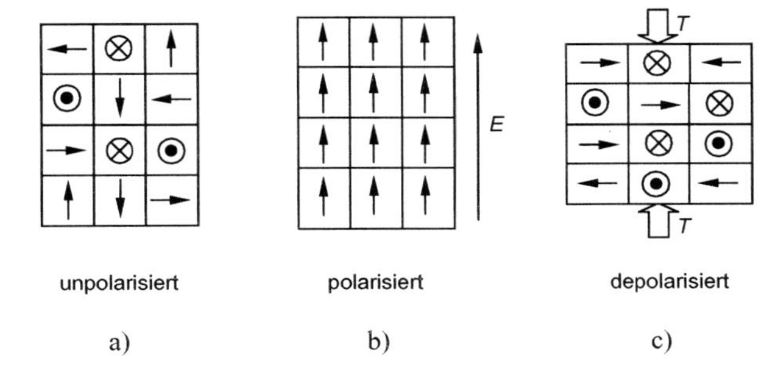

Bild 2.2: Domänenorientierung im Kristall [Sch96]
a) Unpolarisierter Kristall b) Polarisierter Kristall c) Depolarisierter Kristall

Während 180°-Domänenprozesse eine wesentlich stärkere Änderung der spontanen Polarisation nach sich ziehen als 90°-Domänenprozesse, führen 90°-Domänenprozesse im Gegensatz zu 180°-Domänenprozessen zu einer Gestaltsänderung des Kristalls. Geeignet wirkende, mechanische Spannungen hingegen können nur 90°-Domänenprozesse hervorrufen und damit nur eine Depolarisation, aber keine Umpolarisation des Kristalls bewirken. Dieser Sachverhalt wird in Bild 2.2c verdeutlicht.

Polykristalline Keramik ist aus einzelnen Kristalliten aufgebaut, die durch Korngrenzen getrennt sind. Die Orientierung der Kristallachsen ist in diesem Fall im Gegensatz zum Einkristall statistisch verteilt. Wegen der Verknüpfung der möglichen Polarisationsrichtungen mit dem Kristallachsensystem ist die Verteilung der Polarisationsrichtung, wie in Bild 2.3a schematisch dargestellt, ebenfalls statistisch in allen Raumrichtungen orientiert. Es ist nun nicht mehr möglich, die spontane Polarisation durch Anlegen eines äußeren elektrischen Feldes in allen Körnern parallel auszurichten. Stattdessen werden die Domänen, wie in Bild 2.3b gezeigt, nur noch in einen Bereich um die Feldrichtung herum ausgerichtet.

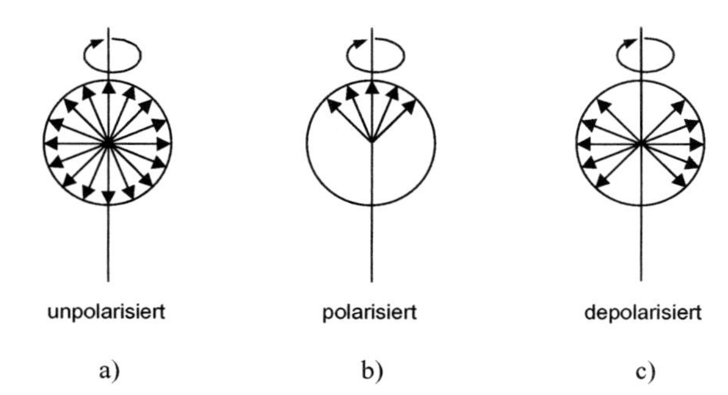

Bild 2.3: Domänenorientierung in der Keramik [Sch96]
a) Unpolarisierte Keramik b) Polarisierte Keramik c) Depolarisierte Keramik

Unter Druck orientieren sich die Domänen, entsprechend der Darstellung in Bild 2.3c, in der Nähe der Äquatorebene.

2.3 Verhalten unter elektrischer und mechanischer Belastung

Den bei Einwirkung eines äußeren elektrischen Feldes in der Keramik auftretenden Domänenprozessen ist das am Beispiel der Elementarzelle beschriebene, dielektrische und inverse piezoelektrische Verhalten überlagert. Die Beziehung zwischen Polarisation P und eingeprägter, elektrischer Feldstärke E ist aufgrund der Domänenprozesse nichtlinear und mehrdeutig. Aufgrund der vielen möglichen, von der Belastungsvorgeschichte der Keramik abhängigen Domänenkonfigurationen existieren für einen bestimmten Momentanwert der elektrischen Feldstärke unterschiedliche Polarisationswerte. Daraus folgt für hinreichend niederfrequente elektrische Feldstärken ein mehrdeutiger bzw. hysteresebehafteter Zusammenhang zwischen Polarisation und elektrischer Feldstärke. Bild 2.4 verdeutlicht die Verbindung zwischen den von der Belastungsvorgeschichte der Keramik abhängigen Domänenkonfigurationen und der sich daraus ergebenden Mehrdeutigkeit des P-E-Zusammenhangs. Ausgehend vom ungepolten Zustand, dieser definiert den Ursprung des Koordinatensystems der P-E-Ebene, werden die Domänen bei steigender Feldstärke in Richtung des angelegten Feldes orientiert. Als Folge davon durchläuft das Wertepaar (E,P) die in Bild 2.4 dargestellte Neukurve zwischen den Punkten A und B. Sind alle Domänen ausgerichtet, ist eine weitere Zunahme der Polarisation nur noch infolge der dielektrischen Polarisation möglich. Nimmt das elektrische Feld danach auf den Wert Null ab, werden nur einige Domänen aufgrund mechanischer Spannungen innerhalb der Keramik wieder zurückgeklappt, so daß eine Polarisation, die sogenannte remanente Polarisation, erhalten bleibt. In diesem Fall durchläuft das Wertepaar (E,P) den Pfad zwischen den Punkten B und C. Wird ein elektrisches Feld in entgegengesetzter Richtung angelegt, so werden die Domänen nach und nach in die entgegengesetzte Richtung orientiert bis wiederum alle Domänen in Feldrichtung ausgerichtet sind. Dies führt zu einem Verlauf des Wertepaares (E,P) auf dem Pfad entlang der Punkte C-D-F. Die Feldstärke, bei der die Polarisation gerade Null ist, bezeichnet man als Koerzitivfeldstärke. Kommt es nun zu einer erneuten Richtungsumkehr des elektrischen Feldes werden die Domänen wieder nach und nach entlang der Feldrichtung orientiert, bis alle Domänen ausgerichtet sind. Das Wertepaar (E,P) verläuft in diesem Fall entlang des Pfades, der durch die Punkte F-G-H-B führt. Die Pfade entlang der Punkte B-C-D-F und F-G-H-B bilden die äußere Hystereseschleife. Ändert sich die Richtung des elektrischen Feldes bevor alle Domänen ausgerichtet sind, dann verzweigt das Wertepaar (E,P) in das von der äußeren Hystereseschleife umschlossene Hysteresegebiet und bildet sogenannte innere Hystereseschleifen aus.

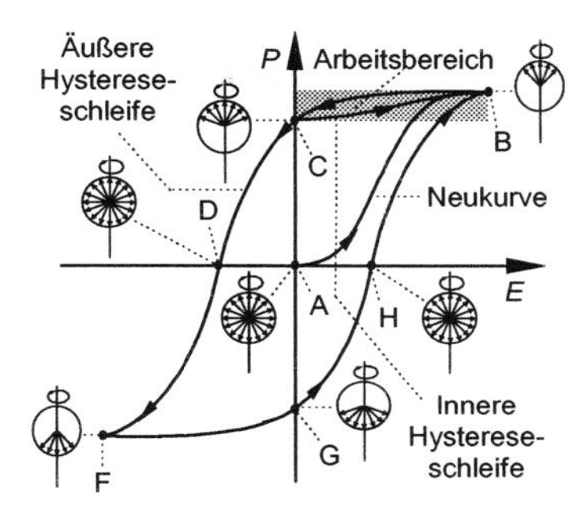

Bild 2.4: Dielektrische Polarisation P über elektrischer Feldstärke E [Per98]

In Bild 2.5 ist der mehrdeutige Zusammenhang zwischen der Dehnung S der Keramik und der elektrischen Feldstärke E für dieselbe elektrische Belastungsvorgeschichte dargestellt, die dem Verlauf des hysteresebehafteten P-E-Zusammenhangs in Bild 2.4 zugrundeliegt. Aufgrund ihrer charakteristischen Form wird diese Kurve auch als Schmetterlingskurve bezeichnet. Sie kommt folgendermaßen zustande. Ausgehend vom ungepolten Zustand werden die Domänen bei ausreichender Feldstärke in Richtung des angelegten Feldes orientiert, woraus eine Dehnung der Keramik resultiert. Als Folge davon durchläuft das Wertepaar (E,S) die in Bild 2.5 dargestellte Kurve zwischen den Punkten A und B. Sind alle Domänen ausgerichtet, ist eine weitere Zunahme der Dehnung nur noch infolge des inversen piezoelektrischen Effektes möglich.

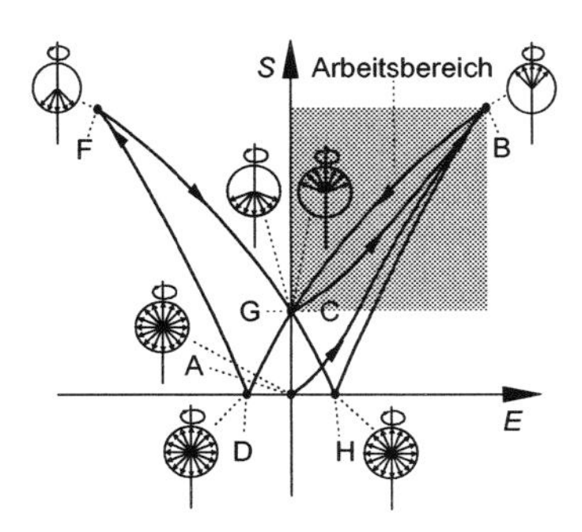

Bild 2.5: Dehnung S über elektrischer Feldstärke E [Per98]

Geht das Feld auf den Wert Null zurück, klappen nur einige Domänen wieder zurück. Als Folge davon bleibt eine Restdehnung, die sogenannte remanente Dehnung. In diesem Fall durchläuft das Wertepaar (E,S) den Pfad zwischen den Punkten B und C. Ist die Steigung der Dehnungskurve am Punkt C groß gegenüber der entsprechenden Steigung der Polarisationskurve, ist das ein Indiz dafür, daß die Umpolarisation überwiegend über zwei aufeinanderfolgende 90°-Domänenprozesse abläuft. Diese erzeugen zu Beginn der Umpolarisation eine starke Gestaltsänderung bei geringer Polarisationsänderung. Im weiteren Verlauf der Umpolarisation kommt es zu einem vollständigen Umklappen der Domänen, was zu einer großen Polarisationsänderung bei gleichzeitiger Richtungsumkehr der Dehnungskurve führt. Daraus resultiert der charakteristische Verlauf des Wertepaares (E,S) entlang des Pfades durch die Punkte C-D-F. Ändert das elektrische Feld erneut seine Richtung, werden die Domänen wieder nach und nach entlang der Feldrichtung orientiert, bis alle Domänen in Feldrichtung ausgerichtet sind. Das Wertepaar (E,S) verläuft dann entlang des Pfades, der durch die Punkte F-G-H-B führt, und erzeugt so die typische Schmetterlingskurve.

Piezoelektrische Keramiken werden elektrisch nicht über den vollständigen Amplitudenbereich von maximal -2 kV/mm bis +2 kV/mm betrieben, sondern nur in einem Arbeitsbereich von ungefähr 0 kV/mm bis ungefähr +2 kV/mm. Dieser Arbeitsbereich ist in den Bildern 2.4 und 2.5 grau gekennzeichnet. Dort ist wegen der einheitlichen Ausrichtung der Domänen der erreichbare piezoelektrische Effekt am größten. Zudem wird die durch Domänenprozesse verursachte, hysteresebehaftete Nichtlinearität im elektrischen Übertragungsverhalten der Keramik reduziert und damit die Verlustleistung verringert. Zur Einstellung dieses Arbeitsbereiches wird die Keramik am Ende des Herstellungsprozesses etwas unterhalb ihrer Curie-Temperatur durch Anlegen eines starken, statischen, elektrischen Feldes in der gewünschten Richtung vorpolarisiert und im späteren Betrieb ausschließlich mit positiven elektrischen Feldstärken angesteuert.

In der Literatur beschränken sich Untersuchungen bezüglich der mechanisch induzierten Domänenprozesse auf Druckbelastungen, da die Keramik schon bei sehr geringen Zugbelastungen zerstört wird [Sch96]. Die in den Bildern 2.6 und 2.7 gestrichelt dargestellten Verläufe für Zugbelastungen sind daher als Ergänzungen zu verstehen, die experimentell so nicht nachprüfbar sind.

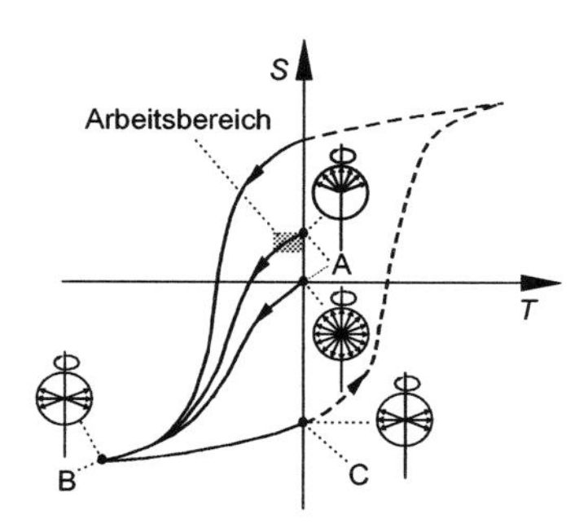

Bild 2.6: Dehnung S über mechanischer Spannung T [Sch96]

In Bild 2.6 ist der Zusammenhang zwischen der Dehnung S der Keramik und der mechanischen Spannung T für den Fall einer unpolarisierten und einer elektrisch vorpolarisierten Keramik dargestellt. Den durch Einwirkung einer äußeren mechanischen Belastung in der Keramik auftretenden Domänenprozessen ist das elastische Verhalten der Keramik überlagert. Deshalb ist für mechanische Belastungen hinreichend kleiner Amplitude die Deformation eindeutig von der mechanischen Spannung abhängig. Bei größeren mechanischen Belastungen verursachen die Domänenprozesse eine zusätzliche Deformation, bis alle Domänen in eine

Richtung senkrecht zur mechanischen Spannung umgeklappt sind. Danach folgt wieder ein vom elastischen Verhalten der Keramik geprägter Verlauf. Als Folge dieses Verhaltens verläuft das Wertepaar (*T*,*S*) sinngemäß entlang der in Bild 2.6 dargestellten Kurve zwischen den Punkten A und B. Bleibt ein Teil der Domänen nach Entlasten umgeklappt, führt das zu einer remanenten Deformation der Keramik. Das Wertepaar (*T*,*S*) befindet sich dann in Punkt C. Die Folge ist ein hysteresebehafteter Zusammenhang zwischen Deformation und mechanischer Spannung. Verlaufen die Domänenprozesse jedoch reversibel, so gelangt die Keramik wieder in ihren ursprünglichen Zustand, und der Zusammenhang zwischen Deformation und mechanischer Spannung ist eindeutig nichtlinear, aber nicht hysteresebehaftet. In diesem Fall bewegt sich das Wertepaar (*T*,*S*) auf dem Pfad zwischen den Punkten A und B von B nach A zurück.

In Bild 2.7 ist der Zusammenhang zwischen der Polarisation *P* der Keramik und der mechanischen Spannung *T* für den Fall einer unpolarisierten und einer elektrisch polarisierten Keramik dargestellt. In einer unpolarisierten Keramik ändert sich die Polarisation bei mechanischer Belastung makroskopisch gesehen nicht, da die Polarisation stets durch entgegengesetzt ausgerichtete Domänen kompensiert wird. In diesem Fall bewegt sich das Wertepaar (*T*,*P*) entlang des Pfades zwischen den Punkten A und B, der mit der *T*-Achse zusammenfällt. Im Gegensatz dazu kommt es bei einer elektrisch vorpolarisierten Keramik durch das mechanische Depolarisieren zu einer Polarisationsänderung. Bei sehr kleinen mechanischen Belastungen ist der piezoelektrische Effekt maßgebend für die Abhängigkeit zwischen Polarisation und mechanischer Spannung. Bei größeren Belastungen verursacht der Depolarisationsvorgang eine überproportional starke Abnahme der Polarisation, bis alle Domänen umgeklappt sind. In diesem Fall bewegt sich das Wertepaar (*T*,*P*) sinngemäß entlang des Pfades zwischen den Punkten A und B, der nicht auf der *T*-Achse liegt. Bleibt ein Teil der Domänen beim Entlasten umgeklappt, führt das zu einer remanenten Depolarisation der Keramik. Das Wertepaar (*T*,*P*) befindet sich dann in Punkt C. Die Folge ist ein hysteresebehafteter Zusammenhang zwischen Polarisation und mechanischer Spannung.

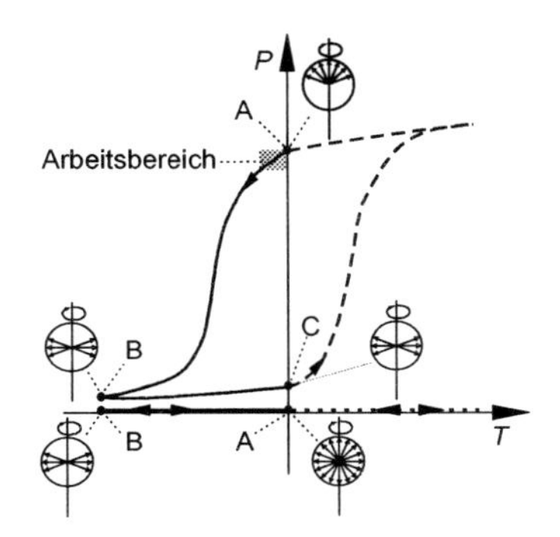

Bild 2.7: Polarisation *P* über mechanischer Spannung *T* [Sch96]

Da piezoelektrische Keramiken, insbesondere dann, wenn sie als Bauelemente für Aktoren und Sensoren eingesetzt werden, sowohl mechanischen Druck- als auch Zugbelastungen ausgesetzt sind, werden sie in der Regel elastisch auf die Mitte ihres Arbeitsbereiches vorgespannt. Der mechanische Arbeitsbereich kommerzieller Keramiken ist normalerweise so definiert, daß die durch maximale elektrische Aussteuerung entstehende Auslenkung durch die mechanische Druckbelastung gerade kompensiert wird. Der Arbeitsbereich erstreckt sich in diesem Fall nur über einen kleinen Bruchteil des Druckbelastbarkeitsbereiches einer Keramik und ist in den Bildern 2.6 und 2.7 grau eingezeichnet.

2.4 Piezoelektrische Stapelaktoren

In Bild 2.8 ist eine an ihren Stirnflächen elektrisch kontaktierte und elektrisch vorpolarisierte, piezoelektrische Scheibe dargestellt. Die Richtung der Polarisation steht senkrecht zu den Stirnflächen und ist parallel zur Belastungsrichtung ausgerichtet. Wirkt eine Kraft F auf die Stirnfläche des Körpers, so entsteht auf den Stirnflächen der Keramik aufgrund des piezoelektrischen Effektes eine Polarisationsladung q. Dieser Effekt bildet die Grundlage zum Bau von Piezosensoren.

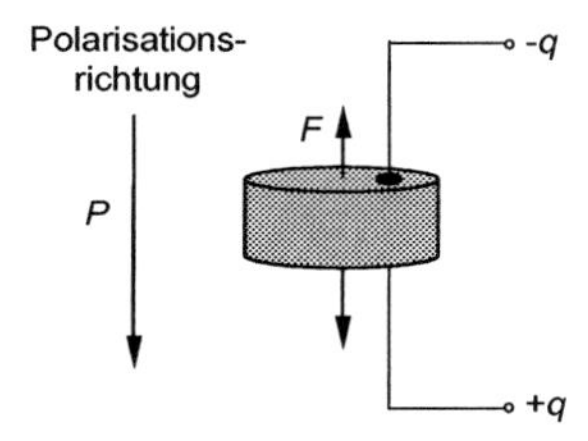

Bild 2.8: Direkter piezoelektrischer Effekt

Wird eine elektrische Spannung U an die Klemmen der elektrisch kontaktierten und vorpolarisierten, piezoelektrischen Scheibe gelegt, entsteht in der Keramik ein elektrisches Feld in Polarisationsrichtung und der Körper erzeugt, wie in Bild 2.9 dargestellt, aufgrund des inversen piezoelektrischen Effektes die Auslenkung s. Dieser Effekt bildet die Grundlage zum Bau von Piezoaktoren.

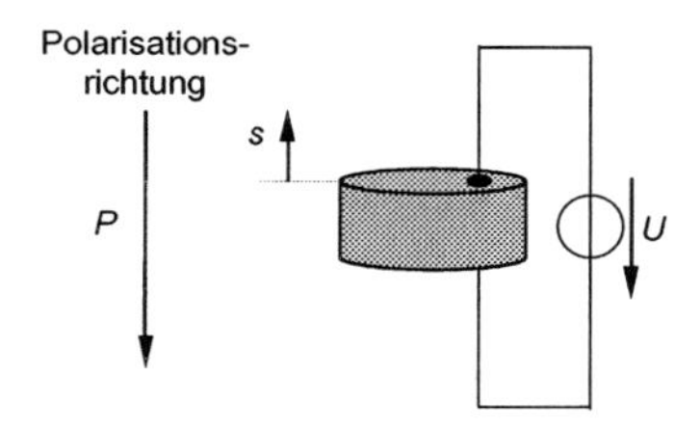

Bild 2.9: Indirekter piezoelektrischer Effekt

Selbst bei hohen elektrischen Ansteuerspannungen beträgt die erreichbare Auslenkung nur 0,1-0,15 % der Scheibendicke. Um größere Auslenkungen zu erzielen, können die Scheiben entsprechend der Darstellung in Bild 2.10 paarweise mit entgegengesetzter Polarisationsrichtung übereinander gestapelt werden. Die Scheiben werden miteinander verklebt und anschließend die gesamte Einheit mit einem hochisolierenden Material beschichtet. Die einzelnen Scheiben sind damit mechanisch in Reihe und elektrisch parallel geschaltet. Dadurch summieren sich die Auslenkungen der einzelnen Keramikelemente.

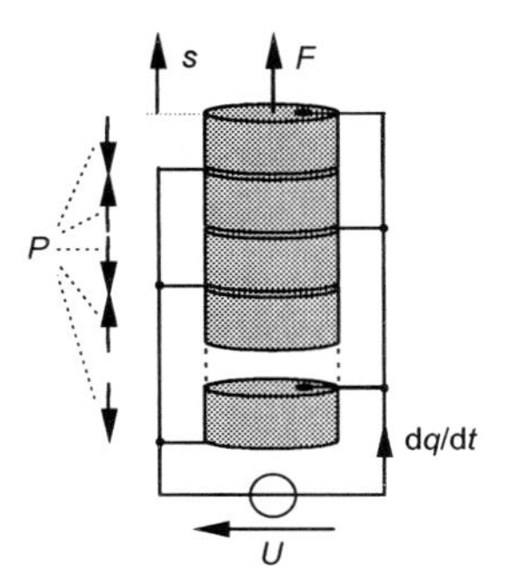

Bild 2.10: Piezowandler in Stapelbauweise

In den Bildern 2.11a bzw. 2.11b ist die typische Übertragungscharakteristik zwischen der elektrischen Ladung q bzw. der Auslenkung s und der eingeprägten, elektrischen Spannung U eines piezoelektrischen Stapelwandles im elektrischen Arbeitsbereich dargestellt. Sie wird maßgeblich durch den in den Bildern 2.4 bzw. 2.5 dargestellten Zusammenhang zwischen der Polarisation P bzw. der Dehnung S und der eingeprägten, elektrischen Feldstärke E im grau gekennzeichneten, elektrischen Arbeitsbereich bestimmt. Der Koordinatenursprung in den Bildern 2.11a und 2.11b liegt dabei auf der Mitte des in den Bildern 2.4 und 2.5 grau gekennzeichneten, elektrischen Arbeitsbereichs.

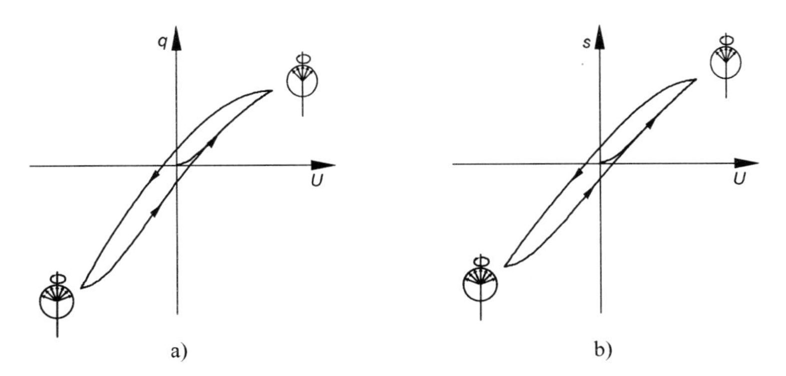

Bild 2.11: Qualitativer Verlauf des a) q-U-Zusammenhangs b) s-U-Zusammenhangs

Die Abweichungen der realen Übertragungscharakteristik von der idealen, linearen Übertragungscharakteristik werden im elektrischen Arbeitsbereich von Domänen verursacht, die aufgrund mechanischer Spannungen innerhalb der Keramik nach dem Polungsvorgang wieder zurückklappen. Diese Abweichungen betragen im Arbeitsbereich in der Regel bis zu 15% und sind damit für viele Anwendungen nicht vernachlässigbar. Zusätzlich wird noch eine andere Übertragungseigenschaft im Arbeitsbereich deutlich, nämlich die von den Sättigungseffekten verursachte Rechtskrümmung der von der äußeren Hystereseschleife umrandeten Fläche. Diese Eigenschaft ist systemspezifisch und daher für die spätere phänomenologische Modellbildung der elektrischen und aktorischen Übertragungseigenschaften des piezoelektrischen Stapelwandlers wichtig.

Die in den Bildern 2.12a und 2.12b dargestellte Übertragungscharakteristik zwischen der elektrischen Ladung q bzw. der Auslenkung s und der eingeprägten Druckkraft F wird maßgeblich durch den in den Bildern 2.6 bzw. 2.7 dargestellten Zusammenhang zwischen der Polarisation P bzw. der Dehnung S und der eingeprägten mechanischen Spannung T im mechanischen Arbeitsbereich der Keramik bestimmt. Hierbei liegt der gewählte Koordinatenursprung auf der Mitte des in den Bildern 2.6 und 2.7 grau gekennzeichneten, mechanischen Arbeitsbereichs. Da die Kraftamplituden im mechanischen Arbeitsbereich im Vergleich zur mechanischen Druckbelastungsgrenze des Aktors klein sind, ist vornehmlich mit einem, von reversibel elastischen und piezoelektrischen Effekten geprägten, mechanischen und sensorischen Übertragungsverhalten zu rechnen, das für hinreichend niederfrequente Druckkräfte eher durch eindeutige als durch hysteresebehaftete Zusammenhänge beschrieben wird. Aus diesem Grund ist auch nicht mit einer starken Verkopplung des aktorischen und mechanischen bzw. des elektrischen und sensorischen Übertragungsverhaltens durch die Domänenprozesse zu rechnen.

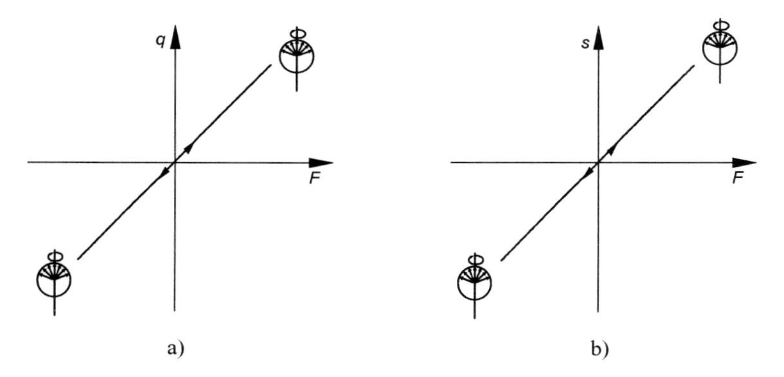

Bild 2.12: Qualitativer Verlauf des a) q-F-Zusammenhangs b) s-F-Zusammenhangs

Ein weiterer wichtiger Effekt, der auf die Domänenprozesse im Innern der Keramik zurückzuführen ist, ist das sogenannte Nachkriechen der elektrischen Ladung q und Auslenkung s nach plötzlicher, das heißt sprungförmiger Änderung der elektrischen Ansteuerspannung. Dieser Effekt ist in den Bildern 2.13a und 2.13b am Beispiel der Antwort der Auslenkung s auf einen Spannungssprung dargestellt. Dieses Nachkriechen ist, da es auf demselben mikrophysikalischen Mechanismus basiert, untrennbar mit dem ebenfalls durch Domänenprozesse verursachten Hystereseverhalten der Keramik verbunden. Eine mögliche Entstehungsursache könnte darin begründet sein, daß nach einer Änderung der elektrischen Spannung nur ein Teil aller Domänen unmittelbar ausgerichtet wird und sich der Rest infolge des sich ergebenden, inneren Feldes zeitlich verzögert orientiert. Das Nachkriechen hat einen logarithmisch abnehmenden Zeitverlauf, der der Beziehung

$$s(t) = s(T_s) + \gamma \log(\frac{t}{T_s}) \tag{2.1}$$

gehorcht [PI98]. $s(T_s)$ gibt dabei die Auslenkung an, die um die Zeitspanne T_s nach der plötzlichen Spannungsanregung zum Zeitpunkt $t = 0$ entstanden ist.

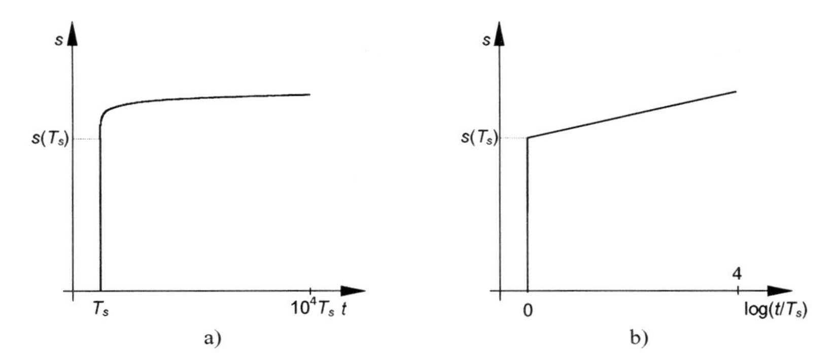

Bild 2.13: Nachkriechen der Auslenkung nach sprungförmiger elektrischer Anregung
a) linear geteilte Zeitachse b) logarithmisch geteilte Zeitachse

γ ist der Gewichtungsfaktor des Kriechens und stellt ein Maß für die Kriechneigung eines piezoelektrischen Aktors da. Sein Wertebereich liegt je nach Keramik zwischen 0,01 und 0,02 [PI98].

Zusammenfassend läßt sich festhalten, daß das quasistatische, elektrische und aktorische Übertragungsverhalten piezoelektrischer Stapelwandler aufgrund der im elektrischen Großsignalbetrieb angeregten Domänenprozesse nicht vernachlässigbare Hysterese- und Kriecheffekte aufweist. Zudem ist wegen der Tatsache, daß piezoelektrische Stapelwandler nach der Herstellung elektrisch vorpolarisiert sind und sich der elektrische Aussteuerbereich nur über positive Spannungen erstreckt, das Hysteresegebiet des Stapelwandlers aufgrund von Sättigungseffekten asymmetrisch zum Koordinatenursprung des elektrischen Betriebsbereichs. Im Gegensatz dazu wird der piezoelektrische Stapelwandler im Vergleich zu seiner Druckbelastbarkeitsgrenze mechanisch nur geringfügig belastet. Daher wird der Einfluß von Hysterese- und Kriecheffekten auf das quasistatische, sensorische und mechanische Übertragungsverhalten piezoelektrischer Stapelwandler erwartungsgemäß deutlich geringer ausfallen als im elektrischen Belastungsfall und in erster Näherung vernachlässigbar sein.

3 Operatorbasierte Modellbildung

Im Rahmen dieses Kapitels werden die Grundlagen für die Modellbildung von Sättigungs-, Hysterese- und Kriecheffekten durch Superpositions-, Hysterese- und Kriechoperatoren gelegt. Dazu wird im ersten Teil des Kapitels der Begriff des Operators eingeführt und gegenüber dem mathematischen Funktionsbegriff abgegrenzt. Im zweiten Teil erfolgt eine Einteilung von Operatoren nach Eigenschaften, die es gestatten, eindeutige und hysteresebehaftete Nichtlinearitäten sowie kriechbehaftete Übertragungsglieder anhand von experimentell beobachtbaren Merkmalen streng voneinander zu unterscheiden. Im dritten Teil wird auf die Modellierung von eindeutigen Nichtlinearitäten durch Superpositionsoperatoren eingegangen. Zu dieser Klasse von Nichtlinearitäten gehören beispielsweise auch die im Übertragungsverhalten von piezoelektrischen Aktoren auftretenden Sättigungseffekte. Daran schließt sich im vierten Teil des Kapitels eine mathematisch-phänomenologische Beschreibung der im Übertragungsverhalten von piezoelektrischen Aktoren auftretenden Hystereseeffekte durch Hystereseoperatoren an. Im fünften Teil erfolgt die Erweiterung der operatorbasierten Modellierungsmethodik auf die im Übertragungsverhalten von piezoelektrischen Aktoren auftretenden Kriecheffekte durch die Einführung geeigneter Kriechoperatoren. Im sechsten Teil werden anhand von asymptotischen Betrachtungen Zusammenhänge zwischen den verwendeten Hysterese- und Kriechoperatoren aufgezeigt und durch geeignete Kombination der eingeführten Superpositions-, Hysterese- und Kriechoperatoren ein Gesamtmodell gebildet, das die im Großsignalübertragungsverhalten von piezoelektrischen Aktoren simultan auftretenden Sättigungs-, Hysterese- und Kriecheffekte beschreibt.

3.1 Operatoren und Übertragungsglieder

Komplexe Systeme aus Technik, Natur und Wirtschaft setzen sich aus zahlreichen Teilsystemen zusammen, die miteinander wechselwirken. Im Hinblick auf die Beurteilung des dynamischen Verhaltens interessiert den Systemtheoretiker nicht die materielle Beschaffenheit und innere Struktur des Systems, sondern nur wie das System aus den einwirkenden Eingangsgrößen die entsprechenden Ausgangsgrößen erzeugt. Bei solch einer Betrachtung steht somit nur der Ursache-Wirkungs-Zusammenhang, das Ausgang-Eingang-Übertragungsverhalten, im Vordergrund. Das System wird in diesem Fall als Übertragungsglied bezeichnet. Betrachtet man ein System mit nur einer Eingangsgröße und einer Ausgangsgröße, so wird jeder Eingangsgröße $x \in X$ in eindeutiger Weise eine Ausgangsgröße $y \in Y$ zugeordnet. Mathematisch läßt sich solch eine Zuordnung durch eine Abbildungsgleichung der Form

$$y = W[x] \tag{3.1}$$

beschreiben. Die Elemente, die durch die Abbildung $W : X \to Y$ aufeinander abgebildet werden, sind Zeitfunktionen, die auch als Zeitsignale oder kürzer einfach als Signale bezeichnet werden. Der Definitionsbereich X und Wertebereich Y der Abbildung W sind folglich Mengen, die aus Funktionen bestehen, sogenannte Funktionenräume. Die Abbildungsvorschrift (3.1) wird in der Mathematik als Operator bezeichnet. In der Technik wird hierfür der Begriff des Übertragungsgliedes gebraucht. Beide Begriffe können daher nebeneinander verwendet werden. Funktionen sind ebenfalls Abbildungen, die jeder Eingangsgröße $x \in X$ in eindeutiger Weise eine Ausgangsgröße $y \in Y$ zuordnen. Funktionsabbildungen werden üblicherweise durch die Schreibweise

$$y = W(x) \tag{3.2}$$

dargestellt. Die Elemente, die in diesem Fall durch die Abbildung $W : X \rightarrow Y$ aufeinander abgebildet werden, sind reelle Zahlen. Der Definitionsbereich X und Wertebereich Y der Abbildung W sind in diesem Fall Mengen, die aus Elementen der Menge der reellen Zahlen bestehen. Ist die Eingangsgröße x ein Zeitsignal, wird der Eingangssignalwert zum Zeitpunkt t durch die Schreibweise $x(t)$ gekennzeichnet. Der Eingangssignalwert $x(t)$ zum Zeitpunkt t und der Ausgangssignalwert $y(t)$ zum Zeitpunkt t sind reelle Zahlen, die sich über eine Funktion W durch

$$y(t) = W(x(t)) \tag{3.3}$$

miteinander verknüpfen lassen. Handelt es sich bei der Abbildung um einen Operator W, dann gilt für den Ausgangssignalwert $y(t)$ zum Zeitpunkt t die Schreibweise

$$y(t) = W[x](t)\,. \tag{3.4}$$

Charakteristisch für Übertragungsglieder bzw. Operatoren ist ihre Rückwirkungsfreiheit, das heißt das Ausgangssignal y hängt nur von dem Eingangssignal x ab. Bild 3.1 zeigt die graphische Darstellung eines Übertragungsgliedes innerhalb von Signalflußplänen. Es muß betont werden, daß der Operator W nicht explizit gegeben sein muß, sondern in Form einer Operatorgleichung implizit vorliegen kann. Dies ist insbesondere bei komplexen Übertragungsgliedern eher die Regel als die Ausnahme. In diesem Fall handelt es sich bei dem Operator W um die Lösung der Operatorgleichung. Der Operator W wird in diesem Zusammenhang als Lösungsoperator der Operatorgleichung bezeichnet.

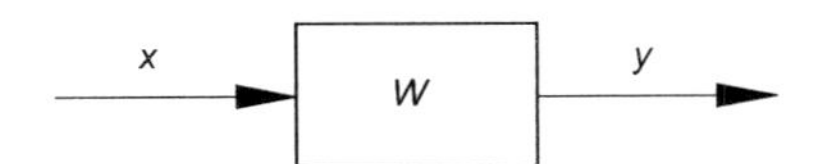

Bild 3.1: Übertragungsglied mit der Eingangsgröße x und der Ausgangsgröße y

Oft läßt sich der Lösungsoperator nicht analytisch aus der Operatorgleichung herleiten, so daß er gegebenenfalls mit Hilfe numerischer Methoden berechnet werden muß. Voraussetzung für die numerische Berechnung ist jedoch, daß der Lösungsoperator existiert und eindeutig ist. Fragen bezüglich der Existenz und Eindeutigkeit sowie anderer wichtiger analytischer Eigenschaften wie beispielsweise der Stetigkeit und Stabilität von Operatoren lassen sich mit Hilfe funktionalanalytischer Methoden beantworten [BHW93,Heu95].

3.2 Einteilung von Übertragungsgliedern

Operatoren sind in der Lage, die Abhängigkeit des Ausgangssignalwertes $y(t)$ zum Zeitpunkt $t_0 \leq t \leq t_e$ von allen Eingangssignalwerten $x(\tau)$ zu den Zeitpunkten $t_0 \leq \tau \leq t_e$ zu berücksichtigen. Hierbei ist t_0 der Anfangszeitpunkt und t_e der Endzeitpunkt der Betrachtung. Operatoren, die das Übertragungsverhalten physikalisch realisierbarer Systeme wiedergeben, besitzen die Eigenschaft, daß nur der Einfluß von $x(\tau)$ mit $t_0 \leq \tau \leq t$ auf $y(t)$ berücksichtigt wird. Sie werden als kausale Operatoren oder auch als Volterraoperatoren bezeichnet [BS96,KP89]. Da kausale Operatoren den Einfluß vergangener Eingangssignalwerte auf den momentanen Ausgangssignalwert berücksichtigen können, sind sie in der Lage, Systeme mit Gedächtnis zu modellieren. Neben der Existenz eines Gedächtnisses ist die Abhängigkeit des Übertragungsverhaltens von der Änderungsgeschwindigkeit des Eingangssignals ein weiteres wichtiges Unterscheidungsmerkmal von Operatoren. Volterraoperatoren, deren Übertragungsverhalten unabhängig von der Änderungsgeschwindigkeit des Eingangssignals ist, werden statisch genannt. Bei statischen Volterraoperatoren ohne Gedächtnis, den sogenannten Superpositionsoperatoren, hängt der Ausgangssignalwert $y(t)$ zum Zeitpunkt t nur vom Eingangssignalwert $x(t)$ zum Zeitpunkt t ab. Es handelt sich hierbei um die in der Meß-, Steuer- und Regeltechnik bekannten eindeutigen Kennlinien. Hystereseoperatoren sind statische Volterraoperatoren mit Gedächtnis [BS96,KP89,Vis94]. Da Hystereseoperatoren wie die Superpositionsoperatoren ein statisches Übertragungsverhalten besitzen, hat sich für diese Klasse der Übertragungsglieder der Begriff der hysteresebehafteten oder mehrdeutigen Kennlinien durchgesetzt. Volterraoperatoren, deren Übertragungsverhalten eine Abhängigkeit von der Änderungsgeschwindigkeit des Eingangssignals zeigt, werden dynamisch genannt. Bild 3.2 gibt einen Überblick über die zuvor beschriebene Einteilung von Operatoren bzw. Übertragungsgliedern. Die dynamischen Übertragungsglieder, die eine statische Kennlinie besitzen, lassen sich wiederum in zwei verschiedene Klassen unterteilen. In die Klasse dynamischer Übertragungsglieder mit eindeutiger statischer Kennlinie und in die Klasse mit hysteresebehafteter statischer Kennlinie.

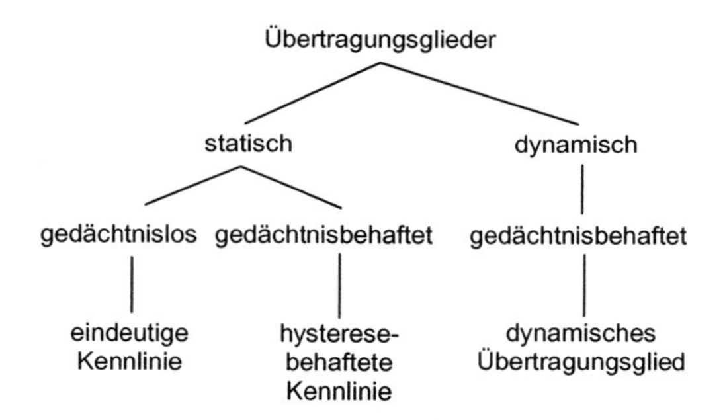

Bild 3.2: Einteilung von Übertragungsgliedern

Zur graphischen Charakterisierung des Übertragungsverhaltens von Übertragungsgliedern findet man in der Literatur unterschiedliche Darstellungsformen. Zur Unterscheidung gedächtnisloser Übertragungsglieder von gedächtnisbehafteten Übertragungsgliedern eignet sich besonders die Darstellung, in der das Ausgangssignal y über dem Eingangssignal x als Trajektorie, das heißt als zeitabhängige Bahnkurve, aufgetragen wird. Man spricht hierbei auch von einer Ausgang-Eingang-Trajektorie bzw. y-x-Trajektorie in der Ausgang-Eingang-Ebene bzw. y-x-Ebene. Bild 3.3 zeigt den qualitativen Verlauf der y-x-Trajektorien einer Sättigungskennlinie als Beispiel für einen Superpositionsoperator, einer Magnetisierungskennlinie als Beispiel für einen Hystereseoperator und eines linearen, zeitinvarianten Verzögerungsgliedes erster Ordnung als Beispiel für ein dynamisches Übertragungsglied mit eindeutiger statischer Kennlinie.

Aufgrund der Tatsache, daß es sich bei der Sättigungskennlinie um ein gedächtnisloses Übertragungsglied handelt, durchläuft ihre y-x-Trajektorie unabhängig von der Richtung des Eingangssignals immer die gleichen Punkte der y-x-Ebene. Das bei der Magnetisierungskennlinie und bei dem linearen, zeitinvarianten Verzögerungsglied erster Ordnung vorhandene Gedächtnis offenbart sich hingegen durch eine Verzweigung der Bahnkurve in den Umkehrpunkten des Eingangssignals. Dieser Umstand verdeutlicht, daß ein Verzweigen der y-x-Trajektorie zwar auf die Existenz eines Gedächtnisses hindeutet, aber keine weitere Aussage darüber zuläßt, ob es sich um ein statisches und damit hysteresebehaftetes oder um ein dynamisches Systemverhalten handelt.

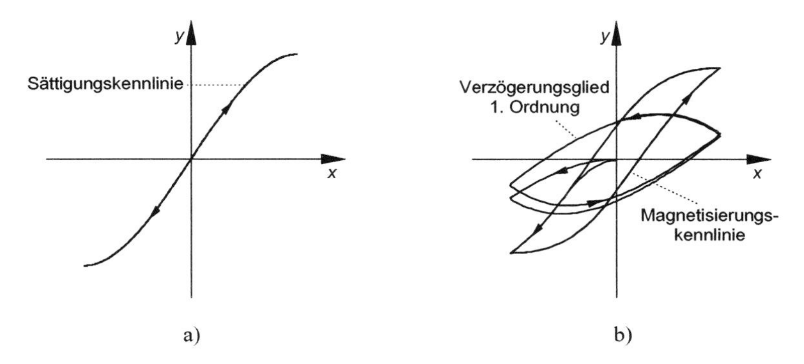

Bild 3.3: y-x-Trajektorien von a) gedächtnislosen und b) gedächtnisbehafteten Operatoren

Ein leicht erkennbares Unterscheidungsmerkmal zwischen statischen und dynamischen Übertragungsgliedern liefert jedoch eine Analyse des Ausgangssignals nach Anregung des Systems mit einer Sprungfunktion. Die Sprungantwort dynamischer Übertragungsglieder zeigt im Gegensatz zur Sprungantwort statischer Übertragungsglieder ein zeitlich ausgedehntes Übergangsverhalten bevor ein neuer stationärer Zustand erreicht wird. Dies ist am Beispiel der Sättigungskennlinie, der Magnetisierungskennlinie und des linearen, zeitinvarianten Verzögerungsgliedes erster Ordnung in Bild 3.4 dargestellt.

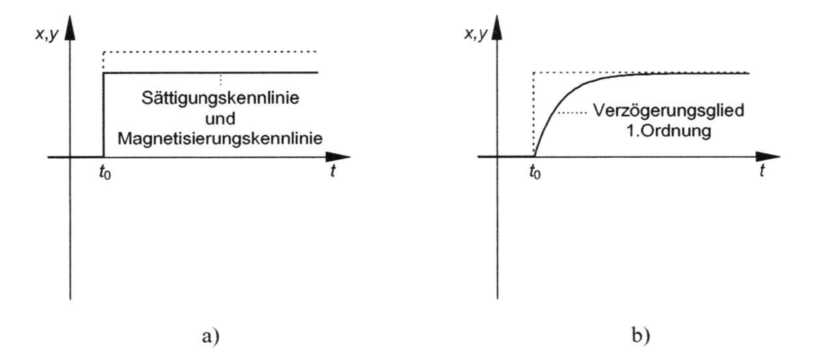

Bild 3.4: Sprungantwort a) statischer und b) dynamischer Operatoren

Während das Verzweigen der y-x-Trajektorie ein gedächtnisbehaftetes Übertragungsglied von einem gedächtnislosen Übertragungsglied unterscheidet, gibt die Analyse der Sprungantwort einen Hinweis darauf, ob ein Übertragungsglied dynamische Übertragungsanteile besitzt. Zur experimentellen Untersuchung und Klassifikation von Übertragungsgliedern bezüglich dieser beiden qualitativen Übertragungseigenschaften eignen sich daher besonders Testsignale mit oszillierenden Zeitverläufen, die aus sprungförmigen Signalanteilen aufgebaut sind. In Bild 3.5 ist ein derartiges Testsignal abgebildet. Es handelt sich bei diesem Beispiel um ein aus Sprungfunktionen zusammengesetztes Dreiecksignal.

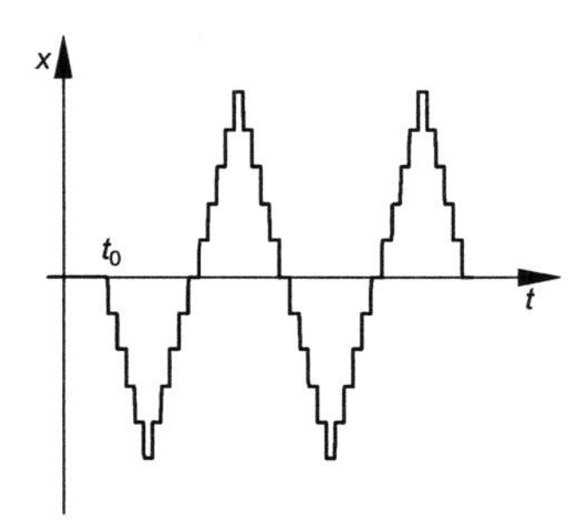

Bild 3.5: Oszillierendes, aus sprungförmigen Anteilen zusammengesetztes Eingangssignal

Bild 3.6 zeigt die y-x-Trajektorien und die Ausgangssignale y der Sättigungskennlinie, der Magnetisierungskennlinie und des linearen, zeitinvarianten Verzögerungsgliedes erster Ordnung, die infolge einer Anregung der Übertragungsglieder mit solch einem Eingangssignal x entstehen. Die in Bild 3.6f dargestellte y-x-Trajektorie des linearen, zeitinvarianten Verzögerungsgliedes erster Ordnung zeigt bei dieser Form der Anregung Abschnitte, die senkrecht und damit parallel zur y-Achse verlaufen. Diese senkrechten Anteile der y-x-Trajektorie werden von den Übergangsvorgängen im Ausgangssignal verursacht, die nach plötzlicher Anregung des dynamischen Systems in den Phasen zeitlich konstanten Eingangssignals entstehen. Diese senkrechten Trajektorienabschnitte sind damit ein charakteristisches Merkmal für dynamische Anteile im Übertragungsverhalten eines Übertragungsgliedes. Die y-x-Trajektorien der Sättigungskennlinie und der Magnetisierungskennlinie sind in den Bildern 3.6b und 3.6d dargestellt und zeigen als Beispiele für statische Übertragungsglieder dieses charakteristische Merkmal nicht.

3.3 Superpositionsoperatoren

Eine in Naturwissenschaft und Technik häufig verwendete Methode zur mathematischen Beschreibung eindeutiger Kennlinien besteht darin, diese durch eine gewichtete, lineare Überlagerung elementarer Funktionen nachzubilden. Dazu stellt die Mathematik viele unterschiedliche Methoden bereit. Ein Beispiel dafür ist die Potenzreihenentwicklung. Welche Methode für die Approximation einer gegebenen, eindeutigen Kennlinie geeignet ist, hängt einerseits von den Eigenschaften der eindeutigen Kennlinie ab, wird andererseits aber auch von der beabsichtigten Weiterverwendung des Kennlinienmodells bestimmt. Im Rahmen dieser Arbeit interessieren in erster Linie Näherungsmethoden für stetige und streng monotone eindeutige Kennlinien, da sich das Übertragungsverhalten vieler Aktoren und Sensoren bei hinreichend niedrigen Frequenzen durch einen solchen Zusammenhang beschreiben läßt und/oder da viele Aktoren und Sensoren einen solchen Zusammenhang als Bestandteil des Gesamtübertragungsverhaltens aufweisen.

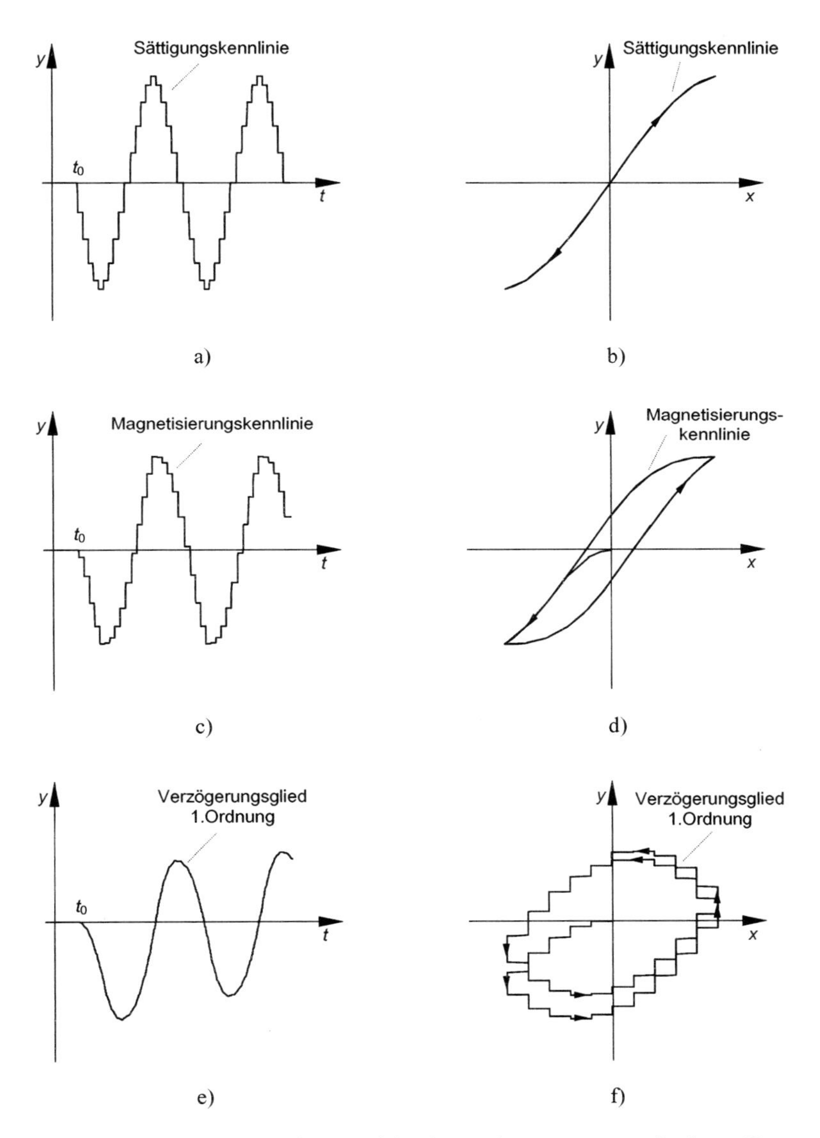

Bild 3.6: Ausgangssignale y und y-x-Trajektorien nach Ansteuerung mit einem Eingangssignal nach Bild 3.5
a) Ausgangssignal y b) y-x-Trajektorie der Sättigungskennlinie
b) Ausgangssignal y d) y-x-Trajektorie der Magnetisierungskennlinie
e) Ausgangssignal y f) y-x-Trajektorie des Verzögerungsgliedes 1. Ordnung

Ein Beispiel dafür sind die im Übertragungsverhalten piezoelektrischer Aktoren auftretenden Sättigungseffekte. Im Hinblick auf die Ableitung von rechnergestützten Verfahren zur automatisierten Synthese eines Kompensators für eindeutige Aktor- bzw. Sensorkennlinien muß die Modellbildungsmethode einerseits die Invertierbarkeit des verwendeten Kennlinienmodells sichern und andererseits eine einfache und exakte Invertierung des Kennlinienmodells ermöglichen. Vor diesem Hintergrund wird in der Folge eine Methode zur Approximation eindeutiger Kennlinien vorgestellt, die auf elementaren Superpositionsoperatoren basiert.

3.3.1 Elementare Superpositionsoperatoren

Superpositionsoperatoren sind dadurch gekennzeichnet, daß ihr Übertragungsverhalten gedächtnislos ist. Das bedeutet, daß der Ausgangssignalwert $y(t)$ zum Zeitpunkt t nur vom Wert des Eingangssignals $x(t)$ zum Zeitpunkt t bestimmt wird. Daher definiert jede Funktion einen Superpositionsoperator, das heißt Superpositionsoperatoren können mit ihren definierenden Funktionen identifiziert werden. Eine Unterscheidung zwischen den Begriffen Funktion und Operator ist in diesem Fall nicht unbedingt notwendig. Der durch die Identitätsfunktion

$$I(x(t)) = x(t) \tag{3.5}$$

definierte Superpositionsoperator wird Identitätsoperator I genannt und bildet das Eingangssignal x auf sich selbst ab. Er kann daher im systemtheoretischen Sinne als ideales Übertragungsglied bezeichnet werden. Die y-x-Trajektorie des Identitätsoperators ist die in Bild 3.7 dargestellte Winkelhalbierende des ersten und dritten Quadranten.

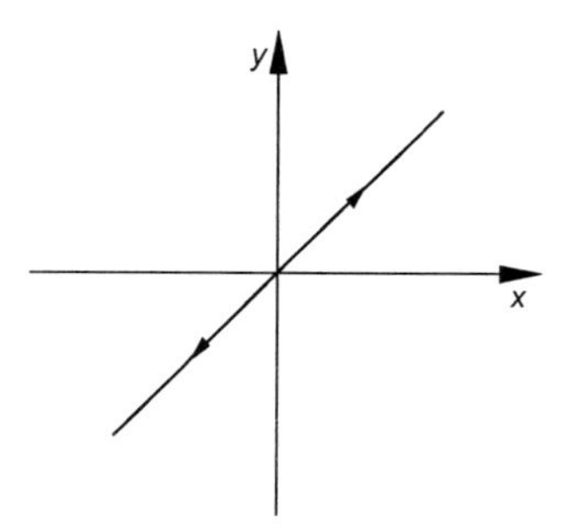

Bild 3.7: y-x-Trajektorie des Identitätsoperators I

Bild 3.8 zeigt eine Interpretation des Identitätsoperators aus der Mechanik. Abgebildet ist eine linear-elastische Feder mit der Federkonstante c, die mit einer Kraft F belastet wird. Der Zusammenhang zwischen dem Kraftsignal F als eingeprägte Größe und dem Auslenkungssignal s als Reaktionsgröße wird bei der linear-elastischen Feder durch einen mit dem Kehrwert der Federkonstante c gewichteten Identitätsoperator beschrieben.

$$s(t) = c^{-1} I[F](t) \tag{3.6}$$

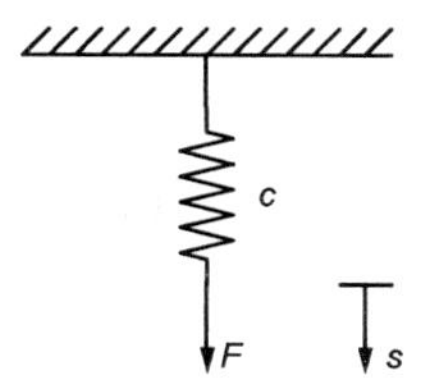

Bild 3.8: Mechanisches System als physikalisches Beispiel für den Identitätsoperator

Neben dem Identitätsoperator wird der einseitige Totzoneoperator durch

$$S_{r_S}[x](t) := S(x(t), r_S) \tag{3.7}$$

als weiterer elementarer Superpositionsoperator eingeführt. Die definierende Funktion

$$S(x(t), r_S) = \begin{cases} \max\{x(t) - r_S, 0\} & ; \quad r_S > 0 \\ \min\{x(t) - r_S, 0\} & ; \quad r_S < 0 \\ 0 & ; \quad r_S = 0 \end{cases} \tag{3.8}$$

wird sinngemäß einseitige Totzonefunktion genannt. Die y-x-Trajektorien des einseitigen Totzoneoperators sind für $r_S < 0$ und $r_S > 0$ in Bild 3.9 dargestellt.

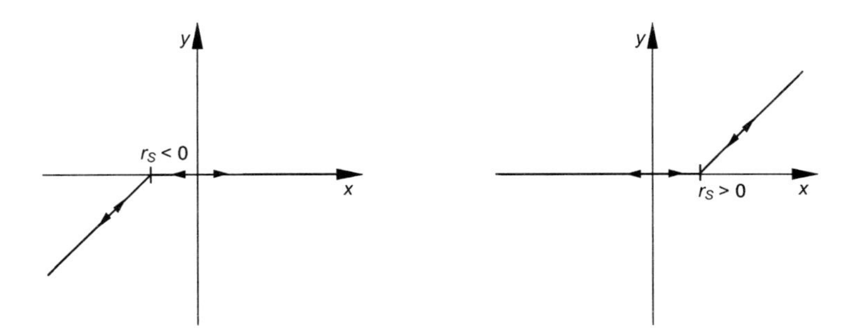

Bild 3.9: y-x-Trajektorien des einseitigen Totzoneoperators für $r_S < 0$ und $r_S > 0$

Wie in Bild 3.9 zu sehen ist, wird der einseitige Totzoneoperator durch seinen Schwellwert $r_S \in \Re$ charakterisiert. Aufgrund ihrer Einfachheit sind die hier dargestellten Superpositionsoperatoren zur Nachbildung realer eindeutiger Aktor- bzw. Sensorkennlinien in der Regel nicht ausreichend. Hinreichend genaue Approximationen für reale eindeutige Kennlinien lassen sich aber aus dem Zusammenspiel mehrerer Elementaroperatoren ableiten.

3.3.2 Prandtl-Ishlinskii-Superpositionsoperator

Ein komplexeres Modell für eindeutige Kennlinien erhält man durch die gewichtete Überlagerung des Identitätsoperators mit unendlich vielen einseitigen Totzoneoperatoren, die unterschiedliche Schwellwerte besitzen. Daraus ergibt sich die Definition des sogenannten Prandtl-Ishlinskii-Superpositionsoperators

$$S[x](t) := v_S I[x](t) + \int_{-\infty}^{\infty} w_S(r_S) S_{r_S}[x](t)\,\mathrm{d}r_S \,. \tag{3.9}$$

Hinter dieser Definitionsgleichung steckt im Grunde nichts anderes, als die gewichtete Zerlegung einer stetigen, durch den Ursprung des Koordinatensystems verlaufenden, eindeutigen Kennlinie in einseitige Totzoneoperatoren und den Identitätsoperator. Insofern lassen sich der Koeffizient v_S und die Schwellwertfunktion w_S, in Anlehnung an die Zerlegung einer Zeitfunktion in Sinus- und Cosinusfunktionen durch die Fouriertransformation, als Schwellwertspektrum einer eindeutigen Kennlinie interpretieren.

Da Superpositionsoperatoren über Funktionen definiert werden, läßt sich die Bildung des inversen Superpositionsoperators auf die Bildung der inversen Funktion zurückführen. Allerdings existiert nicht zu jeder den Prandtl-Ishlinskii-Superpositionsoperator S definierenden Funktion eine inverse Funktion. Bedingungen für die Existenz der inversen Funktion und damit des inversen Prandtl-Ishlinskii-Superpositionsoperators S^{-1} sind die Stetigkeit und strenge Monotonie der definierenden Funktion [BHW97].

Aus der Annahme, daß der Betrag des Koeffizienten v_S endlich und die Schwellwertfunktion w_S betragsintegrabel ist, so daß

$$|v_S| + \int_{-\infty}^{\infty} |w_S(r_S)|\mathrm{d}r_S < \infty \tag{3.10}$$

gilt, folgt die Stetigkeit der definierenden Funktion, da sich diese aus der gewichteten, linearen Überlagerung einer stetigen und streng monotonen Identitätsfunktion sowie stetigen und monotonen einseitigen Totzonefunktionen zusammensetzt. Die Monotonieeigenschaften der definierenden Funktion werden hingegen von dem konkreten Wert des Koeffizienten v_S und dem konkreten Verlauf der Schwellwertfunktion w_S bestimmt. Zur Ableitung von Nebenbedingungen für den Koeffizienten v_S und den Verlauf der Schwellwertfunktion w_S, die die strenge Monotonie der definierenden Funktion und damit die Invertierbarkeit des Prandtl-Ishlinskii-Superpositionsoperators garantieren sollen, kann man von folgender Überlegung ausgehen.

Aus den Definitionsgleichungen des Identitätsoperators, des einseitigen Totzoneoperators und des Prandtl-Ishlinskii-Superpositionsoperators ergibt sich ausgehend von $x(t_0) = 0$ für steigendes Eingangssignal die Gleichung

$$S[x](t) = v_S x(t) + \int_{0}^{x(t)} w_S(r_S)(x(t) - r_S)\,\mathrm{d}r_S \,, \tag{3.11}$$

da zu dem Integral in (3.9) in diesem Fall nur die Werte $0 \le r_S \le x(t)$ einen Beitrag liefern. Entsprechend gilt ausgehend von $x(t_0) = 0$ für fallendes Eingangssignal die Gleichung

$$S[x](t) = v_S x(t) + \int_{x(t)}^{0} w_S(r_S)(x(t) - r_S)\,\mathrm{d}r_S\ , \tag{3.12}$$

da zu dem Integral in (3.9) in diesem Fall nur die Werte $x(t) \le r_S \le 0$ einen Beitrag liefern. Durch die Substitution $S[x] := \varphi_S^+$ bzw. $S[x] := \varphi_S^-$, $x(t) := r_S$ und $r_S := \xi$ lassen sich den Gleichungen (3.11) und (3.12) die Funktionen

$$\varphi_S^+(r_S) := v_S r_S + \int_{0}^{r_S} w_S(\xi)(r_S - \xi)\,\mathrm{d}\xi \quad ; \quad r_S \ge 0 \tag{3.13}$$

und

$$\varphi_S^-(r_S) := v_S r_S + \int_{r_S}^{0} w_S(\xi)(r_S - \xi)\,\mathrm{d}\xi \quad ; \quad r_S \le 0 \tag{3.14}$$

zuordnen. Die Funktionen φ_S^+ bzw. φ_S^- besitzen in der φ_S^+-r_S-Ebene bzw. in der φ_S^--r_S-Ebene denselben Verlauf wie die y-x-Trajektorie des Prandtl-Ishlinskii-Superpositionsoperators S im ersten bzw. dritten Quadranten der y-x-Ebene. Die Funktionen φ_S^+ bzw. φ_S^- sind damit Abbilder der y-x-Trajektorie des Prandtl-Ishlinskii-Superpositionsoperators aus dem ersten bzw. dritten Quadranten der y-x-Ebene in die φ_S^+-r_S-Ebene bzw. in die φ_S^--r_S-Ebene.

Die ersten Ableitungen

$$\frac{\mathrm{d}}{\mathrm{d}r_S}\varphi_S^+(r_S) = v_S + \int_{0}^{r_S} w_S(\xi)\,\mathrm{d}\xi \quad ; \quad r_S \ge 0 \tag{3.15}$$

und

$$\frac{\mathrm{d}}{\mathrm{d}r_S}\varphi_S^-(r_S) = v_S + \int_{r_S}^{0} w_S(\xi)\,\mathrm{d}\xi \quad ; \quad r_S \le 0 \tag{3.16}$$

dieser Funktionen beschreiben die Steigung der den Prandtl-Ishlinskii-Superpositionsoperator definierenden Funktion für $r_S \ge 0$ bzw. $r_S \le 0$. Aus der Forderung, daß die Steigung dieser Funktion überall streng positiv sein soll, folgen die Bedingungen

$$v_S + \int_{0}^{r_S} w_S(\xi)\,\mathrm{d}\xi > 0 \quad ; \quad r_S \ge 0\,, \tag{3.17}$$

und

$$v_S + \int_{r_S}^{0} w_S(\xi)\,\mathrm{d}\xi > 0 \quad ; \quad r_S \le 0 \tag{3.18}$$

für die Invertierbarkeit des Prandtl-Ishlinskii-Superpositionsoperators.

3.3.3 Invertierung des Prandtl-Ishlinskii-Superpositionsoperators

Die zu der definierenden Funktion inverse Funktion ist, falls sie existiert, ebenfalls stetig, streng monoton und verläuft durch den Koordinatenursprung. Sie läßt sich daher ebenfalls in die Identitätsfunktion und einseitige Totzonefunktionen zerlegen. Daraus folgt, daß der inverse Prandtl-Ishlinskii-Superpositionsoperator S^{-1} ebenfalls durch die gewichtete Überlagerung unendlich vieler Totzoneoperatoren mit unterschiedlichen Schwellwerten und des Identitätsoperators darstellbar ist. Damit gilt

$$S^{-1}[y](t) = v_S' I[y](t) + \int_{-\infty}^{\infty} w_S'(r_S') S_{r_S'}[y](t) \mathrm{d}r_S' . \tag{3.19}$$

Die Bedingungen, von denen ausgehend aus einem gegebenen, invertierbaren Prandtl-Ishlinskii-Superpositionsoperator (3.9) die Transformationsbeziehungen zwischen den Schwellwertvariablen r_S und r_S', den Koeffizienten v_S und v_S' und den Schwellwertfunktionen w_S und w_S' zur Berechnung des inversen Prandtl-Ishlinskii-Superpositionsoperators gebildet werden können, lassen sich folgendermaßen herleiten. In derselben Art und Weise wie für den Prandtl-Ishlinskii-Superpositionsoperator werden für den inversen Prandtl-Ishlinskii-Superpositionsoperator die Funktionen

$$\varphi_S^{+}{}'(r_S') := v_S' r_S' + \int_0^{r_S'} w_S'(\xi)(r_S' - \xi) \,\mathrm{d}\xi \quad ; \quad r_S' \geq 0 \tag{3.20}$$

und

$$\varphi_S^{-}{}'(r_S') := v_S' r_S' + \int_{r_S'}^{0} w_S'(\xi)(r_S' - \xi) \,\mathrm{d}\xi \quad ; \quad r_S' \leq 0 \tag{3.21}$$

definiert. Die Steigung dieser beiden Funktionen wird analog zu (3.15) und (3.16) durch die ersten Ableitungen

$$\frac{\mathrm{d}}{\mathrm{d}r_S'} \varphi_S^{+}{}'(r_S') = v_S' + \int_0^{r_S'} w_S'(\xi) \,\mathrm{d}\xi \quad ; \quad r_S' \geq 0 \tag{3.22}$$

und

$$\frac{\mathrm{d}}{\mathrm{d}r_S'} \varphi_S^{-}{}'(r_S') = v_S' + \int_{r_S'}^{0} w_S'(\xi) \,\mathrm{d}\xi \quad ; \quad r_S' \leq 0 \tag{3.23}$$

beschrieben. Die Funktionen $\varphi_S^{+}{}'$ bzw. $\varphi_S^{-}{}'$ des inversen Prandtl-Ishlinskii-Superpositionsoperators sind invers zu den Funktionen φ_S^{+} bzw. φ_S^{-} des Prandtl-Ishlinskii-Superpositionsoperators, so daß

$$\varphi_S^{+}{}'(r_S') = \varphi_S^{+^{-1}}(r_S') \quad ; \quad r_S' \geq 0 \tag{3.24}$$

bzw.

$$\varphi_S^{-}{}'(r_S') = \varphi_S^{-^{-1}}(r_S') \quad ; \quad r_S' \leq 0 \tag{3.25}$$

gilt. Für die ersten Ableitungen der Funktionen $\varphi_S^{+}{}'$ bzw. $\varphi_S^{-}{}'$ nach r_S' folgt dann

$$\frac{\mathrm{d}\varphi_S^{+}{}'(r_S')}{\mathrm{d}r_S'} = \frac{\mathrm{d}\varphi_S^{+^{-1}}(r_S')}{\mathrm{d}r_S'} \quad ; \quad r_S' \geq 0 \tag{3.26}$$

bzw.

$$\frac{\mathrm{d}\varphi_S^{-\prime}(r_S')}{\mathrm{d}r_S'} = \frac{\mathrm{d}\varphi_S^{-^{-1}}(r_S')}{\mathrm{d}r_S'} \quad ; \quad r_S' \leq 0 \,. \tag{3.27}$$

Aus den Funktionen φ_S^+ und φ_S^- des Prandtl-Ishlinskii-Superpositionsoperators S und den Funktionen $\varphi_S^{+\prime}$ und $\varphi_S^{-\prime}$ des inversen Prandtl-Ishlinskii-Superpositionsoperators S^{-1} lassen sich die Transformationsvorschriften für die Schwellwertvariablen r_S und r_S', die Koeffizienten v_S und v_S' und die Schwellwertfunktionen w_S und w_S' ableiten, denn ausgehend von den Gleichungen

$$\varphi_S^{+^{-1}}(\varphi_S^+(r_S)) = I(r_S) \quad ; \quad r_S \geq 0 \tag{3.28}$$

bzw.

$$\varphi_S^{-^{-1}}(\varphi_S^-(r_S)) = I(r_S) \quad ; \quad r_S \leq 0 \tag{3.29}$$

folgt für die ersten Ableitungen nach r_S

$$\frac{\mathrm{d}I(r_S)}{\mathrm{d}r_S} = \frac{\mathrm{d}\varphi_S^{+^{-1}}(\varphi_S^+(r_S))}{\mathrm{d}\varphi_S^+(r_S)} \frac{\mathrm{d}\varphi_S^+(r_S)}{\mathrm{d}r_S} = 1 \quad ; \quad r_S \geq 0 \tag{3.30}$$

bzw.

$$\frac{\mathrm{d}I(r_S)}{\mathrm{d}r_S} = \frac{\mathrm{d}\varphi_S^{-^{-1}}(\varphi_S^-(r_S))}{\mathrm{d}\varphi_S^-(r_S)} \frac{\mathrm{d}\varphi_S^-(r_S)}{\mathrm{d}r_S} = 1 \quad ; \quad r_S \leq 0 \tag{3.31}$$

und daraus die Bedingungen

$$\frac{\mathrm{d}\varphi_S^{+^{-1}}(\varphi_S^+(r_S))}{\mathrm{d}\varphi_S^+(r_S)} = \frac{1}{\dfrac{\mathrm{d}\varphi_S^+(r_S)}{\mathrm{d}r_S}} \quad ; \quad r_S \geq 0 \tag{3.32}$$

bzw.

$$\frac{\mathrm{d}\varphi_S^{-^{-1}}(\varphi_S^-(r_S))}{\mathrm{d}\varphi_S^-(r_S)} = \frac{1}{\dfrac{\mathrm{d}\varphi_S^-(r_S)}{\mathrm{d}r_S}} \quad ; \quad r_S \leq 0 \,. \tag{3.33}$$

Aus dem Zusammenhang

$$r_S' = \varphi_S^+(r_S) \quad ; \quad r_S \geq 0 \tag{3.34}$$

bzw.

$$r_S' = \varphi_S^-(r_S) \quad ; \quad r_S \leq 0 \tag{3.35}$$

für die Schwellwertvariable r_S' ergeben sich dann aus (3.32) bzw. (3.33) durch Einsetzen von (3.34) bzw. (3.35) und (3.26) bzw. (3.27) die Bedingungen

$$\frac{\mathrm{d}}{\mathrm{d}r_S'} \varphi_S^{+\prime}(r_S') = \frac{1}{\dfrac{\mathrm{d}}{\mathrm{d}r_S} \varphi_S^+(r_S)} \quad ; \quad r_S \geq 0 \tag{3.36}$$

bzw.

$$\frac{\mathrm{d}}{\mathrm{d}r_S'}\varphi_S^{-\prime}(r_S') = \frac{1}{\dfrac{\mathrm{d}}{\mathrm{d}r_S}\varphi_S^-(r_S)} \quad ; \quad r_S \le 0\,, \tag{3.37}$$

die die Koeffizienten v_S und v_S' sowie die Schwellwertfunktionen w_S und w_S' miteinander verbinden. Die Gleichungen (3.34) und (3.36) bzw. (3.35) und (3.37) sagen aus, daß die Steigung der Funktionen φ_S^+ bzw. φ_S^- an der Stelle r_S reziprok zu der Steigung der Funktionen $\varphi_S^{+\prime}$ bzw. $\varphi_S^{-\prime}$ an der Stelle $\varphi_S^+(r_S)$ bzw. $\varphi_S^-(r_S)$ sein muß. Diese Aussage wird in Bild 3.10 verdeutlicht.

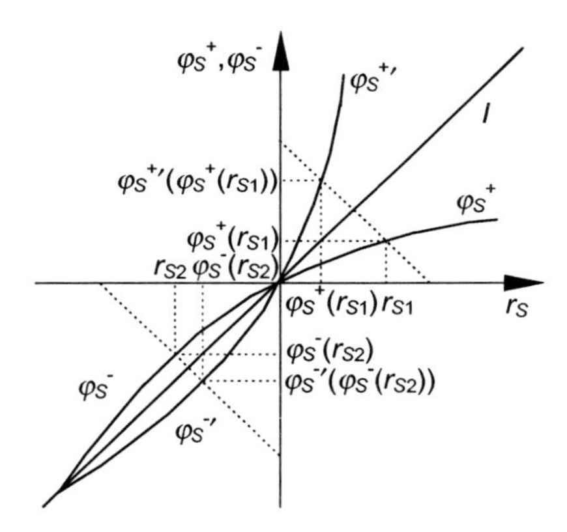

Bild 3.10: Graphische Darstellung der Bedingungen (3.34) - (3.37)

Daraus folgen die Transformationsvorschriften

$$v_S' + \int_0^{r_S'} w_S'(\xi)\,\mathrm{d}\xi = \frac{1}{v_S + \int_0^{r_S} w_S(\xi)\,\mathrm{d}\xi} \quad ; \quad r_S \ge 0 \tag{3.38}$$

und

$$v_S' + \int_{r_S'}^{0} w_S'(\xi)\,\mathrm{d}\xi = \frac{1}{v_S + \int_{r_S}^{0} w_S(\xi)\,\mathrm{d}\xi} \quad ; \quad r_S \le 0 \tag{3.39}$$

für den Koeffizienten v_S' und die Schwellwertfunktion w_S' sowie

$$r_S' = v_S r_S + \int_0^{r_S} w_S(\xi)(r_S - \xi)\,\mathrm{d}\xi \quad ; \quad r_S \ge 0 \tag{3.40}$$

und

$$r_S' = v_S r_S + \int_{r_S}^{0} w_S(\xi)(r_S - \xi)\,\mathrm{d}\xi \quad ; \quad r_S \leq 0 \tag{3.41}$$

für die Schwellwertvariable r_S'.

Für die Anwendung in Steuerungs- und Signalverarbeitungsalgorithmen ist das schwellwertkontinuierliche Modell (3.9) weniger geeignet. Hier wird man aus Rechenzeitgründen eine endlichdimensionale, schwellwertdiskrete Approximation des schwellwertkontinuierlichen Modells verwenden.

3.3.4 Schwellwertdiskreter Prandtl-Ishlinskii-Superpositionsoperator

Die Schwellwertdiskretisierung von (3.9) kann beispielsweise dadurch erfolgen, daß die Schwellwertfunktion w_S als eine gewichtete, lineare Überlagerung endlich vieler Dirac'scher Impulsfunktionen, das heißt in der Form

$$w_S(r_S) = \sum_{i=-l}^{-1} w_{Si}\delta(r_S - r_{Si}) + \sum_{i=1}^{l} w_{Si}\delta(r_S - r_{Si}) \tag{3.42}$$

mit

$$-\infty < r_{S-l} < \ldots < r_{Si} < \ldots < r_{S-1} < 0 \tag{3.43}$$

und

$$0 < r_{S1} < \ldots < r_{Si} < \ldots < r_{Sl} < \infty \tag{3.44}$$

angenommen wird. Durch die Wahl dieser speziellen Schwellwertfunktion wird (3.9) aufgrund der Siebeigenschaft der Dirac'schen Impulsfunktion auf

$$S[x](t) = v_S I[x](t) + \sum_{i=-l}^{-1} w_{Si} S_{r_{Si}}[x](t) + \sum_{i=1}^{l} w_{Si} S_{r_{Si}}[x](t) \tag{3.45}$$

zurückgeführt. Das bedeutet, daß die Nachbildung einer stetigen und eindeutigen Nichtlinearität durch den schwellwertdiskreten Prandtl-Ishlinskii-Superpositionsoperator S nach (3.45) nun stückweise linear erfolgt, wobei die Approximation in der Regel umso genauer ist, je mehr Elementaroperatoren zur Nachbildung der Nichtlinearität verwendet werden.

Zur Bestimmung der Nebenbedingungen, die die Invertierbarkeit des schwellwertdiskreten Prandtl-Ishlinskii-Superpositionsoperators garantieren sollen, werden die Ableitungen der Funktionen

$$\varphi_S^+(r_S) = v_S r_S + \sum_{j=1}^{i} w_{Sj}(r_S - r_{Sj}) \quad ; \quad r_{Si} \leq r_S < r_{Si+1} \quad ; \quad i = 0 \ldots l \tag{3.46}$$

und

$$\varphi_S^-(r_S) = v_S r_S + \sum_{j=i}^{-1} w_{Sj}(r_S - r_{Sj}) \quad ; \quad r_{Si} \geq r_S > r_{Si-1} \quad ; \quad i = -l \ldots 0 \tag{3.47}$$

nach der Schwellwertvariablen r_S im schwellwertdiskreten Fall gebildet. Diese ergeben sich zu

$$\frac{\mathrm{d}}{\mathrm{d}r_S}\varphi_S^+(r_S) = v_S + \sum_{j=1}^{i} w_{Sj} \quad ; \quad r_{Si} \leq r_S < r_{Si+1} \quad ; \quad i = 0..l \tag{3.48}$$

und

$$\frac{\mathrm{d}}{\mathrm{d}r_S}\varphi_S^-(r_S) = v_S + \sum_{j=i}^{-1} w_{Sj} \quad ; \quad r_{Si} \geq r_S > r_{Si-1} \quad ; \quad i = -l..0, \tag{3.49}$$

wobei $r_{S-l-1} = -\infty$, $r_{S0} = 0$ und $r_{Sl+1} = \infty$ gilt. Unter der Annahme

$$-\infty < v_S < \infty \;\text{ und }\; -\infty < w_{Si} < \infty \quad ; \quad i = -l..-1,1..l \tag{3.50}$$

folgt die Stetigkeit der stückweise linearen, definierenden Funktion des schwellwertdiskreten Prandtl-Ishlinskii-Superpositionsoperators. Zudem folgt aus den Bedingungen

$$v_S + \sum_{j=1}^{i} w_{Sj} > 0 \quad ; \quad i = 0..l \tag{3.51}$$

und

$$v_S + \sum_{j=i}^{-1} w_{Sj} > 0 \quad ; \quad i = -l..0 \tag{3.52}$$

für die Gewichte die strenge Monotonie der definierenden Funktion und damit die Invertierbarkeit des schwellwertdiskreten Prandtl-Ishlinskii-Superpositionsoperators.

3.3.5 Invertierung des schwellwertdiskreten Prandtl-Ishlinskii-Superpositionsoperators

Die Schwellwertfunktion des zum schwellwertdiskreten Prandtl-Ishlinskii-Superpositionsoperator S inversen Operators S^{-1} setzt sich ebenfalls aus der gewichteten Überlagerung von Dirac'schen Impulsfunktionen zusammen, so daß

$$w'_S(r'_S) = \sum_{i=-l}^{-1} w'_{Si}\delta(r'_S - r'_{Si}) + \sum_{i=1}^{l} w'_{Si}\delta(r'_S - r'_{Si}) \tag{3.53}$$

mit

$$r'_{Si} = \varphi_S^+(r_{Si}) \quad ; \quad i = 1..l \tag{3.54}$$

und

$$r'_{Si} = \varphi_S^-(r_{Si}) \quad ; \quad i = -l..-1 \tag{3.55}$$

gilt. Damit läßt sich der inverse, schwellwertdiskrete Prandtl-Ishlinskii-Superpositionsoperator analog zu (3.45) durch die Gleichungen

$$S^{-1}[y](t) = v'_S I[y](t) + \sum_{i=-l}^{-1} w'_{Si} S_{r'_{Si}}[y](t) + \sum_{i=1}^{l} w'_{Si} S_{r'_{Si}}[y](t)\,. \tag{3.56}$$

ausdrücken. Der zum schwellwertdiskreten Prandtl-Ishlinskii-Superpositionsoperator inverse Operator besteht damit ebenfalls aus der Summe gewichteter einseitiger Totzoneoperatoren und eines gewichteten Identitätsoperators.

Für die Funktionen $\varphi_S^{+\prime}$, $\varphi_S^{-\prime}$ folgt analog zu (3.46) und (3.47)

$$\varphi_S^{+\prime}(r_S') = v_S' r_S' + \sum_{j=1}^{i} w_{Sj}'(r_S' - r_{Sj}') \quad ; \quad r_{Si}' \le r_S' < r_{Si+1}' \quad ; \quad i = 0..l \tag{3.57}$$

und

$$\varphi_S^{-\prime}(r_S') = v_S' r_S' + \sum_{j=i}^{-1} w_{Sj}'(r_S' - r_{Sj}') \quad ; \quad r_{Si}' \ge r_S' > r_{Si-1}' \quad ; \quad i = -l..0, \tag{3.58}$$

wobei $r_S'{}_{-l-1} = \varphi_S^{-}(r_{S-l-1}) = \varphi_S^{-}(-\infty) = -\infty$, $r_S'{}_0 = \varphi_S^{+}(r_{S0}) = \varphi_S^{-}(r_{S0}) = \varphi_S^{+}(0) = \varphi_S^{-}(0) = 0$ und $r_S'{}_{l+1} = \varphi_S^{+}(r_{Si+1}) = \varphi_S^{+}(\infty) = \infty$ gilt. Entsprechend ergeben sich die Ableitungen von $\varphi_S^{+\prime}$, $\varphi_S^{-\prime}$ analog zu (3.48) und (3.49) zu

$$\frac{\mathrm{d}}{\mathrm{d}r_S'}\varphi_S^{+\prime}(r_S') = v_S' + \sum_{j=1}^{i} w_{Sj}' \quad ; \quad r_{Si}' \le r_S' < r_{Si+1}' \quad ; \quad i = 0..l \tag{3.59}$$

und

$$\frac{\mathrm{d}}{\mathrm{d}r_S'}\varphi_S^{-\prime}(r_S') = v_S' + \sum_{j=i}^{-1} w_{Sj}' \quad ; \quad r_{Si}' \ge r_S' > r_{Si-1}' \quad ; \quad i = -l..0. \tag{3.60}$$

Die Transformationsbeziehungen zwischen den Parametern v_S, r_{Si} und w_{Si} und den entsprechenden Parametern v_S', $r_S'{}_i$ und $w_S'{}_i$ des inversen Operators lassen sich über die Bedingungen (3.36) - (3.37) und (3.54) - (3.55) und die Ausdrücke (3.46) - (3.49) und (3.59) - (3.60) berechnen. Daraus ergeben sich für die Gewichte die Gleichungen

$$v_S' + \sum_{j=1}^{i} w_{Sj}' = \frac{1}{v_S + \sum_{j=1}^{i} w_{Sj}} \quad ; \quad i = 0..l \tag{3.61}$$

und

$$v_S' + \sum_{j=i}^{-1} w_{Sj}' = \frac{1}{v_S + \sum_{j=i}^{-1} w_{Sj}} \quad ; \quad i = -l..0, \tag{3.62}$$

die durch die Umformungen

$$v_S' + \sum_{j=1}^{i-1} w_{Sj}' + w_{Si}' = \frac{1}{v_S + \sum_{j=1}^{i} w_{Sj}} \Rightarrow$$

$$w_{Si}' = \frac{1}{v_S + \sum_{j=1}^{i} w_{Sj}} - (v_S' + \sum_{j=1}^{i-1} w_{Sj}')$$

$$= \frac{1}{v_S + \sum_{j=1}^{i} w_{Sj}} - \frac{1}{v_S + \sum_{j=1}^{i-1} w_{Sj}}$$

$$= \frac{(v_S + \sum_{j=1}^{i-1} w_{Sj}) - (v_S + \sum_{j=1}^{i} w_{Sj})}{(v_S + \sum_{j=1}^{i} w_{Sj})(v_S + \sum_{j=1}^{i-1} w_{Sj})}$$

für $i = 1\,..\,l$ und

$$v'_S + \sum_{j=i+1}^{-1} w'_{Sj} + w'_{Si} = \frac{1}{v_S + \sum_{j=i}^{-1} w_{Sj}} \Rightarrow$$

$$w'_{Si} = \frac{1}{v_S + \sum_{j=i}^{-1} w_{Sj}} - (v'_S + \sum_{j=i+1}^{-1} w'_{Sj})$$

$$= \frac{1}{v_S + \sum_{j=i}^{-1} w_{Sj}} - \frac{1}{v_S + \sum_{j=i+1}^{-1} w_{Sj}}$$

$$= \frac{(v_S + \sum_{j=i+1}^{-1} w_{Sj}) - (v_S + \sum_{j=i}^{-1} w_{Sj})}{(v_S + \sum_{j=i}^{-1} w_{Sj})(v_S + \sum_{j=i+1}^{-1} w_{Sj})}$$

für $i = -l\,..\,-1$ in die expliziten Transformationsbeziehungen

$$v'_S = \frac{1}{v_S}\ , \tag{3.63}$$

$$w'_{Si} = -\frac{w_{Si}}{(v_S + \sum_{j=1}^{i} w_{Sj})(v_S + \sum_{j=1}^{i-1} w_{Sj})}\quad ;\quad i = 1..l \tag{3.64}$$

und

$$w'_{Si} = -\frac{w_{Si}}{(v_S + \sum_{j=i}^{-1} w_{Sj})(v_S + \sum_{j=i+1}^{-1} w_{Sj})}\quad ;\quad i = -l..-1. \tag{3.65}$$

für die Gewichte überführt werden können. Aus (3.46) - (3.47) und (3.54) - (3.55) folgen die Transformationsgleichungen

$$r'_{Si} = v_S r_{Si} + \sum_{j=1}^{i} w_{Sj}(r_{Si} - r_{Sj}) \quad ; \quad i = 1..l \tag{3.66}$$

und

$$r'_{Si} = v_S r_{Si} + \sum_{j=i}^{-1} w_{Sj}(r_{Si} - r_{Sj}) \quad ; \quad i = -l..-1 \tag{3.67}$$

für die Schwellwerte. Mit diesen Transformationsgleichungen läßt sich im schwellwertdiskreten Fall direkt ein inverses Kennlinienmodell erzeugen. Voraussetzung für die Anwendung der Transformationsgleichungen ist, daß das schwellwertdiskrete Kennlinienmodell unter Berücksichtigung der Ungleichungsnebenbedingungen für die Invertierbarkeit gebildet wird.

Wegen (3.61) bzw. (3.62) und (3.51) bzw. (3.52) gelten für die Gewichte des inversen, schwellwertdiskreten Prandtl-Ishlinskii-Superpositionsoperators S^{-1} dieselben Nebenbedingungen

$$v'_S + \sum_{j=1}^{i} w'_{Sj} > 0 \quad ; \quad i = 0..l \tag{3.68}$$

und

$$v'_S + \sum_{j=i}^{-1} w'_{Sj} > 0 \quad ; \quad i = -l..0 \tag{3.69}$$

wie für die Gewichte des schwellwertdiskreten Prandtl-Ishlinskii-Superpositionsoperators S. Außerdem sind in den Transformationsgleichungen für die Gewichte (3.63) - (3.65) alle Nenner größer Null, so daß aufgrund von (3.50) alle Gewichte des inversen, schwellwertdiskreten Prandtl-Ishlinskii-Superpositionsoperators endlich sind und damit der Bedingung

$$-\infty < v'_S < \infty \text{ und } -\infty < w'_{Si} < \infty \quad ; \quad i = -l..-1, 1..l \tag{3.70}$$

genügen. Wegen

$$\begin{aligned}
r'_{Si} - r'_{Si-1} &= v_S r_{Si} + \sum_{j=1}^{i} w_{Sj}(r_{Si} - r_{Sj}) - v_S r_{Si-1} - \sum_{j=1}^{i-1} w_{Sj}(r_{Si-1} - r_{Sj}) \\
&= (v_S + \sum_{j=1}^{i} w_{Sj}) r_{Si} - \sum_{j=1}^{i} w_{Sj} r_{Sj} - (v_S + \sum_{j=1}^{i-1} w_{Sj}) r_{Si-1} + \sum_{j=1}^{i-1} w_{Sj} r_{Sj} \\
&= (v_S + \sum_{j=1}^{i-1} w_{Sj}) r_{Si} + w_{Si} r_{Si} - \sum_{j=1}^{i-1} w_{Sj} r_{Sj} - w_{Si} r_{Si} - (v_S + \sum_{j=1}^{i-1} w_{Sj}) r_{Si-1} + \sum_{j=1}^{i-1} w_{Sj} r_{Sj} \\
&= (v_S + \sum_{j=1}^{i-1} w_{Sj}) r_{Si} - (v_S + \sum_{j=1}^{i-1} w_{Sj}) r_{Si-1} \\
&= (v_S + \sum_{j=1}^{i-1} w_{Sj})(r_{Si} - r_{Si-1}) > 0
\end{aligned}$$

für $i = 1 \,..\, l$ und

$$
\begin{aligned}
r'_{Si} - r'_{Si+1} &= v_S r_{Si} + \sum_{j=i}^{-1} w_{Sj}(r_{Si} - r_{Sj}) - v_S r_{Si+1} - \sum_{j=i+1}^{-1} w_{Sj}(r_{Si+1} - r_{Sj}) \\
&= (v_S + \sum_{j=i}^{-1} w_{Sj}) r_{Si} - \sum_{j=i}^{-1} w_{Sj} r_{Sj} - (v_S + \sum_{j=i+1}^{-1} w_{Sj}) r_{Si+1} + \sum_{j=i+1}^{-1} w_{Sj} r_{Sj} \\
&= (v_S + \sum_{j=i+1}^{-1} w_{Sj}) r_{Si} + w_{Si} r_{Si} - \sum_{j=i+1}^{-1} w_{Sj} r_{Sj} - w_{Si} r_{Si} - (v_S + \sum_{j=i+1}^{-1} w_{Sj}) r_{Si+1} + \sum_{j=i+1}^{-1} w_{Sj} r_{Sj} \\
&= (v_S + \sum_{j=i+1}^{-1} w_{Sj}) r_{Si} - (v_S + \sum_{j=i+1}^{-1} w_{Sj}) r_{Si+1} \\
&= (v_S + \sum_{j=i+1}^{-1} w_{Sj})(r_{Si} - r_{Si+1}) < 0
\end{aligned}
$$

für $i = -l \;..\, -1$ bleibt durch die Schwellwerttransformation (3.66) und (3.67) auch die Reihenfolge der Schwellwerte erhalten. Damit gelten für die Schwellwerte des inversen, schwellwertdiskreten Prandtl-Ishlinskii-Superpositionsoperator analog zu (3.43) und (3.44) die Nebenbedingungen

$$
-\infty < r'_{S-l} < \,..< r'_{Si} < \,..< r'_{S-1} < 0 \tag{3.71}
$$

und

$$
0 < r'_{S1} < ..< r'_{Si} < ..< r'_{Sl} < \infty . \tag{3.72}
$$

Die Herleitung der Rücktransformationsgleichungen, mit denen ausgehend von den Gewichten v_S' und $w_S'{}_i$ und den Schwellwerten $r_S'{}_i$ des inversen, schwellwertdiskreten Prandtl-Ishlinskii-Superpositionsoperators S^{-1} die Gewichte v_S und w_{Si} sowie die Schwellwerte r_{Si} des schwellwertdiskreten Prandtl-Ishlinskii-Superpositionsoperators S berechnet werden können, erfolgt analog zu (3.28) bzw. (3.29) ausgehend von den Identitäten

$$
\varphi_S^{+\prime -1}(\varphi_S^{+\prime}(r'_S)) = I(r'_S) \quad ; \quad r'_S \geq 0 \tag{3.73}
$$

bzw.

$$
\varphi_S^{-\prime -1}(\varphi_S^{-\prime}(r'_S)) = I(r'_S) \quad ; \quad r'_S \leq 0 . \tag{3.74}
$$

Daraus lassen sich analog zu (3.34) - (3.37) die Bedingungen

$$
r_S = \varphi_S^{+\prime}(r'_S) \quad ; \quad r'_S \geq 0 \tag{3.75}
$$

bzw.

$$
r_S = \varphi_S^{-\prime}(r'_S) \quad ; \quad r'_S \leq 0 \tag{3.76}
$$

und

$$
\frac{\mathrm{d}}{\mathrm{d}r_S}\varphi_S^{+}(r_S) = \frac{1}{\dfrac{\mathrm{d}}{\mathrm{d}r'_S}\varphi_S^{+\prime}(r'_S)} \quad ; \quad r'_S \geq 0 \tag{3.77}
$$

bzw.

$$\frac{\mathrm{d}}{\mathrm{d}r_S}\varphi_S^-(r_S) = \frac{1}{\dfrac{\mathrm{d}}{\mathrm{d}r_S'}\varphi_S^{-\prime}(r_S')} \quad ; \; r_S' \leq 0 \tag{3.78}$$

herleiten. Die Rücktransformationsbeziehungen folgen dann durch Einsetzen der Ausdrücke (3.48) bzw. (3.49) und (3.57) bzw. (3.58) sowie (3.59) bzw. (3.60) in die Bedingungen (3.75) und (3.77) bzw. (3.76) und (3.78). Daraus ergeben sich für die Gewichte analog zu (3.63) - (3.65) die expliziten Formeln

$$v_S = \frac{1}{v_S'} \,, \tag{3.79}$$

$$w_{Si} = -\frac{w_{Si}'}{(v_S' + \sum_{j=1}^{i} w_{Sj}')(v_S' + \sum_{j=1}^{i-1} w_{Sj}')} \quad ; \; i = 1..l \tag{3.80}$$

und

$$w_{Si} = -\frac{w_{Si}'}{(v_S' + \sum_{j=i}^{-1} w_{Sj}')(v_S' + \sum_{j=i+1}^{-1} w_{Sj}')} \quad ; \; i = -l..-1 \tag{3.81}$$

und für die Schwellwerte analog zu (3.66) - (3.67) die Ausdrücke

$$r_{Si} = v_S' r_{Si}' + \sum_{j=1}^{i} w_{Sj}'(r_{Si}' - r_{Sj}') \quad ; \; i = 1..l \tag{3.82}$$

und

$$r_{Si} = v_S' r_{Si}' + \sum_{j=i}^{-1} w_{Sj}'(r_{Si}' - r_{Sj}') \quad ; \; i = -l..-1. \tag{3.83}$$

Die Rücktransformationsgleichungen (3.79) - (3.83) weisen damit dieselbe Struktur auf wie die Hintransformationsgleichungen (3.63) - (3.67).

3.4 Hystereseoperatoren

In der Literatur existieren zwei grundsätzlich verschiedene Vorgehensweisen, nämlich der physikalische und der phänomenologische Ansatz, zur Untersuchung und mathematischen Beschreibung hysteresebehafteter Systeme. Der phänomenologische Ansatz betrachtet nur das beobachtbare Ausgang-Eingang-Übertragungsverhalten des Systems und versucht für die charakteristischen Merkmale dieses Übertragungsverhaltens Regeln aufzustellen und diese aus rein mathematischer Sicht zu studieren. Zu diesem Zweck wurde Anfang der 70er Jahre des 20sten Jahrhunderts der Hystereseoperator eingeführt [KP89]. Von den hystereseerzeugenden physikalischen Prozessen im Systeminnern, diese bilden den Ansatzpunkt für die physikalische Vorgehensweise, wird beim phänomenologischen Ansatz vollständig abstrahiert.

Wie schon zuvor erwähnt, hängt bei einem hysteresebehafteten Kennlinienglied im Gegensatz zu einem eindeutigen Kennlinienglied der Ausgangssignalwert $y(t)$ nicht nur vom Eingangssignalwert $x(t)$ sondern auch von Werten des Eingangssignals aus der Vergangenheit ab.

Aufgrund der Tatsache, daß es sich bei hysteresebehafteten Kennliniengliedern um statische Systeme handelt, ist für die Bildung des Ausgangssignals nicht entscheidend, welche Änderungsgeschwindigkeit das Eingangssignal aufweist, sondern nur in welcher Reihenfolge die Signalamplituden aufeinander folgen. Daraus ergibt sich aber unmittelbar, daß die für die Bildung des Ausgangssignals relevante Information aus der Vorgeschichte des Eingangssignals vollständig durch die Extrema des Eingangssignals gebildet wird [May91]. Zur Verdeutlichung dieses Sachverhaltes zeigt Bild 3.11 die y-x-Trajektorie eines hysteresebehafteten Übertragungsgliedes bei Ansteuerung mit zwei unterschiedlichen Eingangssignalen, die beide dieselben Extrema aufweisen. Aufgrund der Unabhängigkeit des Übertragungsverhaltens von der Änderungsgeschwindigkeit des Eingangssignals erzeugen beide Signale dieselbe y-x-Trajektorie. Damit stellt sich die Frage, wie das Gedächtnis von Hystereseoperatoren aufgebaut ist, und wie die durch die lokalen Extrema des Eingangssignals gegebene Information durch dieses Gedächtnis gespeichert und zur Bildung des Ausgangssignals verarbeitet wird.

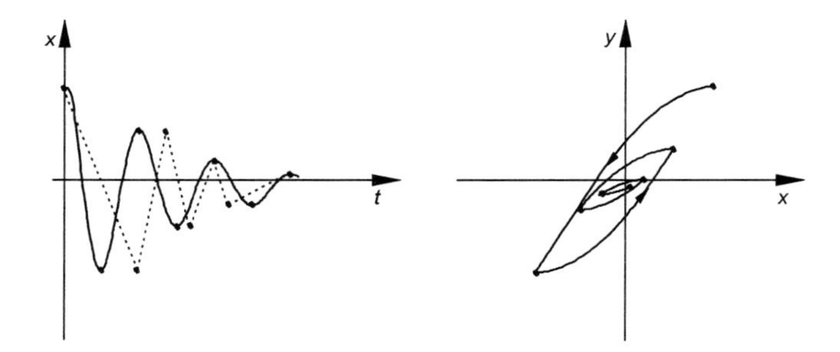

Bild 3.11: Unabhängigkeit der y-x-Trajektorie eines hysteresebehafteten Übertragungsgliedes von der Änderungsgeschwindigkeit des Eingangssignals

Hysteresebehaftetes Übertragungsverhalten läßt sich für allgemeine Eingangssignale nicht explizit formulieren. Dies gelingt nur für einige wenige, sehr einfach strukturierte, hysteresebehaftete Übertragungsglieder bei Ansteuerung mit stückweise monotonen Eingangssignalen. Die Definition von Hystereseoperatoren erfolgt in der Literatur daher üblicherweise über die Einführung von Regeln für die zeitliche Entwicklung des Ausgangssignals infolge der Anregung des Übertragungsgliedes mit stückweise monotonen Eingangssignalen und anschließender Erweiterung auf allgemeinere Funktionenräume mit Hilfe funktionalanalytischer Grenzwertbetrachtungen [KP89,BS96].

3.4.1 Elementare Hystereseoperatoren

Der hysteresebehaftete Zwei-Punkt-Schalter, der sogenannte Relayoperator, ist das einfachste Beipiel für eine hysteresebehaftete Nichtlinearität. Seine y-x-Trajektorie ist in Bild 3.12 dargestellt. Der Relayoperator besitzt mit dem Mittelwert $s_R \in \Re$ des Aufwärtsschaltschwellwertes α und des Abwärtsschaltschwellwertes β und dem halben Abstand $r_R \in \Re^+$ zwischen den beiden Schwellwerten zwei charakteristische Parameter. Die Gleichung

$$y(t)=\begin{cases} +1 & ; \quad x(t)\geq s_R+r_R \\ -1 & ; \quad x(t)\leq s_R-r_R \\ y(t_i) & ; \quad s_R-r_R<x(t)<s_R+r_R \; ; \; t_i\leq t\leq t_{i+1} \; ; 1\leq i\leq N-1 \\ y_{R0} & ; \quad s_R-r_R<x(t)<s_R+r_R \; ; \; t_i\leq t\leq t_{i+1} \; ; \quad i=0 \end{cases} \tag{3.84}$$

beschreibt ausgehend vom binären Anfangszustand y_{R0} die zeitliche Entwicklung des Ausgangssignalwertes $y(t)$ infolge der Anregung des Systems mit einem stückweise monotonen Eingangssignal. Hierbei wird mit $t_0 < t_1 < \ldots < t_i < t < t_{i+1} < \ldots < t_N = t_e$ eine Monotoniepartition des Eingangssignals x bezeichnet, das heißt eine Unterteilung des betrachteten Zeitintervalls $t_0 \leq t \leq t_e$ derart, daß das Eingangssignal x in jedem Teilintervall $t_i \leq t \leq t_{i+1}$ mit $0 \leq i \leq N\text{-}1$ monoton ist. Für diese Gleichung wird üblicherweise die Operatorschreibweise

$$y(t)=R_{s_R r_R}[x,y_{R0}](t) \tag{3.85}$$

verwendet. y_{R0} ist dabei der vom Eingangssignal unabhängige Anfangszustand des Relayoperators. Wie anhand Bild 3.12 deutlich zu erkennen ist, handelt es sich bei dem Relayoperator um einen unstetigen Hystereseoperator.

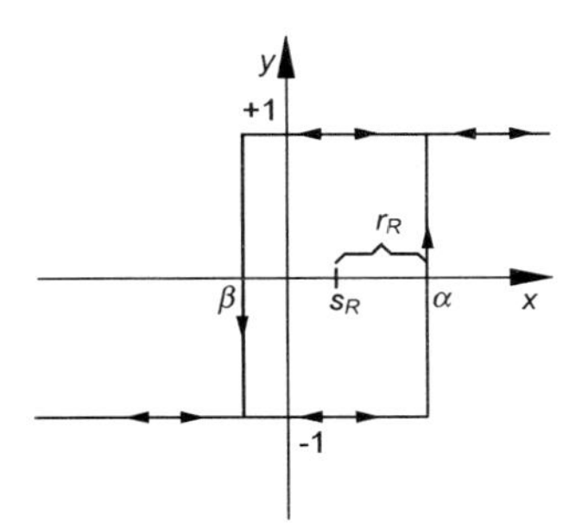

Bild 3.12: y-x-Trajektorie des Relayoperators

Ein weiteres Beispiel für einen elementaren Hystereseoperator ist der sogenannte Playoperator. Bild 3.13 zeigt die y-x-Trajektorie dieses hysteresebehafteten Übertragungsgliedes. Die zeitliche Entwicklung des Ausgangssignals infolge der Anregung des Systems mit einem stückweise monotonen Eingangssignal wird beim Playoperator durch die Gleichung

$$y(t)=H(x(t),y(t_i),r_H)\,;t_i<t\leq t_{i+1}\,;0\leq i\leq N-1 \tag{3.86}$$

mit der gleitenden symmetrischen Totzonefunktion

$$H(x(t),y(t),r_H)=\max\{x(t)-r_H,\min\{x(t)+r_H,y(t)\}\} \tag{3.87}$$

beschrieben, wobei im Anfangszeitpunkt t_0

$$y(t_0)=H(x(t_0),y_{H0},r_H) \tag{3.88}$$

gilt. y_{H0} ist dabei der vom Eingangssignal unabhängige Anfangszustand des Playoperators. Für diese Gleichung wird üblicherweise die Operatorschreibweise

$$y(t) = H_{r_H}[x, y_{H0}](t) \tag{3.89}$$

verwendet. Der symmetrische Schwellwert $r_H \in \Re^+$ ist der charakteristische Parameter dieses elementaren Hystereseoperators.

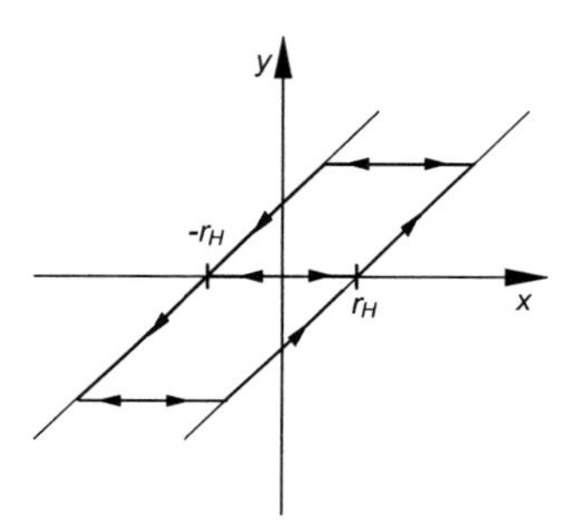

Bild 3.13: y-x-Trajektorie des Playoperators

Der Playoperator entspricht dem aus der Regelungstechnik bekannten Backlashglied und wird bevorzugt zur Modellierung mechanischen Getriebespiels eingesetzt. Bild 3.14 zeigt eine mögliche physikalische Interpretation des Playoperators in Form eines Kolben-Zylinder-Systems [KP89]. Es sind ein beidseitig geschlossenes, zylindrisches Rohr C der Länge $2r_H$ und ein Kolben P abgebildet, der sich in dem Rohr befindet und dessen Stange an einer Seite des Rohres herausgeführt ist. Hierbei ist der Kolben das treibende und das Rohr das reagierende Element. Beide Elemente können sich entlang einer Richtung bewegen, die in Bild 3.14 durch eine Achse gekennzeichnet ist. Die Position des Kolbens auf dieser Achse wird durch die Koordinate x des Punktes A und die Position des Rohres durch die Koordinate y des Punktes B beschrieben. Betrachtet man nun die Position des Kolbens x als Eingangssignal und die Position des Rohres y als Ausgangssignal, zeigt die y-x-Trajektorie des Elementes eine Verzweigungscharakteristik wie in Bild 3.13 dargestellt.

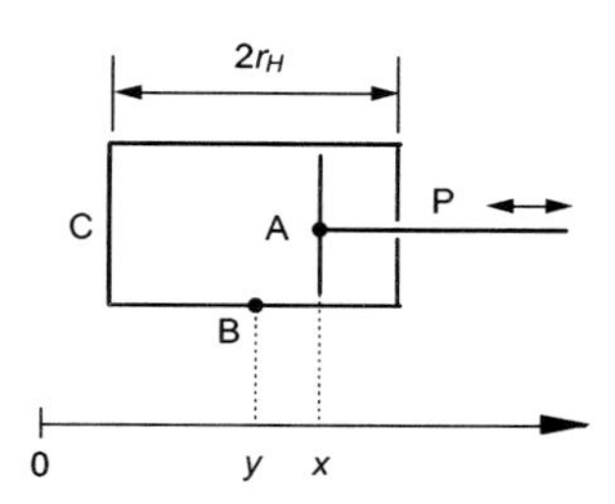

Bild 3.14: Kolben-Zylinder-System als physikalisches Beispiele für den Playoperator

Bild 3.15 zeigt ein zweites physikalisches Beispiel für den Playoperator, die Parallelschaltung einer linear-elastischen Feder und eines zweiten Elementes, das geschwindigkeitsunabhängige Reibung beschreibt. Die Reibungscharakteristik $F(\dot{s})$ dieses Elementes wird durch eine mit dem Faktor F_r gewichtete Signumfunktion beschrieben. Der Parameter F_r ist der Kraftschwellwert, der von der Kraft F zum Losbrechen des dunkel eingefärbten Blockes überschritten werden muß. Nach Überschreiten des Kraftschwellwertes wird die Feder wirksam. Die Relation zwischen dem Kraftsignal F als eingeprägte Größe und dem Auslenkungssignal s als Reaktionsgröße läßt sich durch einen mit dem Kehrwert der Federkonstante c gewichteten Playoperator beschreiben, wobei der Schwellwert r_H in diesem Beispiel durch die Losbrechkraft F_r gegeben ist.

$$s(t) = c^{-1} H_{F_r}[F, s_0](t) \tag{3.90}$$

Damit wird deutlich, daß geschwindigkeitsunabhängige Reibung in Verbindung mit Elastizitäten Hysterese verursachen kann.

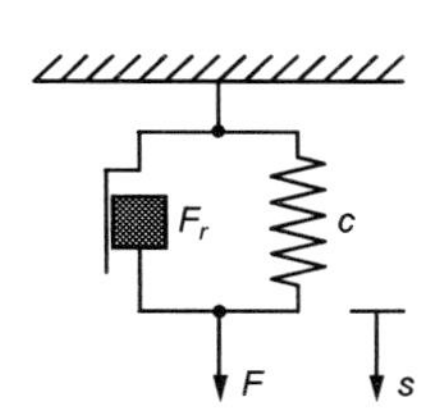

Bild 3.15: Mechanisches System als physikalisches Beispiel für den Playoperator

Aufgrund ihrer Einfachheit sind die hier dargestellten elementaren Hystereseoperatoren zur Modellierung realer Hystereseerscheinungen in der Regel nicht ausreichend. Genauere Modelle für reale hysteresebehaftete Kennlinien lassen sich aber aus dem Zusammenspiel mehrerer Elementaroperatoren ableiten.

3.4.2 Preisach-Hystereseoperator

Hystereseoperatoren mit unendlichdimensionalem Gedächtnis entstehen durch die Überlagerung unendlich vieler Elementaroperatoren. Der bekannteste Hystereseoperator dieser Art ist der Preisach-Hystereseoperator P. Er entsteht durch die gewichtete lineare Überlagerung unendlich vieler Relayoperatoren mit unterschiedlichen Aufwärts- und Abwärtsschwellwerten s_R-r_R und s_R+r_R und ist durch die Gleichungen

$$P[x](t) := \int_{-\infty}^{+\infty} \int_{0}^{+\infty} w_R(r_R, s_R) z_R(t, s_R, r_R) \mathrm{d}r_R \mathrm{d}s_R \tag{3.91}$$

mit

$$z_R(t, s_R, r_R) = R_{s_R r_R}[x, z_{R0}(s_R, r_R)](t) \tag{3.92}$$

gegeben. Im Rahmen dieser Darstellung beschreibt der Funktionswert $z_R(t,s_R,r_R)$ den Ausgangssignalwert des Relayoperators mit den Parameterwerten s_R und r_R zum Zeitpunkt t. Dieser Ausgangssignalwert hängt gemäß der Definitionsgleichung für den Relayoperator vom Anfangszustand $z_{R0}(s_R,r_R)$ dieses Relayoperators ab. Der Ausgangssignalwert des Preisach-

Hystereseoperators P entsteht dann durch die mit der Funktion w_R gewichtete Integration über das Kontinuum der Relayoperatorausgänge. Dieses Kontinuum von Relayoperatorausgängen bildet den unendlichdimensionalen, inneren Zustand und damit das Gedächtnis des Preisach-Hystereseoperators. Jeder der Relayoperatorausgänge kann den Wert -1 oder +1 annehmen. Ein Wechsel von -1 auf +1 und umgekehrt erfordert das Über- bzw. Unterschreiten der entsprechenden Schaltschwelle. Dies bedeutet aber, daß nicht alle Relayoperatoren unabhängig voneinander schalten können, da in der Regel vor den Operatoren mit breiter Hystereseschleife zunächst Operatoren mit schmaler Hystereseschleife umklappen. Der überwiegende Teil aller, durch die Gesamtheit der Elementaroperatorenausgänge beschreibbaren Gedächtniskonfigurationen wird daher während der zeitlichen Entwicklung des Gedächtnisses infolge der Einwirkung eines Eingangssignals niemals entstehen können. Daher ist die Darstellung des Gedächtnisses durch das Kontinuum der Relayoperatorausgänge stark redundant. Diese Redundanz läßt sich durch eine alternative Darstellung des Preisach-Hystereseoperators beseitigen. Dazu werden die Relayoperatoren des Preisachmodells P in die beiden Mengen

$$A_+(t) = \{(r_R, s_R) \in \Re^+ \times \Re \mid R_{s_R r_R}[x, z_{R0}(s_R, r_R)](t) = +1\} \tag{3.93}$$

und

$$A_-(t) = \{(r_R, s_R) \in \Re^+ \times \Re \mid R_{s_R r_R}[x, z_{R0}(s_R, r_R)](t) = -1\} \tag{3.94}$$

unterteilt. Beide Mengen $A_+(t)$ und $A_-(t)$ sind durch eine Linie voneinander getrennt. Für alle folgenden Betrachtungen wird angenommen, daß die Trennungslinie zwischen dem Anfangszustand A_{+0} und A_{-0} der Mengen $A_+(t)$ und $A_-(t)$ mit der r_R-Achse zusammenfällt. Diese ausgezeichnete Konfiguration von Elementaroperatorausgängen entsteht immer dann, wenn der Preisach-Hystereseoperator P zuvor mit einem Signal angesteuert wird, dessen Amplituden um die Nullage oszillieren und mit der Zeit abnehmen. Der Verlauf der Trennungslinie kann in der s_R-r_R-Halbebene als eine vom Parameter r_R und von der Zeit t abhängige Funktion z_H beschreiben werden. Für den Anfangszustand dieser Funktion gilt dann $z_{H0}(r_R) = 0$ für alle r_R.

Am Beispiel des in Bild 3.16 dargestellten Eingangssignalverlaufs können die Eigenschaften des Gedächtnisses des Preisach-Hystereseoperators anhand seiner zeitlichen Entwicklung näher untersucht werden.

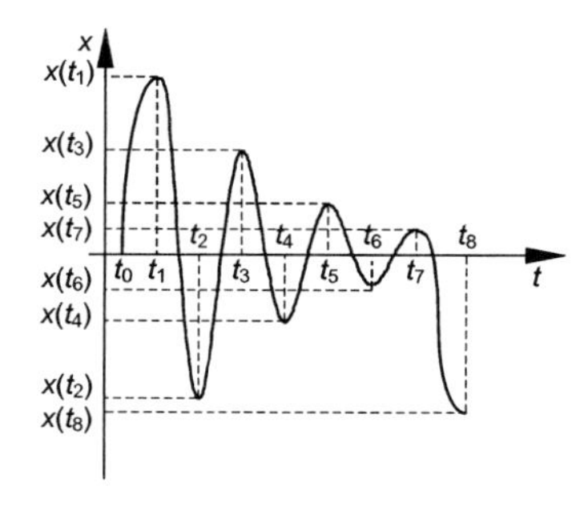

Bild 3.16: Eingangssignal zur Untersuchung der zeitlichen Entwicklung des Gedächtnisses des Preisach-Hystereseoperators

Nach Bild 3.16 steigt das Eingangssignal x im Intervall $t_0 \leq t \leq t_1$ monoton vom Wert $x(t_0) = 0$ zum Maximalwert $x(t_1)$. Dabei schalten alle Relayoperatoren, für die $s_R + r_R = x(t)$ gilt, von dem Wert -1 auf den Wert +1 um. Die zeitliche Entwicklung der Trennlinie läßt sich in diesem Monotonieintervall durch

$$z_H(t, r_R) = \max\{x(t) - r_R, z_H(t_0, r_R)\} \quad ; \quad t_0 \leq t \leq t_1 \tag{3.95}$$

ausdrücken, wobei in diesem speziellen Fall wegen $z_{H0}(r_R) = 0$ und $x(t_0) = 0$

$$z_H(t_0, r_R) = z_{H0}(r_R) \tag{3.96}$$

gilt. Bild 3.17a stellt den Zustand der Trennlinie zum Zeitpunkt t_1 gegenüber dem Zustand zum Zeitpunkt t_0 dar. Danach fällt das Eingangssignal x im Intervall $t_1 \leq t \leq t_2$ monoton vom Maximalwert $x(t_1)$ zum Minimalwert $x(t_2)$. Nun schalten alle Relayoperatoren, für die $s_R - r_R = x(t)$ gilt, von dem Wert +1 auf den Wert -1 um. Die zeitliche Entwicklung der Trennlinie ist in diesem Monotonieintervall durch die Funktion

$$z_H(t, r_R) = \min\{x(t) + r_R, z_H(t_1, r_R)\} \quad ; \quad t_1 \leq t \leq t_2 \tag{3.97}$$

gegeben. Bild 3.17b zeigt den Zustand der Trennlinie zum Zeitpunkt t_2 gegenüber dem Zustand zum Zeitpunkt t_1. Durch die Kombination der Gleichung (3.95) für ein monoton steigendes Eingangssignal und der Gleichung (3.97) für ein monoton fallendes Eingangssignal erhält man die Gleichung

$$z_H(t, r_R) = \max\{x(t) - r_R, \min\{x(t) + r_R, z_H(t_i, r_R)\}\} \quad ; \quad t_i \leq t \leq t_{i+1} \tag{3.98}$$

für die zeitliche Entwicklung der Trennungslinie im Monotonieintervall $t_i \leq t \leq t_{i+1}$. Wie anhand der weiteren zeitlichen Entwicklung der Trennlinie in Bild 3.17c-f deutlich zu erkennen ist, erzeugen Wechsel von Maxima und Minima im Eingangssignal eine treppenförmige Trennungslinie. Dabei wird die Information über vergangene Extremwerte des Eingangssignals in den Eckpunkten der Trennungslinie gespeichert. Aufgrund der Tatsache, daß das Übertragungsverhalten von Hystereseoperatoren unabhängig von der Änderungsgeschwindigkeit des Eingangssignals ist, besteht die relevante Vorgeschichte des Eingangssignals aber gerade aus den vergangenen Extremwerten des Eingangssignals. Damit ist offensichtlich die treppenförmige Trennungslinie der Informationsträger für das Gedächtnis und damit die relevante Zustandsgröße des Preisach-Hystereseoperators P.

Verfolgt man anhand von Bild 3.17g und 3.17h die Entwicklung der Trennungslinie in den Monotonieintervallen $t_6 \leq t \leq t_7$ und $t_7 \leq t \leq t_8$, dann wird ersichtlich, daß aufgrund des stark fallenden Eingangssignals im Monotonieintervall $t_7 \leq t \leq t_8$ die Ecken in der Trennungslinie und damit auch die entsprechenden Maxima und Minima nach und nach aus dem Gedächtnis des Preisach-Hystereseoperators verschwinden. Dieser charakteristische Vergessensmechanismus des Preisach-Hystereseoperators P beim Auftreten genügend kleiner bzw. großer Eingangssignalamplituden wird Auslöscheigenschaft genannt. Die Extremwerte aus der Vorgeschichte des Eingangssignals, die nicht von zeitlich später auftretenden Eingangssignalamplituden aus dem Gedächtnis des Preisach-Hystereseoperators gelöscht werden, werden als dominant bezeichnet.

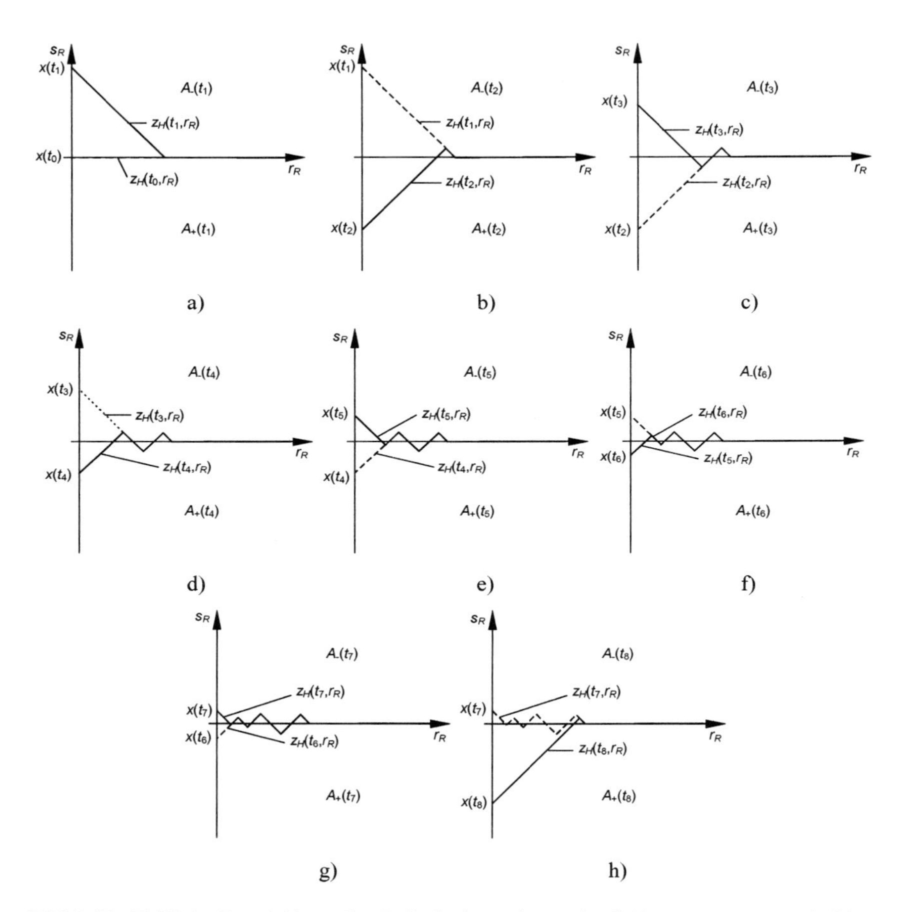

Bild 3.17: Zeitliche Entwicklung des Gedächtnisses des Preisach-Hystereseoperators infolge des Eingangssignals nach Bild 3.16
a) Monotonieintervall $t_0 \leq t \leq t_1$ b) Monotonieintervall $t_1 \leq t \leq t_2$
c) Monotonieintervall $t_2 \leq t \leq t_3$ d) Monotonieintervall $t_3 \leq t \leq t_4$
e) Monotonieintervall $t_4 \leq t \leq t_5$ f) Monotonieintervall $t_5 \leq t \leq t_6$
g) Monotonieintervall $t_6 \leq t \leq t_7$ h) Monotonieintervall $t_7 \leq t \leq t_8$

Eine weitere charakteristische Eigenschaft des Preisach-Hystereseoperators ist die Ausbildung geschlossener Hystereseschleifen, wenn das Eingangssignal zwischen einem bestimmten Minimum und Maximum oszilliert. Dabei ist die Form dieser speziellen Hystereseschleife unabhängig davon, welche Vorgeschichte das Eingangssignal aufweist. Diese in Bild 3.18b dargestellte Eigenschaft des Preisach-Hystereseoperators P wird Kongruenzeigenschaft genannt. Wie dieses spezielle Verhalten zustandekommt verdeutlichen die Abbildungen 3.18a, 3.18c und 3.18d. Während das in Bild 3.18a dargestellte Einganssignal zwischen dem lokalen Minimum x_{min} und dem lokalen Maximum x_{max} oszilliert, wird von dem entsprechenden

Zeitverlauf der Trennungslinie des Preisach-Hystereseoperators dieselbe, in den Abbildungen 3.18c und 3.18d grau unterlegt dargestellte Fläche überstrichen. Dadurch werden unabhängig vom Zustand des Gedächtnisses im Ausgangssignal dieselben Änderungen hervorgerufen und damit bis auf einen von der Vorgeschichte des Eingangssignals abhängigen Offset auch Hystereseschleifen mit derselben Form erzeugt.

Insgesamt läßt sich festhalten, daß die Auslöscheigenschaft und die Kongruenzeigenschaft die notwendigen und hinreichenden Bedingungen dafür sind, daß ein hysteresebehaftetes Übertragungsglied durch einen Preisach-Hystereseoperator P beschrieben werden kann [May91].

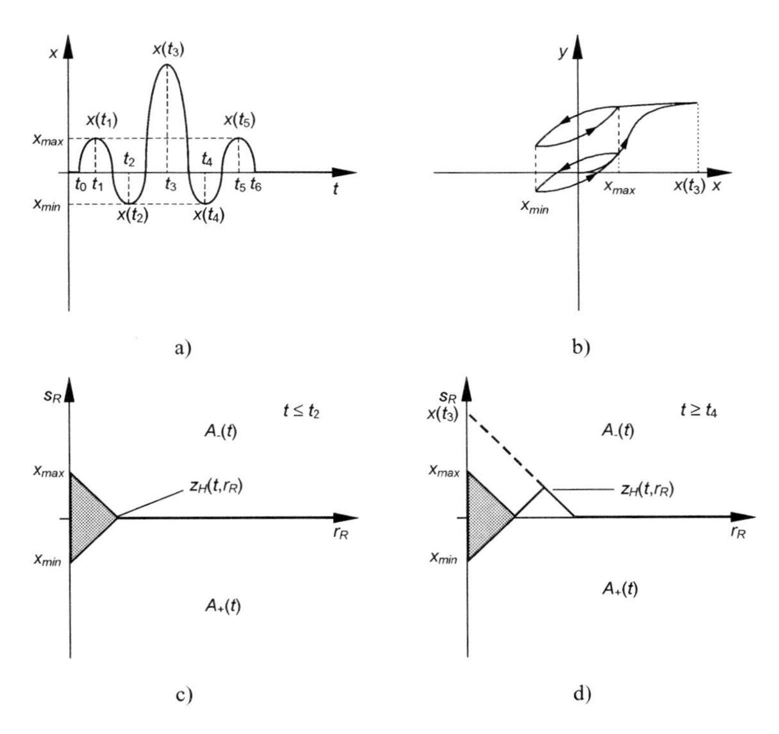

Bild 3.18: Kongruenzeigenschaft des Preisach-Hystereseoperators
a) Eingangssignal x b) y-x-Trajektorie
c) von der Trennungslinie überstrichene Fläche für $t \leq t_2$
d) von der Trennungslinie überstrichene Fläche für $t \geq t_4$

Gleichung (3.98) legt fest, wie die zeitliche Entwicklung der Trennungslinie in Abhängigkeit des stückweise monotonen Eingangssignals x im Zeitintervall $t_0 \leq t \leq t_e$ abläuft. Damit gilt für die Zustandsgröße des Preisach-Hystereseoperators

$$z_H(t,r_R) = \max\{x(t) - r_R, \min\{x(t) + r_R, z_H(t_i,r_R)\}\}; t_i < t \leq t_{i+1}; 0 \leq i \leq N-1 \quad (3.99)$$

und

$$z_H(t_0, r_R) = \max\{x(t) - r_R, \min\{x(t) + r_R, z_{H0}(r_R)\}\}. \tag{3.100}$$

Ein Vergleich mit den Definitionsgleichungen (3.86) - (3.88) des Playoperators zeigt, daß sich die zeitliche Entwicklung der Zustandsgröße des Preisach-Hystereseoperators durch den Playoperator ausdrücken läßt. Daraus folgt

$$z_H(t, r_R) = H_{r_R}[x, z_{H0}(r_R)](t). \tag{3.101}$$

Mit Hilfe der geometrischen Interpretation durch die beiden Mengen $A_+(t)$ und $A_-(t)$ läßt sich der Preisach-Hystereseoperator durch die Gleichung

$$P[x](t) = \iint\limits_{A_+(t)} w_R(r_R, s_R)\,\mathrm{d}r_R\mathrm{d}s_R - \iint\limits_{A_-(t)} w_R(r_R, s_R)\,\mathrm{d}r_R\mathrm{d}s_R \tag{3.102}$$

beschreiben. Führt man die Integration über die beiden Mengen $A_+(t)$ und $A_-(t)$ aus, folgt

$$\begin{aligned}
P[x](t) &= \int_0^{+\infty}\int_{-\infty}^{z_H(t,r_R)} w_R(r_R, s_R)\,\mathrm{d}s_R\mathrm{d}r_R - \int_0^{+\infty}\int_{z_H(t,r_R)}^{+\infty} w_R(r_R, s_R)\,\mathrm{d}s_R\mathrm{d}r_R \\
&= \int_0^{+\infty}\int_{-\infty}^{0} w_R(r_R, s_R)\,\mathrm{d}s_R\mathrm{d}r_R + \int_0^{+\infty}\int_{0}^{z_H(t,r_R)} w_R(r_R, s_R)\,\mathrm{d}s_R\mathrm{d}r_R \\
&\quad - \int_0^{+\infty}\int_{0}^{+\infty} w_R(r_R, s_R)\,\mathrm{d}s_R\mathrm{d}r_R + \int_0^{+\infty}\int_{0}^{z_H(t,r_R)} w_R(r_R, s_R)\,\mathrm{d}s_R\mathrm{d}r_R \\
&= \int_0^{+\infty}\Big(2\int_0^{z_H(t,r_R)} w_R(r_R, s_R)\,\mathrm{d}s\Big)\mathrm{d}r + \int_0^{+\infty}\Big(\int_{-\infty}^{0} w_R(r_R, s_R)\,\mathrm{d}s_R - \int_0^{+\infty} w_R(r_R, s_R)\,\mathrm{d}s_R\Big)\mathrm{d}r_R.
\end{aligned}$$

Aus

$$w_H(r_R, z_H(t, r_R)) = 2\int_0^{z_H(t,r_R)} w_R(r_R, s_R)\,\mathrm{d}s_R \tag{3.103}$$

und

$$y_{off} = \int_0^{+\infty}\Big(\int_{-\infty}^{0} w_R(r_R, s_R)\,\mathrm{d}s_R - \int_0^{+\infty} w_R(r_R, s_R)\,\mathrm{d}s_R\Big)\mathrm{d}r_R \tag{3.104}$$

folgt die fundamentale Beziehung

$$P[x](t) = \int_0^{+\infty} w_H(r_R, z_H(t, r_R))\mathrm{d}r_R + y_{off}. \tag{3.105}$$

Gleichung (3.105) besagt nichts anderes, als daß sich der Preisach-Hystereseoperator P alternativ zur gewichteten linearen Superposition unendlich vieler Relayoperatoren bis auf einen zeitlich unveränderlichen Offset auch durch die nichtlineare Superposition unendlich vieler Playoperatoren darstellen läßt. Alternativ zu den Gleichungen (3.91) und (3.92) läßt sich der Preisach-Hystereseoperator also auch durch

$$P[x](t) = \int_0^{+\infty} w_H(r_R, z_H(t, r_R)) \mathrm{d}r_R \tag{3.106}$$

mit

$$z_H(t, r_R) = H_{r_R}[x, z_{H0}(r_R)](t) \tag{3.107}$$

definieren, wobei y_{off} durch eine nachfolgende lineare Koordinatenverschiebung des Ausgangssignals berücksichtigt werden kann.

Für den Spezialfall $w_R(r_R,s_R) = w_H(r_R)/2$ verschwindet der Offset in Gleichung (3.105) wegen der Unabhängigkeit von der Variable s_R automatisch. Der daraus entstehende Preisach-Hystereseoperator

$$H[x](t) = \int_0^{+\infty} w_H(r_R) z_H(t, r_R)\, \mathrm{d}r_R \tag{3.108}$$

mit

$$z_H(t, r_R) = H_{r_R}[x, z_{H0}(r_R)](t) \tag{3.109}$$

wird Prandtl-Ishlinskii-Hystereseoperator genannt und im weiteren Verlauf mit dem Symbol H bezeichnet. Er besteht aus der gewichteten linearen Superposition von unendlich vielen Playoperatoren mit unterschiedlichen Schwellwerten r_H, die bei dieser Interpretation den halben Abständen r_R der Ausfwärts- und Abwärtsschaltschwellen des Relayoperators entsprechen.

Wird der Playoperator ausgehend vom Anfangszustand $y_{H0} = 0$ durch ein Eingangssignal x mit $x(t_0) = 0$ ausgesteuert, das zwischen dem Maximum $x_{max} > 0$ und dem Minimum $x_{min} = -x_{max}$ oszilliert, entsteht, wie in Bild 3.19a dargestellt, eine geschlossene y-x-Trajektorie, die eine zum Koordinatenursprung der y-x-Ebene punktsymmetrische Form aufweist. Da der Prandtl-Ishlinskii-Hystereseoperator H aus der linearen Superposition von Playoperatoren besteht, besitzt auch er diese Symmetrieeigenschaft. Dies ist in Bild 3.19b gezeigt.

Der Preisach-Hystereseoperator P weist als Verallgemeinerung des Prandtl-Ishlinskii-Hystereseoperators H diese einschränkende Eigenschaft nicht auf. Dies wird schon daran deutlich, daß der Preisach-Hystereseoperator nach (3.106) durch die nichtlineare Überlagerung von Playoperatoren entsteht, wobei die Funktion w_H bezüglich der Abhängigkeit vom Systemzustand zum Koordinatenursprung unsymmetrische Anteile besitzen kann. Als Beispiel für ein solches Verhalten zeigt Bild 3.19d die y-x-Trajektorie des Preisach-Hystereseoperators, der durch Überlagerung des in Bild 3.19c dargestellten, nichtlinear verzerrten Playoperators mit nicht punktsymmetrischer y-x-Trajektorie entsteht.

3.4.3 Prandtl-Ishlinskii-Hystereseoperator

Zentraler Gegenstand der weiteren Betrachtungen ist der Prandtl-Ishlinskii-Hystereseoperator, der durch additive Überlagerung von (3.108) mit einem mit dem Faktor v_H gewichteten Identitätsoperator entsteht. Der Prandtl-Ishlinskii-Hystereseoperator ist in diesem Fall durch

$$H[x](t) := v_H I[x](t) + \int_0^{+\infty} w_H(r_H) z_H(t, r_H)\, \mathrm{d}r_H \tag{3.110}$$

mit

$$z_H(t, r_H) = H_{r_H}[x, z_{H0}(r_H)](t) \tag{3.111}$$

gegeben. Dieser zusätzliche Übertragungsanteil gestattet die explizite Brücksichtigung reversibler Anteile im hysteresebehafteten Übertragungsverhalten von Aktoren bzw. Sensoren.

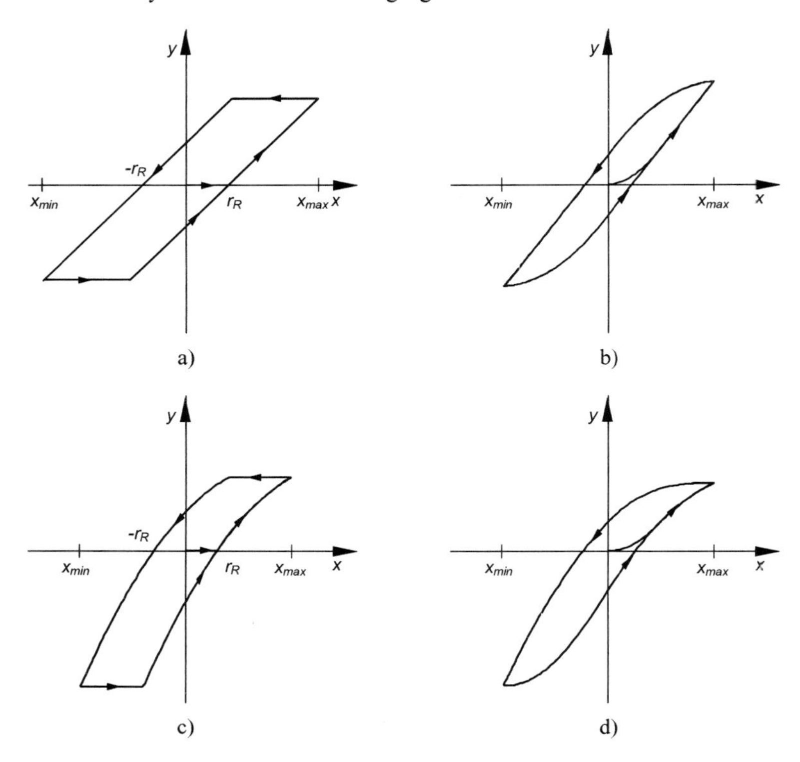

Bild 3.19: Symmetrieeigenschaften der y-x-Trajektorien
a) Playoperator b) Prandtl-Ishlinskii-Hystereseoperator
c) Nichtlinear verzerrter Playoperator d) Preisach-Hystereseoperator

Der Kennlinienast, der ausgehend von dem ausgezeichneten Anfangszustand $z_{H0}(r_H) = 0$ für steigendes Eingangssignal x durchlaufen wird, wird als Neukurve bezeichnet. Der Verlauf der Neukurve ist in Bild 3.20 als durchgezogene Linie dargestellt. Da sich der Playoperator ausgehend von dem Anfangszustand $z_{H0}(r_H) = 0$ für steigendes Eingangssignal durch

$$H_{r_H}[x,0](t) = \max\{x(t) - r_H, 0\} \tag{3.112}$$

beschreiben läßt, ergibt sich aus der Definitionsgleichung des Prandtl-Ishlinskii-Hystereseoperators für die Neukurve die Gleichung

$$H[x](t) = v_H x(t) + \int_0^{+\infty} w_H(r_H) \max\{x(t) - r_H, 0\} \, \mathrm{d}r_H \; . \tag{3.113}$$

Zu diesem Integral liefern nur die Werte $r_H \leq x(t)$ einen Beitrag, so daß daraus für die Neukurve der Zusammenhang

$$H[x](t) = v_H x(t) + \int_0^{x(t)} w_H(r_H)(x(t) - r_H) \, \mathrm{d}r_H \tag{3.114}$$

folgt. Durch die Variablensubstitution $H[x] := \varphi_H$, $x(t) := r_H$ und $r_H := \xi$ läßt sich der Neukurve eine Funktion

$$\varphi_H(r_H) := v_H r_H + \int_0^{r_H} w_H(\xi)(r_H - \xi) \, \mathrm{d}\xi \tag{3.115}$$

zuordnen, die in der φ_H-r_H-Ebene denselben Verlauf besitzt wie die Neukurve des Prandtl-Ishlinskii-Hystereseoperators in der y-x-Ebene.

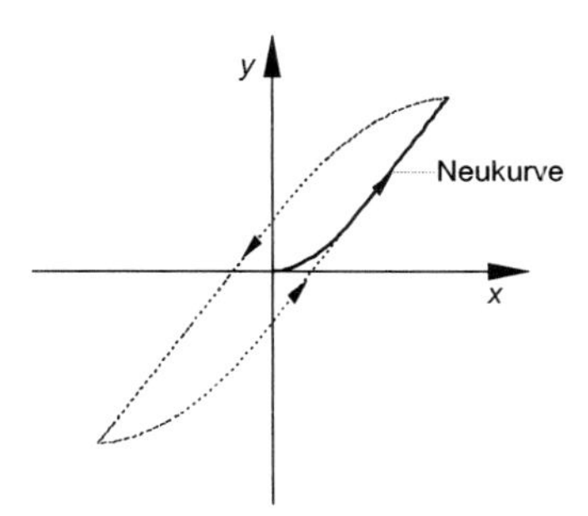

Bild 3.20: Neukurve eines hysteresebehafteten Systems

Die Funktion φ_H ist damit ein Abbild der Neukurve aus der y-x-Ebene in die φ_H-r_H-Ebene und wird als Generatorfunktion des Prandtl-Ishlinskii-Hystereseoperators H bezeichnet. Die erste Ableitung

$$\frac{\mathrm{d}}{\mathrm{d}r_H} \varphi_H(r_H) = v_H + \int_0^{r_H} w_H(\xi) \, \mathrm{d}\xi \tag{3.116}$$

beschreibt die Steigung und die zweite Ableitung

$$\frac{\mathrm{d}^2}{\mathrm{d}{r_H}^2} \varphi_H(r_H) = w_H(r_H) \tag{3.117}$$

die Krümmung der Generatorfunktion. Aus den Gleichungen für die Steigung und Krümmung der Generatorfunktion läßt sich ablesen, daß der Koeffizient v_H und die Schwellwertfunktion

w_H eindeutig durch den Verlauf dieser Funktion festgelegt werden. Daraus folgt, daß die Generatorfunktion nicht nur die Form der Neukurve, sondern auch die Form aller weiteren Kennlinienäste des Prandtl-Ishlinskii-Hystereseoperators bestimmt. Der Verlauf der Generatorfunktion φ_H ist somit neben dem Preisachgedächtnis z_H die entscheidende charakteristische Kenngröße für das Übertragungsverhalten des Prandtl-Ishlinskii-Hystereseoperators H.

3.4.4 Invertierung des Prandtl-Ishlinskii-Hystereseoperators

Die Realisierung einer Kompensationssteuerung bzw. eines Kompensationsfilters für hysteresebehaftete Aktoren bzw. Sensoren erfordert die Invertierung des systembeschreibenden Hystereseoperators. Es existieren aber in der Regel keine Anhaltspunkte über die innere Struktur des inversen Hystereseoperators, so daß dieser im allgemeinen numerisch berechnet werden muß. Dies gilt insbesondere für den Preisach-Hystereseoperator P, da der inverse Operator P^{-1} im allgemeinen kein Preisach-Hystereseoperator ist [BS96]. Echtzeitfähige numerische Methoden zur On-line-Invertierung von Preisach-Hystereseoperatoren werden beispielsweise in [Has94] diskutiert.

Eine im Hinblick auf die Kompensation hysteresebehafteter Kennlinien besondere Eigenschaft des Prandtl-Ishlinskii-Hystereseoperators ist, daß unter den hinreichenden Nebenbedingungen

$$v_H > 0, \quad w_H(r_H) \geq 0 \tag{3.118}$$

und

$$v_H + \int_0^{\infty} w_H(r_H)\mathrm{d}r_H < \infty \tag{3.119}$$

für den Koeffizienten v_H und den Verlauf der Schwellwertfunktion w_H der zum Prandtl-Ishlinskii-Hystereseoperator inverse Operator H^{-1} existiert und ebenfalls ein Prandtl-Ishlinskii-Hystereseoperator ist [Kre96]. Daraus ergibt sich für den inversen Prandtl-Ishlinskii-Hystereseoperator unmittelbar die Darstellung

$$H^{-1}[y](t) := v'_H I[y](t) + \int_0^{+\infty} w'_H(r'_H) z'_H(t, r'_H)\,\mathrm{d}r'_H \tag{3.120}$$

mit

$$z'_H(t, r'_H) = H_{r'_H}[y, z'_{H0}(r'_H)](t) \,. \tag{3.121}$$

Folglich werden für die Invertierung lediglich Transformationsgleichungen benötigt, die die Berechnung der Schwellwertvariablen r_H', des Koeffizienten v_H', der Schwellwertfunktion w_H' und des Anfangswertes des Systemzustandes z_{H0}' des inversen Operators aus der Schwellwertvariablen r_H, dem Koeffizienten v_H, der Schwellwertfunktion w_H und dem Anfangswert des Systemzustandes z_{H0} des ursprünglichen Operators ermöglichen. Diese Strukturinvarianz bezüglich der Invertierung erlaubt die Berechnung des inversen Hystereseoperators vorab, so daß in diesem Fall eine berechnungsintensive, numerische Invertierung umgangen werden kann. Aufgrund dieser zentralen Eigenschaft eignet sich der Prandtl-Ishlinskii-Hystereseoperator besonders für den Einsatz als Hysteresemodell in echtzeitfähigen Kompensationssteuerungen oder Kompensationsfiltern.

Als Folge der Strukturinvarianz bezüglich der Invertierung ist das Übertragungsverhalten des inversen Prandtl-Ishlinskii-Hystereseoperators ebenfalls durch ein Preisachgedächtnis z_H' und eine Generatorfunktion φ_H' mit

$$\varphi'_H(r'_H) := v'_H r'_H + \int_0^{r'_H} w'_H(\xi)(r'_H - \xi)\,\mathrm{d}\xi \ , \tag{3.122}$$

die invers zur Generatorfunktion des Prandtl-Ishlinskii-Hystereseoperators ist und die Ableitung

$$\frac{\mathrm{d}}{\mathrm{d}r'_H}\varphi'_H(r'_H) = v'_H + \int_0^{r'_H} w'_H(\xi)\,\mathrm{d}\xi \tag{3.123}$$

besitzt, vollständig charakterisiert. Daraus folgt für die Generatorfunktion φ_H'

$$\varphi'_H(r'_H) = \varphi_H^{-1}(r'_H) \tag{3.124}$$

und deren Ableitung nach r_H'

$$\frac{\mathrm{d}\varphi'_H(r'_H)}{\mathrm{d}r'_H} = \frac{\mathrm{d}\varphi_H^{-1}(r'_H)}{\mathrm{d}r'_H}. \tag{3.125}$$

Die Generatorfunktion des Prandtl-Ishlinskii-Hystereseoperators H ist unter den Nebenbedingungen (3.118) streng monoton steigend und konvex. Damit sind zwangsläufig auch alle möglichen Kennlinienäste des Prandtl-Ishlinskii-Hystereseoperators streng monoton und sich ausbildende Hystereseschleifen im Gegenuhrzeigersinn gekrümmt. Die Generatorfunktion des inversen Prandtl-Ishlinskii-Hystereseoperators H^{-1} ist damit, wie in Bild 3.21 dargestellt, ebenfalls streng monoton steigend, aber konkav. Daraus folgt unmittelbar, daß alle möglichen Kennlinienäste des inversen Prandtl-Ishlinskii-Hystereseoperators ebenfalls streng monoton verlaufen und sich ausbildende Hystereseschleifen im Uhrzeigersinn gekrümmt sind.

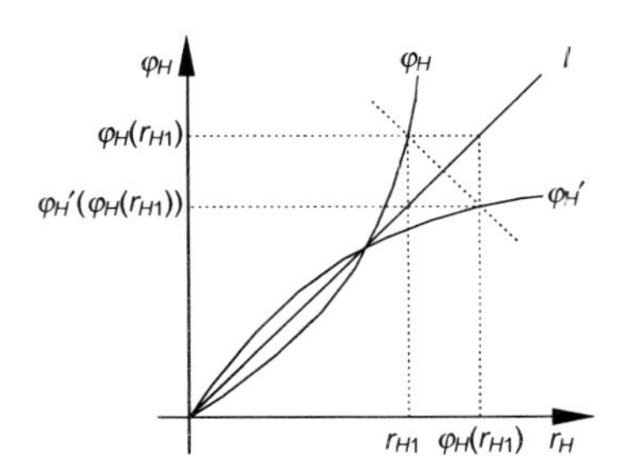

Bild 3.21: Konvexe Generatorfunktion eines Prandtl-Ishlinskii-Hystereseoperators H und konkave Generatorfunktion des dazu inversen Operators H^{-1}

Aus den Generatorfunktionen des Prandtl-Ishlinskii-Hystereseoperators und des inversen Prandtl-Ishlinskii-Hystereseoperators lassen sich analog zur Vorgehensweise bei dem Prandtl-

Ishlinskii-Superpositionsoperator die Transformationsvorschriften für die Schwellwertvariablen r_H und r_H', die Koeffizienten v_H und v_H' und die Schwellwertfunktionen w_H und w_H' ableiten, denn ausgehend von der Identität

$$\varphi_H^{-1}(\varphi_H(r_H)) = I(r_H) \tag{3.126}$$

folgt für die Ableitung nach r_H

$$\frac{\mathrm{d}I(r_H)}{\mathrm{d}r_H} = \frac{\mathrm{d}\varphi_H^{-1}(\varphi_H(r_H))}{\mathrm{d}\varphi_H(r_H)} \frac{\mathrm{d}\varphi_H(r_H)}{\mathrm{d}r_H} = 1 \tag{3.127}$$

und daraus die Bedingung

$$\frac{\mathrm{d}\varphi_H^{-1}(\varphi_H(r_H))}{\mathrm{d}\varphi_H(r_H)} = \frac{1}{\dfrac{\mathrm{d}\varphi_H(r_H)}{\mathrm{d}r_H}}. \tag{3.128}$$

Aus dem Zusammenhang

$$r_H' = \varphi_H(r_H) \tag{3.129}$$

für die Schwellwertvariable r_H' ergibt sich dann aus (3.128) durch Einsetzen von (3.129) und (3.125) die Bedingung

$$\frac{\mathrm{d}}{\mathrm{d}r_H'}\varphi_H'(r_H') = \frac{1}{\dfrac{\mathrm{d}}{\mathrm{d}r_H}\varphi_H(r_H)}, \tag{3.130}$$

die die Koeffizienten v_H und v_H' sowie die Schwellwertfunktionen w_H und w_H' miteinander verbindet.

Zur Ableitung einer entsprechenden Bedingung für die Anfangswerte der beiden Preisachgedächtnisse z_{H0} und z_{H0}' betrachte man die Verkettung

$$H^{-1}[H[x]] = I[x] \tag{3.131}$$

eines Prandtl-Ishlinskii-Hystereseoperators H und des dazu inversen Prandtl-Ishlinskii-Hystereseoperators H^{-1}. Die Gedächtniskonfiguration z_{H0} des Prandtl-Ishlinskii-Hystereseoperators sei dabei ein Element aus der Menge von Gedächtniskonfigurationen, die ausgehend von dem ausgezeichneten Anfangszustand $z_{H0} = 0$ durch Aussteuerung mit einem beliebigen, stückweise monotonen Eingangssignal x im Zeitintervall $t_0 \leq t \leq t_e$ entstehen können.

Aufgrund der strengen Monotonie der Generatorfunktion φ_H des Prandtl-Ishlinskii-Hystereseoperators gilt, daß jeder Extremwert des Eingangssignals zum selben Zeitpunkt genau einen korrespondierenden Extremwert im Ausgangssignal erzeugt. Dieses Ausgangssignal steuert nach (3.131) das Gedächtnis des nachfolgenden inversen Prandtl-Ishlinskii-Hystereseoperators aus. Diese Situation ist im oberen, linken Teil des Bildes 3.22 für eine zufällig ausgewählte y-x-Trajektorie eines Prandtl-Ishlinskii-Hystereseoperators beispielartig dargestellt. Darüber hinaus gilt, daß aufgrund der Punktsymmetrie des Prandtl-Ishlinskii-Hystereseoperators jeder

Extremwert des Ausgangssignals, der einem dominanten Extremwert des Eingangssignals entspricht, bezüglich des Gedächtnisses des nachfolgenden inversen Prandtl-Ishlinskii-Hystereseoperators ebenfalls dominant ist. Daraus folgt, daß einem Eckpunkt des Preisachgedächtnisses z_{H0} an der Stelle r_{Hi} genau ein Eckpunkt des Preisachgedächtnisses z_{H0}' an der Stelle $r_{H}'{}_i = \varphi_H(r_{Hi})$ entspricht. Die Steigung der Trennungslinien der beiden Preisachgedächtnisse ist ausgehend von $r_H = \infty$ und $r_H' = \varphi_H(r_H) = \infty$ in Richtung abnehmender r_H bzw. r_H' bis zum ersten Eckpunkt r_{H1} bzw. $r_H'{}_1 = \varphi_H(r_{H1})$ der Trennungslinien gleich 0. Ab dem ersten Eckpunkt der Trennungslinien treten in Richtung abnehmender r_H bzw. r_H' zwischen den nachfolgenden Eckpunkten der beiden Gedächtnisse nur Kurvenstücke auf, die entweder die Steigung +1 oder -1 haben. Wegen der streng monotonen Steigung der Generatorfunktion φ_H entsprechen sich die Steigungen der Kurvenstücke zwischen den Eckpunkten der beiden Gedächtnisse. Dieser Zusammenhang zwischen den beiden Gedächtnissen z_{H0} und z_{H0}' ist im unteren, linken Teil und im oberen, rechten Teil des Bildes 3.22 für die im oberen, linken Teil des Bildes 3.22 gezeigte y-x-Trajektorie dargestellt. Unter Berücksichtigung der im unteren, rechten Teil des Bildes 3.22 abgebildetetn Transformationsbeziehung $r_H' = \varphi_H(r_H)$ folgt daraus die Bedingung

$$\frac{\mathrm{d}}{\mathrm{d}r_H'} z_{H0}'(r_H') = \frac{\mathrm{d}}{\mathrm{d}r_H} z_{H0}(r_H) \tag{3.132}$$

zwischen den Anfangswerten der Zustände des Prandtl-Ishlinskii-Hystereseoperators H und des dazu inversen Prandtl-Ishlinskii-Hystereseoperators H^{-1}[Kre96].

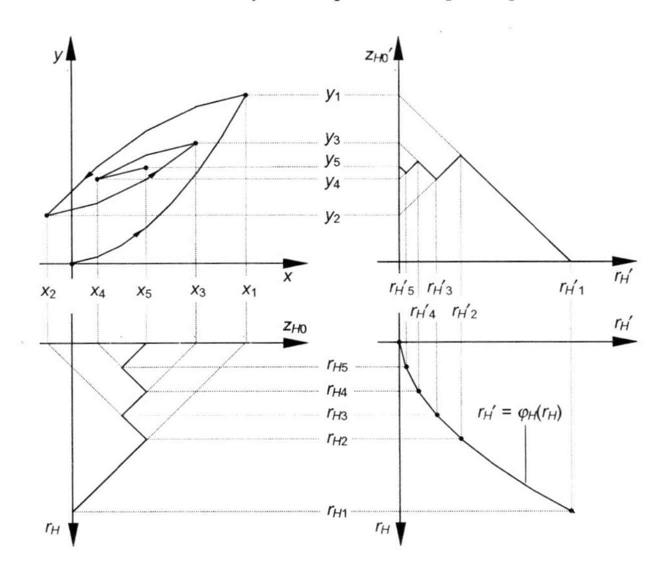

Bild 3.22: Zusammenhang zwischen den Gedächtnissen des Prandtl-Ishlinskii-Hystereseoperators H und des dazu inversen Operators H^{-1}

Das Einsetzen von (3.115), (3.116) und (3.123) in die Transformationsgleichung (3.129) und die Bedingung (3.130) führt schließlich zu den Transformationsgleichungen

$$r'_H = v_H r_H + \int_0^{r_H} w_H(\xi)(r_H - \xi)\,\mathrm{d}\xi\,, \tag{3.133}$$

für die Schwellwertvariable r_H' und

$$v'_H + \int_0^{r'_H} w'_H(\xi)\,\mathrm{d}\xi = \frac{1}{v_H + \int_0^{r_H} w_H(\xi)\,\mathrm{d}\xi} \tag{3.134}$$

für den Koeffizienten v_H' sowie die Schwellwertfunktion w_H'. Aus der Integration der Gleichung (3.132) über die Schwellwertvariable r_H', das heißt aus

$$\int_{r'_H}^{\infty} \frac{\mathrm{d}}{\mathrm{d}\sigma'} z'_{H0}(\sigma')\mathrm{d}\sigma' = \int_{r'_H}^{\infty} \frac{\mathrm{d}}{\mathrm{d}\sigma} z_{H0}(\sigma)\mathrm{d}\sigma'\,, \tag{3.135}$$

folgt

$$z'_{H0}(\infty) - z'_{H0}(r'_H) = \int_{r'_H}^{\infty} \frac{\mathrm{d}}{\mathrm{d}\sigma} z_{H0}(\sigma)\mathrm{d}\sigma'\,. \tag{3.136}$$

Mit der Variablensubstitution $\sigma' = \varphi_H(\sigma)$ bzw. $\sigma = \varphi_H'(\sigma')$ und wegen $z_{H0}'(\infty) = 0$ ergibt sich daraus die Transformationsvorschrift für den Anfangszustand

$$z'_{H0}(r'_H) = -\int_{\varphi'_H(r'_H)}^{\infty} \frac{\mathrm{d}}{\mathrm{d}\sigma} z_{H0}(\sigma) \frac{\mathrm{d}}{\mathrm{d}\sigma} \varphi_H(\sigma)\mathrm{d}\sigma \tag{3.137}$$

im unendlichdimensionalen Fall.

Für die Anwendung in Steuerungs- und Signalverarbeitungsalgorithmen ist das schwellwertkontinuierliche Modell (3.110) mit (3.111) weniger geeignet. Hier wird man aus Rechenzeitgründen, analog zu der Vorgehensweise bei dem Prandtl-Ishlinskii-Superpositionsoperator S, eine endlichdimensionale, schwellwertdiskrete Approximation des schwellwertkontinuierlichen Modells verwenden. Aufgrund der Stetigkeit des Elementaroperators genügen aber für eine hinreichend genaue Nachbildung realen Hystereseverhaltens in der Regel wenige Elementaroperatoren [Ber94].

3.4.5 Schwellwertdiskreter Prandtl-Ishlinskii-Hystereseoperator

Die Schwellwertdiskretisierung kann analog zur Vorgehensweise beim Prandtl-Ishlinskii-Superpositionsoperator S dadurch erfolgen, daß die Schwellwertfunktion w_H als eine gewichtete Überlagerung endlich vieler Dirac'scher Impulsfunktionen angesetzt wird. Damit gilt

$$w_H(r_H) = \sum_{i=1}^{n} w_{Hi}\delta(r_H - r_{Hi}) \tag{3.138}$$

mit

$$0 < r_1 < \ldots < r_i < \ldots < r_n < \infty\,. \tag{3.139}$$

Durch die Wahl dieser speziellen Schwellwertfunktion wird der Prandtl-Ishlinskii-Hystereseoperator H aufgrund der Siebeigenschaft der Dirac'schen Impulsfunktion auf die Form

$$H[x](t) = v_H I[x](t) + \sum_{i=1}^{n} w_{Hi} z_H(t, r_{Hi}) \tag{3.140}$$

mit

$$z_H(t, r_{Hi}) = H_{r_{Hi}}[x, z_{H0}(r_{Hi})](t) \quad ; \quad i = 1..n \tag{3.141}$$

zurückgeführt. Konsequenterweise muß in diesem Fall der Systemzustand z_H nur noch an den diskreten Punkten r_{Hi} berechnet werden. Dieser Ansatz hat zur Folge, daß hysteresebehaftete Kennlinien nun mittels eines endlichdimensionalen Gedächtnisses und stückweise linearer Kurvenstücke approximiert werden.

Für die Generatorfunktion φ_H und deren erste Ableitung folgt im schwellwertdiskreten Fall

$$\varphi_H(r_H) = v_H r_H + \sum_{j=1}^{i} w_{Hj}(r_H - r_{Hj}) \quad ; \quad r_{Hi} \le r_H < r_{Hi+1} \quad ; \quad i = 0..n \tag{3.142}$$

und

$$\frac{\mathrm{d}}{\mathrm{d}r_H} \varphi_H(r_H) = v_H + \sum_{j=1}^{i} w_{Hj} \quad ; \quad r_{Hi} \le r_H < r_{Hi+1} \quad ; \quad i = 0..n\,, \tag{3.143}$$

wobei $r_{H0} = 0$ und $r_{Hn+1} = \infty$ gelten soll. Aus den Nebenbedingungen (3.118) und (3.119) für den schwellwertkontinuierlichen Fall ergeben sich die Nebenbedingungen

$$v_H > 0 \quad , \quad w_{Hi} \ge 0 \; ; \; i = 1..n \tag{3.144}$$

und

$$v_H < \infty \quad , \quad w_{Hi} < \infty \; ; \; i = 1..n \tag{3.145}$$

im schwellwertdiskreten Fall.

3.4.6 Invertierung des schwellwertdiskreten Prandtl-Ishlinskii-Hystereseoperators

Die Schwellwertfunktion des zum schwellwertdiskreten Prandtl-Ishlinskii-Hystereseoperator inversen Operators H^{-1} setzt sich ebenfalls aus der gewichteten Überlagerung von Dirac'schen Impulsfunktionen zusammen, so daß

$$w'_H(r'_H) = \sum_{i=1}^{n} w'_{Hi} \delta(r'_H - r'_{Hi}) \tag{3.146}$$

mit

$$r'_{Hi} = \varphi_H(r_{Hi}) \tag{3.147}$$

gilt. Damit läßt sich der inverse, schwellwertdiskrete Prandtl-Ishlinskii-Hystereseoperator analog zu (3.140) und (3.141) durch die Gleichungen

$$H^{-1}[y](t) = v'_H I[y](t) + \sum_{i=1}^{n} w'_{Hi} z'_H(t, r'_{Hi}) \tag{3.148}$$

mit

$$z'_H(t, r'_{Hi}) = H_{r'_{Hi}}[y, z'_{H0}(r'_{Hi})](t) \quad ; \quad i = 1..n \tag{3.149}$$

ausdrücken [KK00]. Für die Generatorfunktion φ_H' und deren erste Ableitung folgen im schwellwertdiskreten Fall die Beziehungen

$$\varphi'_H(r'_H) = v'_H r'_H + \sum_{j=1}^{i} w'_{Hj}(r'_H - r'_{Hj}) \quad ; \quad r'_{Hi} \le r'_H < r'_{Hi+1} \quad ; \quad i = 0..n \tag{3.150}$$

und

$$\frac{\mathrm{d}}{\mathrm{d}r'_H} \varphi'_H(r'_H) = v'_H + \sum_{j=1}^{i} w'_{Hj} \quad ; \quad r'_{Hi} \le r'_H < r'_{Hi+1} \quad ; \quad i = 0..n, \tag{3.151}$$

wobei $r_H'{}_0 = \varphi_H(r_{H0}) = \varphi_H(0) = 0$ und $r_H'{}_{n+1} = \varphi_H(r_{Hn+1}) = \varphi_H(\infty) = \infty$ gilt. Mit (3.142) und (3.147) errechnen sich die diskreten Schwellwerte des inversen, schwellwertdiskreten Prandtl-Ishlinskii-Hystereseoperators H^{-1} aus den diskreten Schwellwerten des schwellwertdiskreten Prandtl-Ishlinskii-Hystereseoperators H zu

$$r'_{Hi} = v_H r_{Hi} + \sum_{j=1}^{i} w_{Hj}(r_{Hi} - r_{Hj}) \quad ; \quad i = 1..n. \tag{3.152}$$

Die Gewichte des inversen, schwellwertdiskreten Prandtl-Ishlinskii-Hystereseoperators resultieren aus der Beziehung

$$v'_H + \sum_{j=1}^{i} w'_{Hj} = \frac{1}{v_H + \sum_{j=1}^{i} w_{Hj}} \quad ; \quad i = 0..n, \tag{3.153}$$

die durch Einsetzen von (3.143) und (3.151) in (3.130) entsteht. Das Auflösen dieser Gleichung nach v_H' und $w_H'{}_i$ erfolgt analog zur Vorgehensweise beim schwellwertdiskreten Prandtl-Ishlinskii-Superpositionsoperator S und liefert die expliziten Transformationsgleichungen

$$v'_H = \frac{1}{v_H} \tag{3.154}$$

und

$$w'_{Hi} = -\frac{w_{Hi}}{(v_H + \sum_{j=1}^{i} w_{Hj})(v_H + \sum_{j=1}^{i-1} w_{Hj})} \quad ; \quad i = 1..n \tag{3.155}$$

für den Koeffizienten v_H' und die Gewichte $w_H'{}_i$ des inversen, schwellwertdiskreten Prandtl-Ishlinskii-Hystereseoperators.

Die Ableitung der Transformationsbeziehung zwischen dem endlichdimensionalen Gedächtnis des schwellwertdiskreten Prandtl-Ishlinskii-Hystereseoperators und dem endlichdimensionalen Gedächtnis des inversen, schwellwertdiskreten Prandtl-Ishlinskii-Hystereseoperators geht von dem Zusammenhang (3.137) aus. Durch Einsetzen der Generatorfunktion φ_H für den schwellwertdiskreten Fall ergibt sich für den endlichdimensionalen Zustand des inversen, schwellwertdiskreten Prandtl-Ishlinskii-Hystereseoperators der Ausdruck

$$z'_{H0}(r'_{Hi}) = -\int_{\varphi'_H(r'_{Hi})}^{\infty} \frac{\mathrm{d}}{\mathrm{d}\sigma} z_{H0}(\sigma) \frac{\mathrm{d}}{\mathrm{d}\sigma} \varphi_H(\sigma) \mathrm{d}\sigma \ .$$

Daraus folgt durch Einsetzen der Ableitung der Generatorfunktion φ_H

$$\begin{aligned} z'_{H0}(r'_{Hi}) &= -\int_{r_{Hi}}^{\infty} \frac{\mathrm{d}}{\mathrm{d}\sigma} z_{H0}(\sigma) \frac{\mathrm{d}}{\mathrm{d}\sigma} \varphi_H(\sigma) \mathrm{d}\sigma \\ &= -\sum_{k=i}^{n} \int_{r_{Hk}}^{r_{Hk+1}} \frac{\mathrm{d}}{\mathrm{d}\sigma} z_{H0}(\sigma)(v_H + \sum_{j=1}^{k} w_{Hj}) \mathrm{d}\sigma \\ &= -\sum_{k=i}^{n} (z_{H0}(r_{Hk}) - z_{H0}(r_{Hk+1}))(v_H + \sum_{j=1}^{k} w_{Hj}) \end{aligned}$$

für $i = 1 \ldots n$ und damit die gesuchte Transformationsgleichung

$$z'_{H0}(r'_{Hi}) = (v_H + \sum_{j=1}^{i} w_{Hj}) z_{H0}(r_{Hi}) + \sum_{j=i+1}^{n} w_{Hj} z_{H0}(r_{Hj}) \ ; \ i = 1..n \qquad (3.156)$$

für den Anfangswert des Gedächtnisses.

Mit den Transformationsgleichungen (3.152), (3.154) - (3.156) läßt sich im schwellwertdiskreten Fall direkt ein inverses Hysteresemodell erzeugen. Voraussetzung für die Anwendung der Transformationsgleichungen ist, daß analog zur Vorgehensweise bei der Invertierung des schwellwertdiskreten Prandtl-Ishlinskii-Superpositionsoperators das schwellwertdiskrete Hysteresemodell unter Berücksichtigung der Ungleichungsnebenbedingungen (3.139), (3.144) und (3.145) gebildet wird.

Die Nenner in den Transformationsgleichungen für die Gewichte (3.154) und (3.155) sind wegen der Bedingungen (3.144) und (3.145) größer Null und kleiner als unendlich, so daß aufgrund von (3.144) und (3.145) die Gewichte des inversen, schwellwertdiskreten Prandtl-Ishlinskii-Hystereseoperators H^{-1} den Ungleichungen

$$v'_H > 0 \ \text{und} \ \ w'_{Hi} \le 0 \ ; \ i = 1..n \qquad (3.157)$$

und

$$v'_H < \infty \ \text{und} \ \ w'_{Hi} > -\infty \ ; \ i = 1..n \qquad (3.158)$$

genügen. Wegen

$$
\begin{aligned}
r'_{Hi} - r'_{Hi-1} &= v_H r_{Hi} + \sum_{j=1}^{i} w_{Hj}(r_{Hi} - r_{Hj}) - v_H r_{Hi-1} - \sum_{j=1}^{i-1} w_{Hj}(r_{Hi-1} - r_{Hj}) \\
&= (v_H + \sum_{j=1}^{i} w_{Hj}) r_{Hi} - \sum_{j=1}^{i} w_{Hj} r_{Hj} - (v_H + \sum_{j=1}^{i-1} w_{Hj}) r_{Hi-1} + \sum_{j=1}^{i-1} w_{Hj} r_{Hj} \\
&= (v_H + \sum_{j=1}^{i-1} w_{Hj}) r_{Hi} + w_{Hi} r_{Hi} - \sum_{j=1}^{i-1} w_{Hj} r_{Hj} - w_{Hi} r_{Hi} - (v_H + \sum_{j=1}^{i-1} w_{Hj}) r_{Hi-1} + \sum_{j=1}^{i-1} w_{Hj} r_{Hj} \\
&= (v_H + \sum_{j=1}^{i-1} w_{Hj}) r_{Hi} - (v_H + \sum_{j=1}^{i-1} w_{Hj}) r_{Hi-1} \\
&= (v_H + \sum_{j=1}^{i-1} w_{Hj})(r_{Hi} - r_{Hi-1}) > 0
\end{aligned}
$$

für $i = 1\,..\,n$ bleibt durch die Schwellwerttransformation (3.152), wie im Fall des schwellwertdiskreten Prandtl-Ishlinskii-Superpositionsoperators S, die Reihenfolge der Schwellwerte erhalten. Damit gelten für die Schwellwerte des inversen, schwellwertdiskreten Prandtl-Ishlinskii-Hystereseoperators H^{-1} analog zu (3.139) die Nebenbedingungen

$$0 < r'_{H1} < .. < r'_{Hi} < .. < r'_{Hn} < \infty . \tag{3.159}$$

Die Herleitung der Rücktransformationsgleichungen erfolgt analog zur Vorgehensweise beim schwellwertdiskreten Prandtl-Ishlinskii-Superpositionsoperator S ausgehend von der Identität

$$\varphi_H'^{-1}(\varphi'_H(r'_H)) = I(r'_H) . \tag{3.160}$$

Daraus lassen sich die Bedingungen

$$r_H = \varphi'_H(r'_H) \tag{3.161}$$

und

$$\frac{\mathrm{d}}{\mathrm{d}r_H}\varphi_H(r_H) = \frac{1}{\dfrac{\mathrm{d}}{\mathrm{d}r'_H}\varphi'_H(r'_H)} \tag{3.162}$$

herleiten, die zusammen mit der Bedingung (3.132)

$$\frac{\mathrm{d}}{\mathrm{d}r_H} z_{H0}(r_H) = \frac{\mathrm{d}}{\mathrm{d}r'_H} z'_{H0}(r'_H)$$

für die Anfangszustände die Basis zur Ableitung der expliziten Rücktransformationsbeziehungen

$$v_H = \frac{1}{v'_H} , \tag{3.163}$$

$$w_{Hi} = -\frac{w'_{Hi}}{(v'_H + \sum_{j=1}^{i} w'_{Hj})(v'_H + \sum_{j=1}^{i-1} w'_{Hj})} \quad ; \quad i = 1..n \tag{3.164}$$

und

$$r_{Hi} = v'_H r'_{Hi} + \sum_{j=1}^{i} w'_{Hj}(r'_{Hi} - r'_{Hj}) \quad ; \quad i = 1..n \tag{3.165}$$

für die Gewichte und für die Schwellwerte sowie

$$z_{H0}(r_{Hi}) = (v'_H + \sum_{j=1}^{i} w'_{Hj}) z'_{H0}(r'_{Hi}) + \sum_{j=i+1}^{n} w'_{Hj} z'_{H0}(r'_{Hj}) \quad ; \quad i = 1..n \tag{3.166}$$

für die Anfangszustände bilden. Hierbei erfolgt die Integration von (3.132) über die Schwellwertvariable r_H anstatt über r_H'. Die Rücktransformationsgleichungen weisen damit dieselbe Struktur auf wie die Hintransformationsgleichungen (3.152), (3.154) - (3.156).

3.5 Kriechoperatoren

Der Begriff des Kriechens wird in der Literatur ausschließlich im Zusammenhang mit dem Verformungsverhalten fester Materialien infolge mechanischer Belastungen definiert. In [Kor93] werden im Zusammenhang mit der Entwicklung von Modellen zur Kriechkorrektur bei Federwaagen die verschiedenen existierenden Kriechdefinitionen ausführlich diskutiert und als Ergebnis folgende, vom mechanisch-physikalischen Hintergrund losgelöste Definition des Kriechens gegeben. „In einem Kriechversuch wirken auf den zu untersuchenden Prozeß konstante Einflußgrößen. Das Eingangssignal werde sprungförmig vergrößert. Unter Kriechen versteht man dann die zeitliche Änderung des Ausgangssignals des Prozesses bei konstantem Eingangssignal nach Änderung des Eingangssignals. Einschränkend muß sichergestellt werden, daß die vorangehende Änderung des Eingangssignals keine Trägheitseffekte anregt.“ Das Ausgangssignal wird in diesem speziellen Anregungsfall auch Kriechkurve des betreffenden Prozesses genannt. Bild 3.23 zeigt den typischen Verlauf einer solchen Kriechkurve y nach sprungförmiger Anregung x am Beispiel eines metallenen Werkstoffes. Das Ausgangssignal y ist hierbei physikalisch als Dehnung des betreffenden Werkstoffes und das Eingangssignal x als Kraft zu interpretieren, mit der der betreffende Werkstoff belastet wird. In vielen Werkstoffen kann man drei Bereiche beobachten, die als primäres, sekundäres und tertiäres Kriechen bezeichnet werden. Beim Primärkriechen (Bereich 1) nimmt die Kriechgeschwindigkeit $\mathrm{d}y/\mathrm{d}t$ mit der Zeit ab. Im sekundären Kriechbereich (Bereich 2) ist die Kriechgeschwindigkeit konstant. Im tertiären Stadium (Bereich 3) steigt die Kriechgeschwindigkeit mit der Zeit an, bis es zum Kriechbruch des Materials kommt. Bei nicht zu hohen Belastungen treten keine Strukturänderungen auf, die das Verhalten des Werkstoffes merklich beeinflussen. In diesem strukturell stabilen Belastungsbereich des Materials tritt nur primäres Kriechen auf [Bet93]. Da nur diese Form des Kriechens für die weiteren Betrachtungen relevant ist, wird der Zusatz "primär" von nun an weggelassen.

Bei ferromagnetischen, ferroelektrischen, dielektrischen, magnetostriktiven und vor allem piezoelektrischen Werkstoffen sind zwischen den entsprechenden physikalischen Größen, mehr oder weniger ausgeprägt, sehr ähnliche Übertragungseffekte zu beobachten. Allerdings existieren hierfür historisch bedingt andere Bezeichnungen. So wird beispielsweise das

„Kriechen" der magnetischen Flußdichte nach plötzlicher Anregung mit einer magnetischen Feldstärke bei ferromagnetischen Materialien magnetische Nachwirkung genannt.

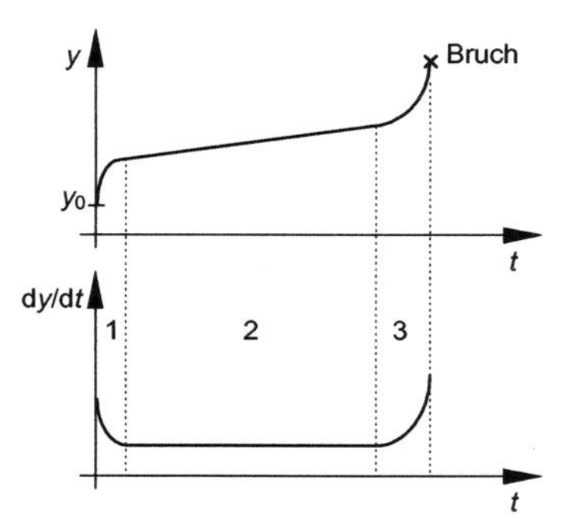

Bild 3.23: Typische Kriechkurve eines metallenen Werkstoffes [Bet93]

Damit kommt dem Übertragungsverhalten, das in der Mechanik für Kriecheffekte und im Magnetismus für die magnetische Nachwirkung verantwortlich ist, eine über die Grenzen der Physik hinausgehende Bedeutung zu. Daher liegt die Idee nahe, „kriechbehaftetes" Übertragungsverhalten losgelöst von der Physik rein phänomenologisch zu beschreiben, wobei hier die elegante operatorbasierte Methodik zur Behandlung von Hysteresephänomenen als Vorbild dienen soll.

3.5.1 Elementare Kriechoperatoren

Ausgangspunkt der weiteren Betrachtungen ist die implizite Differentialgleichung

$$f(x(t), y(t), \frac{\mathrm{d}}{\mathrm{d}t} y(t)) = 0 \tag{3.167}$$

mit dem Anfangswert $y_0 = y(t_0)$ zum Anfangszeitpunkt t_0, die sich in der Mechanik als Evolutionsgleichung des Kriechens für den skalaren Belastungsfall bewährt hat [Bet93]. In dieser Zustandsgleichung werden das Eingangssignal x, das Ausgangssignal y und die Ableitung des Ausgangssignals $\mathrm{d}y/\mathrm{d}t$ über die Funktion f miteinander verknüpft. Die Funktion f kann experimentell aus Messungen von $x(t)$, $y(t)$ und $\mathrm{d}y(t)/\mathrm{d}t$ ermittelt werden. Die Identifikation der Funktion f ist jedoch sowohl aus meßtechnischer als auch rechentechnischer Sicht aufwendig. Zudem ist es fraglich, ob das Phänomen des Kriechens durch eine Zustandsgröße allein ausreichend genau modellierbar ist. Daher liegt es nahe, analog zur Modellierung komplexen hysteresebehafteten Übertragungsverhaltens, komplexes kriechbehaftetes Übertragungsverhalten ebenfalls durch die gewichtete Überlagerung geeigneter elementarer Übertragungsglieder zu beschreiben [KJ98a].

Vor diesem Hintergrund wird der elementare, lineare Kriechoperator

$$y(t) = L_{a_K}[x, y_{L0}](t) \tag{3.168}$$

als Lösungsoperator der linearen, zeitinvarianten Differentialgleichung

$$\frac{\mathrm{d}}{\mathrm{d}t}y(t) - a_K(x(t) - y(t)) = 0 \tag{3.169}$$

unter der Anfangsbedingung $y_{L0} = y(t_0)$ zum Anfangszeitpunkt t_0 eingeführt. Der charakteristische Parameter dieses Elementaroperators ist der sogenannte Kriecheigenwert $a_K \in \Re^+$. Er bestimmt die lineare Kriechdynamik des elementaren Übertragungsgliedes. Der elementare, lineare Kriechoperator gehört zur Klasse der Faltungsoperatoren und läßt sich analytisch durch die Integralgleichung

$$y(t) = \mathrm{e}^{-a_K(t-t_0)}y_{L0} + \int_{t_0}^{t} a_K \mathrm{e}^{-a_K(t-\tau)}x(\tau)\,\mathrm{d}\tau \tag{3.170}$$

beschreiben. Bild 3.24 zeigt ein kraftangeregtes Feder-Dämpfer-System als physikalisches Beispiel für den elementaren, linearen Kriechoperator. Abgebildet ist die Parallelschaltung einer linear-elastischen Feder mit der Federkonstante c und eines linear-viskosen Dämpfers mit der Dämpfungskonstante d.

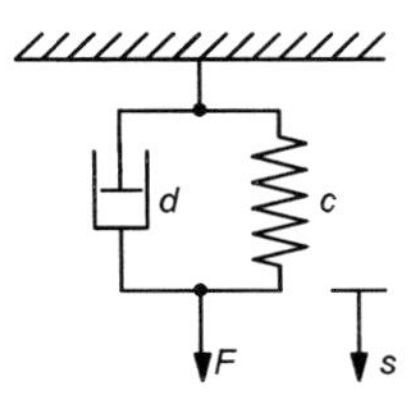

Bild 3.24: Mechanisches System als physikalisches Beispiel für den elementaren, linearen Kriechoperator

Diese elementare Anordnung ist aus der Viskoelastizitätstheorie als Kelvin-Voigt-Körper bekannt. Der Zusammenhang zwischen dem Kraftsignal F als eingeprägte Größe und dem Auslenkungssignal s als Reaktionsgröße wird beim Kelvin-Voigt-Körper durch

$$s(t) = c^{-1}L_{c/d}[F, s_0](t) \tag{3.171}$$

beschrieben, wobei der Kriecheigenwert a_K in diesem Fall durch den Quotienten c/d gebildet wird.

Bild 3.25 zeigt die Reaktion y des elementaren, linearen Kriechoperators mit dem Anfangswert $y_{L0} = 0$ auf ein rechteckförmiges Eingangssignal x mit der Amplitude 1. Rechteckförmige Eingangssignale werden bei der Charakterisierung realer Werkstoffe verwendet, um das Kriechverhalten nach plötzlicher Belastung gefolgt von einer plötzlichen Entlastung zu untersuchen. Dabei wird unter anderem beobachtet, ob ein Werkstoff nach der Entlastung wieder den Deformationszustand vor der Belastung erreicht, oder ob eine Restdeformation bleibt. Man spricht hierbei auch von sogenannter Kriecherholung. Der Geschwindigkeitsverlauf des Ausgangssignals bei Anregung mit einer Einheitssprungfunktion und einem Anfangswert $y_{L0} = 0$ zum Zeitpunkt $t_0 = 0$ ergibt sich aus (3.170) zu

$$\frac{\mathrm{d}}{\mathrm{d}t}y(t) = a_K \mathrm{e}^{-a_K t}. \tag{3.172}$$

Damit ist beim elementaren, linearen Kriechoperator die Geschwindigkeit des Ausgangssignals zu Beginn der Belastung gleich dem Eigenwert a_K und nimmt dann mit der Zeit exponentiell ab. Dieses Verhalten entspricht zumindest qualitativ dem primären Kriechverhalten realer Werkstoffe. Ein weiteres wichtiges Merkmal des elementaren, linearen Kriechoperators ist, daß nach Entlastung der Ausgangssignalwert vor Belastung wieder exakt erreicht wird.

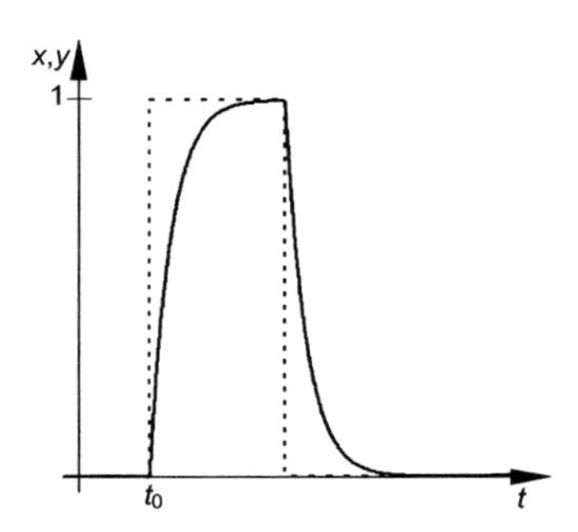

Bild 3.25: Reaktion y (durchgezogene Linie) des elementaren, linearen Kriechoperators auf ein rechteckförmiges Eingangssignal x (gestrichelte Linie)

Ein weiterer elementarer Kriechoperatortyp, der sogenannte elementare, schwellwertbehaftete Kriechoperator

$$y(t) = K_{r_K a_K}[x, y_{K0}](t), \tag{3.173}$$

weist diese Einschränkung nicht auf. Er wird als Lösungsoperator der nichtlinearen, zeitinvarianten Differentialgleichung

$$\frac{\mathrm{d}}{\mathrm{d}t}y(t) - a_K H(x(t) - y(t), 0, r_K) = 0 \tag{3.174}$$

unter der Anfangsbedingung $y_{K0} = y(t_0)$ zum Anfangszeitpunkt t_0 eingeführt. Die charakteristischen Parameter dieses elementaren, schwellwertbehafteten Kriechoperators sind der vom elementaren, linearen Kriechoperator her bekannte Kriecheigenwert $a_K \in \Re^+$ und der vom Playoperator her bekannte Schwellwert $r_K \in \Re^+$. Bild 3.26 zeigt die Reaktion y des elementaren, schwellwertbehafteten Kriechoperators mit dem Anfangszustand $y_{K0} = 0$ zum Anfangszeitpunkt t_0 auf ein rechteckförmiges Eingangssignal x mit der Amplitude 1. Im Vergleich zu dem Ausgangssignal des elementaren, linearen Kriechoperators steigt das Ausgangssignals des elementaren, schwellwertbehafteten Kriechoperators auf einen Wert an, der um den Schwellwert r_K niedriger liegt. Außerdem kehrt das Ausgangssignal des elementaren, schwellwertbehafteten Kriechoperators nach Entlastung nicht zum Wert Null zurück sondern behält eine Restauslenkung, die dem Schwellwert r_K entspricht.

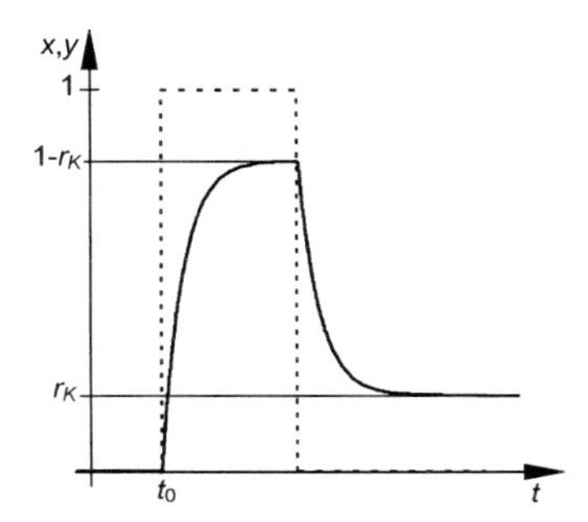

Bild 3.26 Reaktion y (durchgezogene Linie) des elementaren, schwellwertbehafteten Kriechoperators auf ein rechteckförmiges Eingangssignal x (gestrichelte Linie)

Bild 3.27 zeigt ein kraftangeregtes Feder-Dämpfer-System als physikalisches Beispiel für den elementaren, schwellwertbehafteten Kriechoperator. Abgebildet ist die Parallelschaltung einer linear-elastischen Feder mit der Federkonstante c, eines linear-viskosen Dämpfers mit der Dämpfungskonstante d und eines Elementes, das idealisierte geschwindigkeitsunabhängige Reibung beschreibt. Der Zusammenhang zwischen dem Kraftsignal F als eingeprägte Größe und dem Auslenkungssignal s als Reaktionsgröße wird bei diesem elementaren Körper durch

$$s(t) = c^{-1} K_{F_r \, c/d}[F, s_0](t) \tag{3.175}$$

beschrieben, wobei der Kriecheigenwert a_K durch den Quotient c/d und der Schwellwert r_K durch die Losbrechkraft F_r gebildet wird.

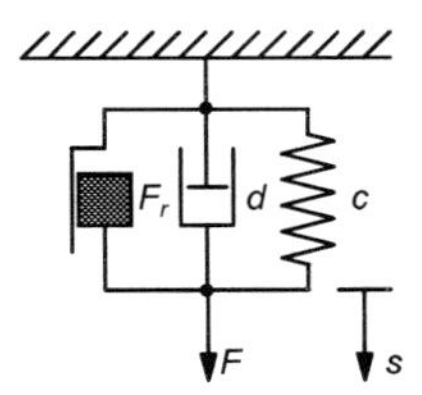

Bild 3.27: Mechanisches System als physikalisches Beispiel für den elementaren, schwellwertbehafteten Kriechoperator

Die physikalischen Beispiele für den Identitätsoperator, den Playoperator, den elementaren, linearen Kriechoperator und den elementaren, schwellwertbehafteten Kriechoperator, die auf den idealisierten, rheologischen Elementen linear-elastische Feder, linear-viskoser Dämpfer und ideale geschwindigkeitsunabhängige Reibung aufbauen, deuten an, daß zwischen diesen vier Elementaroperatortypen ein Zusammenhang besteht, der in Kapitel 3.6 anhand asymptotischer Betrachtungen näher beleuchtet wird.

3.5.2 log(t)-Kriechoperatoren

Primäre Kriechprozesse, bei denen das Ausgangssignal nach Anregung mit einem sprungförmigen Eingangssignal logarithmisch mit der Zeit wächst, werden log(t)-Kriechprozesse genannt. Ein typisches Beispiel dafür sind insbesondere auch die Kriechprozesse, die im Übertragungsverhalten piezoelektrischer Wandler auftreten, siehe Kapitel 2.

Das Ausgangssignal eines log(t)-Kriechprozesses läßt sich für den Fall einer sprungförmigen Anregung zum Anfangszeitpunkt $t_0 = 0$ für Zeiten $t \geq T_s > 0$ durch die Funktion

$$y(t) = y(T_s) + \gamma \log(\frac{t}{T_s}) \tag{3.176}$$

beschreiben. Hierbei ist T_s die Integrationsschrittweite. Sie ist zugleich der frühest mögliche Zeitpunkt für die Beobachtung des Kriechens, wenn man von einer äquidistanten Integrationsschrittweite bei der Berechnung des Kriechprozesses ausgeht. $y(T_s)$ ist der Anteil der Kriechens, der zwischen dem Anfangszeitpunkt $t_0 = 0$ und $t = T_s$ entsteht und aufgrund der endlichen Zeitauflösung nur anhand des entstehenden Gleichanteils in der Sprungantwort des Kriechprozesses zu beobachten ist. γ ist der Gewichtungsfaktor des log(t)-Kriechens.

Bild 3.28 zeigt die Sprungantworten elementarer, schwellwertbehafteter für Eigenwerte a_{Kj}, die gemäß der Gleichung

$$a_{Kj} = \frac{1}{10^{j-1} T_s} \quad ; \quad j = 1..m \tag{3.177}$$

exponentiell über die Frequenzachse verteilt sind. In Bild 3.28a sind die Sprungantworten über der linear geteilten Zeitachse und in Bild 3.28b über der logarithmisch geteilten Zeitachse aufgetragen. Für $r_K = 0$ entsprechen die Sprungantworten des elementaren, schwellwertbehafteten Kriechoperatortyps den Sprungantworten entsprechender, elementarer, linearer Kriechoperatoren.

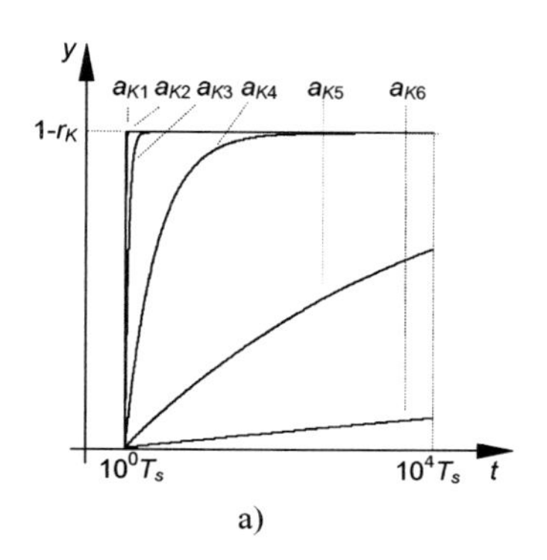

a)

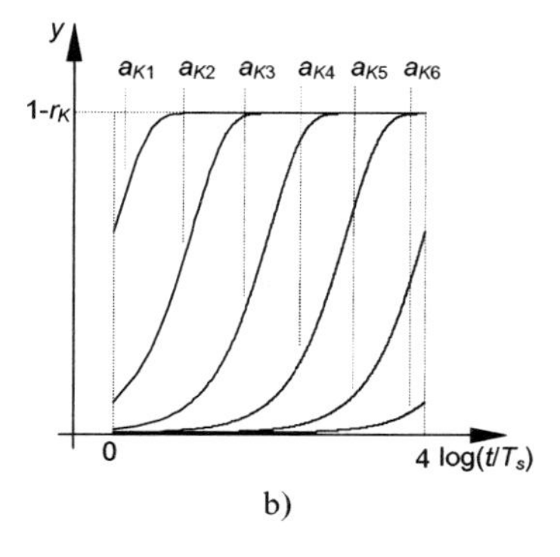

b)

Bild 3.28: Sprungantworten elementarer, schwellwertbehafteter Kriechoperatoren a) lineare Zeitachse b) logarithmische Zeitachse

Insbesondere an dem Verlauf der Sprungantworten über der logarithmisch transformierten Zeitachse läßt sich deutlich erkennen, daß sich der wesentliche Teil der Änderungen in den Sprungantworten eines Elementaroperators nur über ein begrenztes Zeitintervall erstreckt. Die ungewichtete, lineare Überlagerung dieser Sprungantworten ist in Bild 3.29a über der linearen Zeitachse und in Bild 3.29b über der logarithmischen Zeitachse aufgetragen. Der lineare Verlauf der ungewichteten, linearen Überlagerung dieser Sprungantworten über der logarithmischen Zeitachse zeigt, daß sich die Sprungantwort der ungewichteten, linearen Überlagerung von elementaren, schwellwertbehafteten Kriechoperatoren bzw. von elementaren, linearen Kriechoperatoren durch die das log(t)-Kriechen charakterisierende Zeitfunktion (3.176) beschreiben läßt. Diese Erkenntnis führt zur Definition des sogenannten linearen log(t)-Kriechoperators

$$L[x](t) := \sum_{j=1}^{m} z_L(t, a_{Kj}) \tag{3.178}$$

mit

$$z_L(t, a_{Kj}) = L_{a_{Kj}}[x, z_{L0}(a_{Kj})](t) \quad ; \quad j = 1..m \tag{3.179}$$

sowie des sogenannten schwellwertbehafteten log(t)-Kriechoperators

$$K_{r_K}[x](t) := \sum_{j=1}^{m} z_K(t, r_K, a_{Kj}) \tag{3.180}$$

mit

$$z_K(t, r_K, a_{Kj}) = K_{r_K a_{Kj}}[x, z_{K0}(r_K, a_{Kj})](t) \quad ; \quad j = 1..m \tag{3.181}$$

für $r_K \in \Re^+$ und a_{Kj} gemäß (3.177). $z_L(t,a_{Kj})$ und $z_K(t,r_K,a_{Kj})$ beschreiben den dynamischen Systemzustand und $z_{L0}(a_{Kj})$ und $z_{K0}(r_K,a_{Kj})$ den Anfangszustand des linearen log(t)-Kriechoperators und des schwellwertbehafteten log(t)-Kriechoperators.

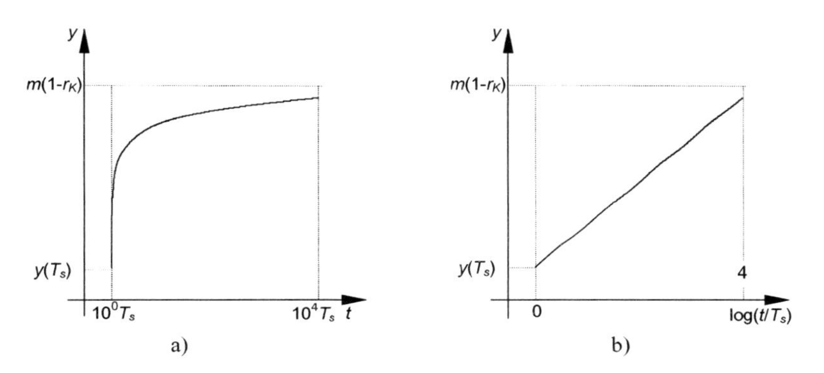

Bild 3.29: Sprungantwort des schwellwertbehafteten log(t)-Kriechoperators
a) lineare Zeitachse b) logarithmische Zeitachse

Bei der Betrachtung der Bilder 3.28 und 3.29 wird deutlich, daß im Rahmen dieser Modellvorstellung der in Bild 3.29a dargestellte Gleichanteil $y(T_s)$ nahezu ausschließlich durch den Beitrag der in Bild 3.28a dargestellten Sprungantworten der ersten beiden Elementaroperatoren zum Zeitpunkt T_s bestimmt wird und ein weiterer Elementaroperator mit einem Eigenwert der Größe $1/(0{,}1T_s)$ im Rahmen dieser Zeitauflösung keinen weiteren zeitabhängigen, sondern nur einen zeitunabhängigen Beitrag zur Sprungantwort des Prozesses liefert. Dieser Beitrag wäre bei der gegebenen Zeitauflösung aber nicht von einem Beitrag zu unterscheiden, der von statischen Übertragungsanteilen des Prozesses herrührt. Diese werden aber aus praktischer Sicht effizienter durch statische Operatoren berücksichtigt.

3.5.3 Prandtl-Ishlinskii-Kriechoperator

Die Berücksichtigung des Einflusses der Eingangssignalvorgeschichte auf die Stärke, mit der die $\log(t)$-Kriechdynamik angeregt wird, kann nun, analog zur Vorgehensweise bei der Hysteresemodellierung durch den Prandtl-Ishlinskii-Hystereseoperator, durch die gewichtete, lineare Überlagerung von $\log(t)$-Kriechoperatoren mit unterschiedlichen Schwellwerten erfolgen. Der sogenannte Prandtl-Ishlinskii-Kriechoperator wird daher in Anlehnung an den Prandtl-Ishlinskii-Hystereseoperator durch die Definitionsgleichung

$$K[x](t) := v_K L[x](t) + \int_0^{+\infty} w_K(r_K) K_{r_K}[x](t)\,\mathrm{d}r_K \tag{3.182}$$

mit den Bedingungen

$$v_K \geq 0, \quad w_K(r_K) \geq 0 \tag{3.183}$$

und

$$v_K + \int_0^{\infty} w_K(r_K)\,\mathrm{d}r_K < \infty \tag{3.184}$$

für den Koeffizienten v_K und die Schwellwertfunktion w_K eingeführt.

Für die Anwendung in Steuerungs- und Signalverarbeitungsalgorithmen ist das schwellwertkontinuierliche Modell (3.182) nicht geeignet. Hier wird man aus Rechenzeitgründen, analog zu der Vorgehensweise bei dem Prandtl-Ishlinskii-Superpositionsoperator und dem Prandtl-Ishlinskii-Hystereseoperator, eine endlichdimensionale, schwellwertdiskrete Approximation des schwellwertkontinuierlichen Modells verwenden. Hierzu wird die Schwellwertfunktion

$$w_K(r_K) = \sum_{i=1}^{n} w_{Ki} \delta(r_K - r_{Ki}) \tag{3.185}$$

mit

$$0 < r_{K1} < .. < r_{Ki} < .. < r_{Kn} < \infty \tag{3.186}$$

wieder als lineare Überlagerung gewichteter Dirac'scher Impulsfunktionen angesetzt. Aufgrund der Siebeigenschaft der Dirac'schen Impulsfunktion reduziert sich (3.182) zu

$$K[x](t) = v_K L[x](t) + \sum_{i=1}^{n} w_{Ki} K_{r_{Ki}}[x](t) \tag{3.187}$$

mit den Bedingungen

$$v_K \geq 0 \quad , \quad w_{Ki} \geq 0 \ ; \ i = 1..n \tag{3.188}$$

und

$$v_K < \infty \ , \quad w_{Ki} < \infty \ ; \ i = 1..n \ . \tag{3.189}$$

Der Prandtl-Ishlinskii-Kriechoperator K hat eine große strukturelle Ähnlichkeit mit dem Prandtl-Ishlinskii-Hystereseoperator H, die sich, wie im folgenden Abschnitt gezeigt wird, vor allem im asymptotischen Verhalten des Prandtl-Ishlinskii-Kriechoperators widerspiegelt.

3.6 Kombination von Kriech-, Hysterese- und Superpositionsoperatoren

Ziel des folgenden Abschnittes ist es, systemtheoretische Zusammenhänge zwischen den elementaren Operatoren aufzuzeigen und daraus eine konsistente Basis für die Modellierung des hysterese- und kriechbehafteten Übertragungsverhaltens von piezoelektrischen Aktoren zu schaffen.

3.6.1 Asymptotisches Verhalten von Kriech- und Hystereseoperatoren

Der Playoperator besitzt ein Gedächtnis, das in der Lage ist, genau einen Extremwert des Eingangssignals aus der Vergangenheit speichern zu können. Das Speichern eines neuen Extremwertes erfordert aber zuvor das Über- bzw. Unterschreiten der vom Zustand abhängigen absoluten Schwellwerte, weil erst dadurch der zuvor gespeicherte Extremwert durch die Veränderung des Zustandes gelöscht wird. Hat das Eingangssignal hingegen einen zeitlich konstanten Verlauf, bleibt der Zustand des Playoperators erhalten. Damit besitzt der Playoperator ein zeitlich nicht nachlassendes Gedächtnis, das nur durch eine genügend große Änderung der Eingangssignalamplitude Information aus der Vergangenheit des Eingangssignals vergessen kann. Läßt man den Schwellwert r_H des Playoperators gegen Null streben, konvergiert der Playoperator gegen den Identitätsoperator. Damit gilt

$$\lim_{r_H \to 0} H_{r_H}[x, y_{H0}](t) = I[x](t) \, . \tag{3.199}$$

Die Integralgleichung des elementaren, linearen Kriechoperators beschreibt explizit die zeitliche Entwicklung des Systemausgangs y in Abhängigkeit des Anfangswertes y_{L0} und des Eingangssignals x und gibt damit einen Einblick in seine Gedächtnisstruktur. Zunächst wird beim Betrachten von (3.170) deutlich, daß nicht nur Extremwerte des Eingangssignals aus der Vergangenheit einen Einfluß auf den gegenwärtigen Ausgangssignalwert ausüben, sondern alle Eingangssignalwerte aus der Vergangenheit. Der Einfluß des Eingangssignals für Zeiten $t < t_0$ wird dabei über den Anfangszustand y_{L0} berücksichtigt. Darüber hinaus erfolgt eine Gewichtung vergangener Eingangssignalswerte derart, daß der Einfluß weiter in der Zeit zurückliegender Eingangssignalwerte auf den gegenwärtigen Ausgangssignalwert exponentiell gedämpft wird. Damit besitzt der elementare, lineare Kriechoperator ein zeitlich nachlassendes Gedächtnis, wobei der Vergessensmechanismus dieses Gedächtnisses unabhängig von der Amplitude des aktuellen Eingangssignalwertes ist. Im Vergleich zum Gedächtnis des Playoperators verhält sich das Gedächtnis des elementaren, linearen Kriechoperators bezüglich der Abhängigkeit von der Zeit und der Amplitude des Eingangssignals völlig konträr. Eine Gemeinsamkeit beider Elementaroperatoren ist jedoch, daß beide den Identitätsoperator als Grenzfall beinhalten. Läßt man nähmlich in (3.169) den Eigenwert a_K gegen unendlich streben, konvergiert y gegen x und damit der elementare, lineare Kriechoperator gegen den Identitätsoperator. Damit gilt

$$\lim_{a_K \to \infty} L_{a_K}[x, y_{L0}](t) = I[x](t) \tag{3.200}$$

Die Differentialgleichung des elementaren, schwellwertbehafteten Kriechoperators geht für $r_K = 0$ in die Differentialgleichung des elementaren, linearen Kriechoperators über. Daraus folgt, daß der elementare, schwellwertbehaftete Kriechoperator in Richtung kleiner werdender Schwellwerte r_K gegen den elementaren, linearen Kriechoperator strebt. Damit gilt

$$\lim_{r_K \to 0} K_{r_K a_K}[x, y_{K0}](t) = L_{a_K}[x, y_{L0}](t). \tag{3.201}$$

Andererseits konvergiert für $r_K = r_H$ und $y_{K0} = \max\{x(t_0) - r_K, \min\{x(t_0) + r_K, y_{H0}\}\}$ der elementare, schwellwertbehaftete Kriechoperator in Richtung größer werdender Kriecheigenwerte gegen den Playoperator [KP89]. Damit gilt

$$\lim_{a_K \to \infty} K_{r_K a_K}[x, y_{K0}](t) = H_{r_H}[x, y_{H0}](t). \tag{3.202}$$

In Bild 3.30 sind die asymptotischen Beziehungen zwischen den Elementaroperatoren graphisch dargestellt. Allein die Tatsache, daß der elementare, schwellwertbehaftete Kriechoperator den elementaren, linearen Kriechoperator für r_K gegen Null und den Playoperator für a_K gegen Unendlich als Grenzfall enthält, deutet darauf hin, daß die Gedächtnischarakteristik des elementaren, schwellwertbehafteten Kriechoperators zwischen den zueinander konträren Gedächtniseigenschaften des elementaren, linearen Kriechoperators und des Playoperators anzusiedeln ist. Je nach dem, welche Werte die charakteristischen Parameter annehmen und welche Amplitude und Änderungsgeschwindigkeit das Eingangssignal im Vergleich dazu besitzt, tendiert die Gedächtnischarakteristik des elementaren, schwellwertbehafteten Kriechoperators mehr oder weniger zu dem einen oder dem anderen Extremfall. Damit kann der elementare, schwellwertbehaftete Kriechoperator als Bindeglied zwischen den zu einander konträren Elementaroperatoren betrachtet werden.

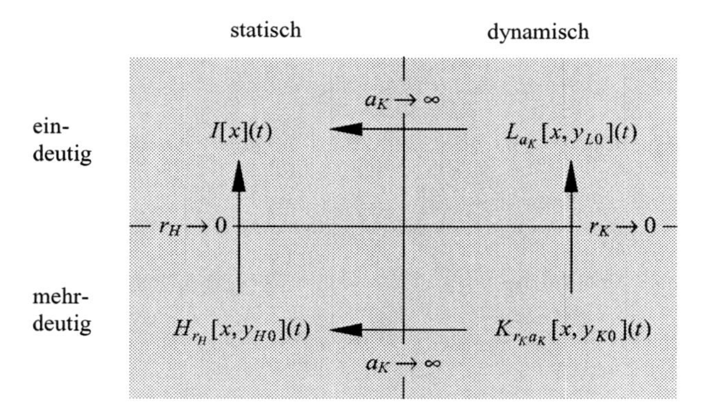

Bild 3.30: Asymptotische Beziehungen zwischen den Elementaroperatoren

Der durch die asymptotischen Beziehungen (3.200) und (3.202) gegebene Zusammenhang zwischen den Elementaroperatoren zeigt, daß das durch den Identitätsoperator beschriebene, eindeutige, statische Übertragungsverhalten bzw. das durch den Playoperator beschriebene, hysteresebehaftete Übertragungsverhalten einen Grenzfall des durch den elementaren, linearen Kriechoperator beschriebenen, kriechbehafteten Übertragungsverhaltens bzw. des durch den elementaren, schwellwertbehafteten Kriechoperator beschriebenen, kriechbehafteten Übertragungsverhaltens für unendlich langsame Eingangssignale darstellt. Insbesondere läßt sich daraus für $z_{L0}(a_{Kj}) = x(t_0)$, $r_K = r_H$ und $z_{K0}(r_K,a_{Kj}) = \max\{x(t_0) - r_K, \min\{x(t_0) + r_K, z_{H0}(r_H)\}\}$, $j = 1 \,..\, m$ auf die wichtige asymptotische Beziehung

$$\begin{aligned}\lim_{\frac{d}{dt}x \to 0} K[x](t) &= v\sum_{j=1}^{m} I[x](t) + \int_0^{+\infty} w(r)\sum_{j=1}^{m} H_{r_H}[x, z_{H0}(r_H)](t)\,dr \\ &= mvI[x](t) + m\int_0^{+\infty} w(r)H_{r_H}[x, z_{H0}(r_H)](t)\,dr \\ &= m(vI[x](t) + \int_0^{+\infty} w(r)H_{r_H}[x, z_{H0}(r_H)](t)\,dr) \\ &= mH[x](t)\end{aligned} \tag{3.203}$$

zwischen dem Prandtl-Ishlinskii-Hystereseoperator H und dem Prandtl-Ishlinskii-Kriechoperator K schließen. Das bedeutet, daß der Prandtl-Ishlinskii-Kriechoperator für den Grenzfall unendlich langsamer Eingangssignale in den Prandtl-Ishlinskii-Hystereseoperator übergeht.

Tatsächlich werden in der Materialwissenschaft aufgrund des experimentellen Befundes vier Kategorien von Materialverhalten unterschieden [Bet93]. Nämlich das statische und dynamische Materialverhalten jeweils mit und ohne Hystereseeigenschaften. Dabei werden vier unterschiedliche Formen der Materialtheorie in Verbindung gebracht, die Elastizitäts-, die Plastizitäts-, die Viskoelastizitäts- und die Viskoplastizitätstheorie, wobei das Kriechen innerhalb der Viskoelastizität und der Viskoplastizität existiert. Im Rahmen dieser Nomenklatur läßt sich der Identitätsoperator als linear-elastischer Elementaroperator, der Playoperator als plastischer Elementaroperator, der elementare, lineare Kriechoperator als linear-viskoelastischer Elementaroperator und der elementare, schwellwertbehaftete Kriechoperator als viskoplastischer Elementaroperator bezeichnen. Das auf Playoperatoren basierende Konzept zur Modellierung von hysteresebehafteten Vorgängen vom Prandtl-Ishlinskii-Typ läßt sich somit durch Einführung der elementaren Kriechoperatoren konsistent auf kriechbehaftete Vorgänge erweitern, die hysteresebehaftetes Übertragungsverhalten vom Prandtl-Ishlinskii-Typ im Grenzfall unendlich langsamer Eingangssignale aufweisen.

3.6.2 Modifizierter Prandtl-Ishlinskii-Kriech-Hystereseoperator

Mit den in den vorangehenden Abschnitten definierten Superpositions-, Hysterese- und Kriechoperatoren lassen sich durch Kombination verschiedene Modelle zur Beschreibung von hysterese-, kriech- und sättigungsbehafteten Übertragungsgliedern bilden. Von besonderem Interesse ist dabei der durch die lineare Superposition des Prandtl-Ishlinskii-Hystereseoperators H und des Prandtl-Ishlinskii-Kriechoperators K definierte Prandtl-Ishlinskii-Kriech-Hystereseoperator

$$\Pi[x](t) := H[x](t) + K[x](t) \tag{3.204}$$

Dieser verhält sich für unendlich langsame Eingangssignale wie ein Prandtl-Ishlinskii-Hystereseoperator und ist daher in seiner Anwendbarkeit auf Übertragungsglieder mit den in Abschnitt 3.4.3 diskutierten speziellen Punktsymmetrieeigenschaften beschränkt.

Zur Modellbildung von kriech- und hysteresebehafteten Übertragungsgliedern, die diese Symmetrieeigenschaften nicht aufweisen, wird eine Methode verwendet, die auf folgender Idee basiert. Die Abweichung des realen kriech- und hysteresebehafteten Übertragungsverhaltens von dem durch den Prandtl-Ishlinskii-Kriech-Hystereseoperator Π beschreibbaren, punktsymmetrischen kriech- und hysteresebehafteten Übertragungsverhalten wird durch eine gedächtnislose, nichtlineare Verzerrung mit Hilfe eines nachgeschalteten Prandtl-Ishlinskii-Superpositionsoperators S berücksichtigt. Aus diesem Gedankengang geht die Definition

$$\Gamma[x](t) := S[(H[x] + K[x])](t) \tag{3.205}$$

des modifizierten Prandtl-Ishlinskii-Kriech-Hystereseoperators Γ hervor. Diese Vorgehensweise erhöht die Modellkomplexität gegenüber dem Prandtl-Ishlinskii-Kriech-Hystereseoperator Π nur unwesentlich.

3.6.3 Invertierung des modifizierten Prandtl-Ishlinskii-Kriech-Hystereseoperators

Die Invertierung des modifizierten Prandtl-Ishlinskii-Kriech-Hystereseoperators Γ ist äquivalent zur Lösung der impliziten Operatorgleichung

$$x(t) = H^{-1}[S^{-1}[y] - K[x]](t). \tag{3.206}$$

Der Nachweis der Existenz, Eindeutigkeit und Lipschitz-Stetigkeit des Lösungsoperators Γ^{-1} im Funktionenraum $C[t_0,t_e]$ wird in [KK00] für den Spezialfall $S = I$ und $K = v_K L$ unter der Nebenbedingung

$$0 \le v_K < \infty \tag{3.207}$$

geführt. Ein entsprechendes Ergebnis für den allgemeinen zeitkontinuierlichen Fall (3.206) steht derzeit noch aus.

Bei dem Einsatz des inversen modifizierten Prandtl-Ishlinskii-Kriech-Hystereseoperators Γ^{-1} als inverse Steuerung oder inverses Filter besteht in der Regel das Problem, daß der Anfangszustand des durch den modifizierten Prandtl-Ishlinskii-Kriech-Hystereseoperator Γ nachgebildeten realen Übertragungsgliedes a priori unbekannt ist. Daher muß das reale Übertragungsglied zunächst in einen definierten Anfangszustand gebracht werden. Nach Abschnitt 3.4.2 läßt sich der Prandtl-Ishlinskii-Hystereseoperator H als Spezialfall des Preisach-Hystereseoperators P durch ein um den Nulldurchgang herum schwingendes, in der Amplitude hinreichend langsam abnehmendes Eingangssignal in den Anfangszustand Null versetzen. Da der Prandtl-Ishlinskii-Kriechoperator K für hinreichend langsame Anstiegsgeschwindigkeiten des Eingangssignals gegen einen Prandtl-Ishlinskii-Hystereseoperator konvergiert, läßt sich auch der modifizierte Prandtl-Ishlinskii-Kriech-Hystereseoperator Γ durch dieses Eingangssignal in den Anfangszustand Null versetzen, sofern die Anstiegsgeschwindigkeit des Eingangssignals hinreichend klein ist. Aus dem definierten Anfangszustand des modifizierten Prandtl-Ishlinskii-Kriech-Hystereseoperators Γ läßt sich dann der Anfangszustand des inversen modifizierten Prandtl-Ishlinskii-Kriech-Hystereseoperators Γ^{-1} berechnen.

Eine echtzeitfähige Realisierung des inversen modifizierten Prandtl-Ishlinskii-Kriech-Hystereseoperators Γ^{-1} kann auf zwei grundsätzlich verschiedene Weisen erfolgen, nämlich durch zeitkontinuierliche, analoge oder durch zeitdiskrete, digitale Signalverarbeitungselektronik. Letztere Methode erfordert die Ableitung zeitdiskreter Operatoren, die zu den zeitkontinuierlichen Operatoren in den Abtastzeitpunkten äquivalent sind oder diese in den Abtastzeitpunkten zumindest näherungsweise nachbilden. Ein numerisches Verfahren zur On-line-Invertierung des modifizierten Prandtl-Ishlinskii-Kriech-Hystereseoperators wird in [KJ98b] und [JK00] vorgestellt. Ein Nachteil dieser Methode ist, daß die Invertierung auf einer iterativen Auswertung des modifizierten Prandtl-Ishlinskii-Kriech-Hystereseoperators basiert und daher einen hohen Berechnungsaufwand erfordert. Im nachfolgenden Kapitel wird daher ein direktes numerisches Verfahren vorgestellt, das im Vergleich zur iterativen Vorgehensweise nur noch einen Bruchteil des Rechenaufwandes benötigt.

4 Prozessorbasierte Realisierung der Operatoren

Zur zeitdiskreten Realisierung inverser Operatoren mittels digitaler Signalprozessoren (DSP) werden im ersten Teil dieses Kapitels, ausgehend von den Definitionsgleichungen der elementaren zeitkontinuierlichen Superpositions- und Hystereseoperatoren und den Differentialgleichungen der elementaren Kriechoperatoren, Differenzengleichungen als Grundlage für eine operatorbasierte digitale Signalverarbeitung abgeleitet. Im Anschluß daran werden im zweiten Teil aus den zeitdiskreten Elementaroperatoren, analog zur Vorgehensweise im zeitkontinuierlichen Fall, zeit- und schwellwertdiskrete Prandtl-Ishlinskii-Superpositions-, Hysterese- und Kriechoperatoren gebildet. Aus den zeit- und schwellwertdiskreten Prandtl-Ishlinskii-Superpositions-, Hysterese- und Kriechoperatoren wird dann im dritten Teil der zeit- und schwellwertdiskrete, modifizierte Prandtl-Ishlinskii-Kriech-Hystereseoperator Γ zur simultanen Berücksichtigung von Hysterese-, Kriech- und Sättigungseffekten abgeleitet. Die Formulierung des operatorbasierten Modells geschieht dabei unter Ungleichungsnebenbedingungen für die Gewichte, die die Invertierbarkeit des zeit- und schwellwertdiskreten, modifizierten Prandtl-Ishlinskii-Kriech-Hystereseoperators sicherstellen und damit die Anwendung der in Kapitel 3 abgeleiteten Transformationsgleichungen zur Berechnung des inversen, zeit- und schwellwertdiskreten, modifizierten Prandtl-Ishlinskii-Kriech-Hystereseoperators Γ^{-1} erlaubt. Dieser wird ebenfalls im dritten Teil vorgestellt. Das Kapitel schließt mit der Beschreibung eines robusten, rechnergestützten Verfahrens für die Synthese von operatorbasierten Modellen zur Echtzeitsimulation und -kompensation von simultan auftretenden Hysterese-, Kriech- und Sättigungseffekten.

Die Echtzeitfähigkeit der operatorbasierten Kompensationsverfahren ist eine zentrale Forderung der digitalen Echtzeitsignalverarbeitung und bedeutet in diesem konkreten Fall, daß die Berechnung des Ausgangssignalwertes des inversen, modifizierten Prandtl-Ishlinskii-Kriech-Hystereseoperators nach Vorgabe eines Eingangssignalwertes garantiert innerhalb einer festen Zeitspanne erfolgt. Aus dieser Definition des Echtzeitbegriffes folgt, daß die verwendete Rechnerhardware und die Zeitrahmenbedingungen des konkreten Steuerungsproblems über die Echtzeitfähigkeit des Kompensators mitentscheiden. Will man jedoch eine grundsätzliche, von der Rechnerhardware und von den Zeitrahmenbedingungen eines konkreten Steuerungs- bzw. Filterungsproblems unabhängige Aussage über die Echtzeitfähigkeit eines Verfahrens treffen, ist entscheidend, ob die Berechnung des Ausgangssignalwertes innerhalb einer bestimmten, im voraus bekannten Anzahl von Berechnungsschritten terminiert. Ein Verfahren mit dieser Eigenschaft soll daher im weiteren Verlauf der Betrachtungen als echtzeitfähig bezeichnet werden. Bei der Abschätzung des Berechnungsaufwandes wird im Folgenden zwischen Additions-, Multiplikations- und Vergleichsoperationen unterschieden. Subtraktionen werden dabei wie Additionen behandelt.

4.1 Zeitdiskrete Elementaroperatoren

Die Ableitung von Differenzengleichungen für die zeitdiskreten Elementaroperatoren geschieht unter der Annahme, daß das reale Übertragungsglied durch einen DSP angesteuert wird, der ein treppenförmiges Steuersignal erzeugt. Dieses entsteht in der Praxis durch ein Abtast-Halteglied nullter Ordnung mit der konstanten Abtastschrittweite $T_s > 0$ am Ausgang des Steuerrechners. Damit gilt für das Eingangssignal die Bedingung

$$x(t) = x(k) \quad ; \quad kT_s \leq t < (k+1)T_s \, . \tag{4.1}$$

Ist das Eingangssignal keine Treppenfunktion, so beschreibt die aus (4.1) hervorgehende Treppenfunktion das tatsächliche Signal umso besser, je kleiner die Abtastzeit T_s ist. Die Treppenfunktion wird dann als Approximation des tatsächlichen Signals betrachtet.

4.1.1 Zeitdiskreter Identitäts- und einseitiger Totzoneoperator

Der zeitdiskrete Identitätsoperator

$$I[x](k) := I(x(k)) \tag{4.2}$$

mit

$$I(x(k)) = x(k) \tag{4.3}$$

sowie der zeitdiskrete einseitige Totzoneoperator

$$S_{r_S}[x](k) := S(x(k), r_S) \tag{4.4}$$

mit

$$S(x(k), r_S) = \begin{cases} \max\{x(k) - r_S, 0\} & ; \quad r_S > 0 \\ \min\{x(k) - r_S, 0\} & ; \quad r_S < 0 \\ 0 & ; \quad r_S = 0 \end{cases} \tag{4.5}$$

sind analog zum zeitkontinuierlichen Fall (3.5) und (3.7) definiert.

4.1.2 Zeitdiskreter Playoperator

Da das treppenförmige Eingangssignal zwischen zwei Abtastereignissen monoton ist, läßt sich aus der rekursiven Definitionsgleichung des zeitkontinuierlichen Playoperators die Differenzengleichung

$$y(k) = H(x(k), y(k-1), r_H) \tag{4.6}$$

mit

$$y(0) = H(x(0), y_{H0}, r_H) \tag{4.7}$$

und

$$H(x(k), y(k), r_H) = \max\{x(k) - r_H, \min\{x(k) + r_H, y(k)\}\} \tag{4.8}$$

ableiten. Die Lösung dieser Differenzengleichung definiert den zeitdiskreten Playoperator

$$y(k) = H_{r_H}[x, y_{H0}](k). \tag{4.9}$$

Ein Vergleich der Differenzengleichung mit der rekursiven Definitionsgleichung des zeitkontinuierlichen Playoperators (3.86) macht deutlich, daß der zeitdiskrete Playoperator genau dann in den diskreten Zeitpunkten dem zeitkontinuierlichen Playoperator äquivalent ist, wenn das kontinuierliche Eingangssignal zwischen den diskreten Zeitpunkten monoton verläuft.

4.1.3 Zeitdiskreter elementarer, linearer Kriechoperator

Das Übertragungsverhalten des elementaren, linearen Kriechoperators ist im zeitkontinuierlichen Fall durch die Integralgleichung

$$L_{a_K}[x, y_{L0}](t) = \mathrm{e}^{-a_K(t-t_0)} y_{L0} + \int_{t_0}^{t} a_K \mathrm{e}^{-a_K(t-\tau)} x(\tau)\,\mathrm{d}\tau \tag{4.10}$$

gegeben. Zwischen den zwei Abtastzeitpunkten $(k\text{-}1)T_s$ und kT_s läßt sich diese Integralgleichung bei Ansteuerung mit einem Eingangssignal der Form (4.1) analytisch lösen [Föl90]. Daraus ergibt sich die lineare, zeitinvariante Differenzengleichung

$$y(k) = L(x(k-1), y(k-1), a_K) \tag{4.11}$$

mit

$$y(0) = y_{L0} \tag{4.12}$$

und

$$L(x(k), y(k), a_K) = y(k) + (1 - \mathrm{e}^{-a_K T_s})(x(k) - y(k))\,. \tag{4.13}$$

Die Lösung dieser Differenzengleichung definiert den zeitdiskreten elementaren Kriechoperator

$$y(k) = L_{a_K}[x, y_{L0}](k)\,. \tag{4.14}$$

4.1.4 Zeitdiskreter elementarer, schwellwertbehafteter Kriechoperator

Der elementare, schwellwertbehaftete Kriechoperator entspricht im zeitkontinuierlichen Fall der Lösung der Differentialgleichung

$$\frac{\mathrm{d}}{\mathrm{d}t} y(t) - a_K H(x(t) - y(t), 0, r_K) = 0 \tag{4.15}$$

mit der Anfangsbedingung $y(t_0) = y_{K0}$. Wird diese Differentialgleichung durch ein treppenförmiges Eingangssignal angeregt, läßt sich zwischen den zwei Abtastzeitpunkten $(k\text{-}1)T_s$ und kT_s folgende Fallunterscheidung treffen.

Zum Zeitpunkt $t = (k\text{-}1)T_s$ gelte $x((k\text{-}1)T_s) - y((k\text{-}1)T_s) \geq +r_K$. Daraus folgt zwischen den zwei Abtastzeitpunkten $(k\text{-}1)T_s$ und kT_s die Differentialgleichung

$$\frac{\mathrm{d}}{\mathrm{d}t} y(t) - a_K(x((k-1)T_s) - r_K - y(t)) = 0$$

mit

$$y_{K0} = y((k-1)T_s)\,.$$

Zum Zeitpunkt $t = (k\text{-}1)T_s$ gelte $-r_K \leq x((k\text{-}1)T_s) - y((k\text{-}1)T_s) \leq +r_K$. Zwischen den zwei Abtastzeitpunkten $(k\text{-}1)T_s$ und kT_s ergibt sich daraus die Differentialgleichung

$$\frac{\mathrm{d}}{\mathrm{d}t} y(t) = 0$$

mit

$$y_{K0} = y((k-1)T_s)\,.$$

Zum Zeitpunkt $t = (k\text{-}1)T_s$ gelte $x((k\text{-}1))T_s - y((k\text{-}1)T_s) \leq -r_K$. Das führt zwischen den zwei Abtastzeitpunkten $(k\text{-}1)T_s$ und kT_s zu der Differentialgleichung

$$\frac{\mathrm{d}}{\mathrm{d}t} y(t) - a_K (x((k-1)T_s) + r_K - y(t)) = 0$$

mit

$$y_{K0} = y((k-1)T_s).$$

Damit wird die Lösung der Differentialgleichung (4.15) zwischen zwei Abtastzeitpunkten auf die Lösungen linearer Differentialgleichungen zurückgeführt. Diese lassen sich analog zur Differentialgleichung des elementaren, linearen Kriechoperators im zeitkontinuierlichen Fall als Integralgleichungen darstellen und damit zwischen zwei Abtastzeitpunkten analytisch lösen. Aus dieser Vorgehensweise resultiert die nichtlineare, zeitinvariante Differenzengleichung

$$y(k) = K(x(k-1), y(k-1), r_K, a_K) \tag{4.16}$$

mit

$$y(0) = y_{K0} \tag{4.17}$$

und

$$K(x(k), y(k), r_K, a_K) = y(k) + (1 - \mathrm{e}^{-a_K T_s}) H(x(k) - y(k), 0, r_K). \tag{4.18}$$

Die Lösung dieser Differenzengleichung definiert den zeitdiskreten, elementaren, schwellwertbehafteten Kriechoperator

$$y(k) = K_{r_K a_K}[x, y_{K0}](k). \tag{4.19}$$

Sowohl der zeitdiskrete, elementare, lineare Kriechoperator als auch der zeitdiskrete, elementare, schwellwertbehaftete Kriechoperator approximieren damit ihre zeitkontinuierlichen Gegenstücke bei Ansteuerung mit einem treppenförmigen Eingangssignal konstanter Abtastschrittweite in den Abtastzeitpunkten exakt.

4.1.5 Berechnungsaufwand für die zeitdiskreten Elementaroperatoren

Tabelle 4.1 zeigt die Anzahl der Rechenoperationen, die zur Berechnung des Ausgangssignalwertes der jeweiligen Elementaroperatoren benötigt werden.

Operator	Addition	Multiplikation	Vergleich
I	0	0	0
S_{r_S}	1	0	3
H_{r_H}	2	0	2
L_{a_K}	2	1	0
$K_{r_K a_K}$	4	1	2

Tabelle 4.1: Berechnungsaufwand für die zeitdiskreten Elementaroperatoren

Der Identitätsoperator bildet das Eingangssignal auf sich selbst ab und benötigt daher keine Rechenoperation. Bei dem einseitigen Totzoneoperator wird durch zwei Vergleiche entschieden, ob der Schwellwert kleiner oder größer Null ist. Danach erfolgt noch eine Addition und ein Vergleich zur Minimum- bzw. Maximumbestimmung. Die Berechnung des Ausgangswertes des Playoperators erfordert zwei Additionen und zwei Vergleiche zur Minimum- und der nachfolgenden Maximumbestimmung. Zur Berechnung des Ausgangswertes des elementaren, linearen Kriechoperators genügen zwei Additionen und eine Multiplikation, da der Faktor $1\text{-}\exp(-a_K T_s)$ vorab bestimmt werden kann. Der Rechenaufwand für den elementaren, schwellwertbehafteten Kriechoperator ergibt sich aus der Summe der Berechnungsschritte für den Playoperator und den elementaren, linearen Kriechoperator.

4.2 Zeitdiskrete Prandtl-Ishlinskii-Operatoren

Die Definition der zeit- und schwellwertdiskreten Prandtl-Ishlinskii-Operatoren erfolgt analog zum zeitkontinuierlichen Fall durch die lineare, gewichtete Überlagerung der entsprechenden zeitdiskreten Elementaroperatoren.

4.2.1 Zeitdiskreter Prandtl-Ishlinskii-Superpositionsoperator

Der zeit- und schwellwertdiskrete Prandtl-Ishlinskii-Superpositionsoperator wird in vektorieller Schreibweise durch

$$S[x](k) := \boldsymbol{w}_S^T \cdot \boldsymbol{S}_{r_S}[x](k) \tag{4.20}$$

definiert, wobei die Gewichte zu dem Gewichtevektor

$$\boldsymbol{w}_S^T = (w_{S-l} \,..\, w_{S-1} \;\; v_S \;\; w_{S1} \,..\, w_{Sl}),$$

die Schwellwerte zu dem Schwellwertevektor

$$\boldsymbol{r}_S^T = (r_{S-l} \,..\, r_{S-1} \; 0 \; r_{S1} \,..\, r_{Sl})$$

und die einseitigen Totzoneoperatoren und der Identitätsoperator zu dem Vektor

$$\boldsymbol{S}_{r_S}[x](k)^T = (S_{r_{S-l}}[x](k) \,..\, S_{r_{S-1}}[x](k) \;\; I[x](k) \;\; S_{r_{S1}}[x](k) \,..\, S_{r_{Sl}}[x](k))$$

zusammengefaßt sind.

Unter der Voraussetzung, daß die Komponenten des Schwellwertevektors $\boldsymbol{r}_S$ entsprechend den Bedingungen (3.43) und (3.44) geordnet und die Komponenten des Gewichtevektors $\boldsymbol{w}_S$ entsprechend der Bedingung (3.50) endlich sind, existiert unter Berücksichtigung der linearen Ungleichungsnebenbedingungen (3.51) und (3.52) für die Komponenten des Gewichtevektors $\boldsymbol{w}_S$ der inverse, zeit- und schwellwertdiskrete Prandtl-Ishlinskii-Superpositionsoperator

$$S^{-1}[y](k) := \boldsymbol{w}_S'^T \cdot \boldsymbol{S}_{r_S'}[y](k) \tag{4.21}$$

mit dem Gewichtevektor

$$\boldsymbol{w}_S'^T = (w'_{S-l} \,..\, w'_{S-1} \;\; v'_S \;\; w'_{S1} \,..\, w'_{Sl}),$$

dem Schwellwertevektor

$$\boldsymbol{r}_S'^T = (r_{S-l}' \,..\, r_{S-1}' \; 0 \; r_{S1}' \,..\, r_{Sl}')$$

und dem Vektor der einseitigen Totzoneoperatoren und des Identitätsoperators

$$\boldsymbol{S}_{\boldsymbol{r}_S'}[y](k)^T = (S_{r_{S-l}'}[y](k) \,..\, S_{r_{S-1}'}[y](k) \;\; I[y](k) \;\; S_{r_{S1}'}[y](k) \,..\, S_{r_{Sl}'}[y](k)) \,.$$

Die linearen Ungleichungsnebenbedingungen (3.51) und (3.52) lassen sich in vektorieller Schreibweise durch

$$\boldsymbol{U}_S \cdot \boldsymbol{w}_S - \boldsymbol{u}_S \geq \boldsymbol{o} \tag{4.22}$$

mit der Matrix

$$\boldsymbol{U}_S = \begin{pmatrix} 1 & \cdots & 1 & 1 & 0 & \cdots & 0 \\ \vdots & \ddots & \vdots & \vdots & \vdots & \iddots & \vdots \\ 0 & \cdots & 1 & 1 & 0 & \cdots & 0 \\ 0 & \cdots & 0 & 1 & 0 & \cdots & 0 \\ 0 & \cdots & 0 & 1 & 1 & \cdots & 0 \\ \vdots & \iddots & \vdots & \vdots & \vdots & \ddots & \vdots \\ 0 & \cdots & 0 & 1 & 1 & 1 & 1 \end{pmatrix}$$

und dem Vektor

$$\boldsymbol{u}_S^T = (\varepsilon \,..\varepsilon \;\; \varepsilon \;\; \varepsilon \,..\varepsilon)$$

darstellen. In der Ungleichung (4.22) beschreibt $\boldsymbol{o}$ den Nullvektor. $\varepsilon > 0$ ist eine untere Schranke, die dafür sorgt, daß die Ungleichungen, für die nach (3.51) und (3.52) ein striktes „größer als" gilt, durch ein „größer-gleich als" ersetzt werden können. Die Komponenten des Schwellwertevektors $\boldsymbol{r}_S'$ haben, den Bedingungen (3.71) und (3.72) entsprechend, dieselbe Reihenfolge wie die Komponenten des Schwellwertevektors $\boldsymbol{r}_S$. Die Komponenten des Gewichtevektors $\boldsymbol{w}_S'$ sind, der Bedingung (3.70) entsprechend, ebenfalls endlich und genügen den linearen Ungleichungsnebenbedingungen (3.68) und (3.69), die sich in vektorieller Schreibweise ebenfalls in der Form

$$\boldsymbol{U}_S \cdot \boldsymbol{w}_S' - \boldsymbol{u}_S \geq \boldsymbol{o} \tag{4.23}$$

darstellen lassen. Die Synthese des inversen, zeit- und schwellwertdiskreten Prandtl-Ishlinskii-Superpositionsoperators S^{-1} aus dem zeit- und schwellwertdiskreten Prandtl-Ishlinskii-Superpositionsoperator S erfolgt durch die Anwendung der Transformationsgleichungen (3.63) - (3.67) zwischen den Komponenten des Gewichtevektors $\boldsymbol{w}_S$ und des Schwellwertevektors $\boldsymbol{r}_S$ des schwellwertdiskreten Prandtl-Ishlinskii-Superpositionsoperators und den Komponenten des Gewichtevektors $\boldsymbol{w}_S'$ und des Schwellwertevektors $\boldsymbol{r}_S'$ des inversen, schwellwertdiskreten Prandtl-Ishlinskii-Superpositionsoperators. Im Hinblick auf eine kompaktere Darstellung der Transformationsbeziehungen wird im weiteren Verlauf für die Hintransformationsgleichungen (3.63) - (3.65) der Komponenten der Gewichtevektoren $\boldsymbol{w}_S$ und $\boldsymbol{w}_S'$ stellvertretend die vektorielle Notation

$$\boldsymbol{w}_S' = \boldsymbol{\Phi}_S(\boldsymbol{w}_S)$$

und für die Hintransformationsgleichungen (3.66) und (3.67) der Komponenten der Schwellwertevektoren $\boldsymbol{r}_S$ und $\boldsymbol{r}_S'$ stellvertretend die vektorielle Notation

$$\boldsymbol{r}_S' = \boldsymbol{\Psi}_S(\boldsymbol{w}_S, \boldsymbol{r}_S)$$

verwendet. Die Darstellung der Rücktransformationsgleichungen (3.79) - (3.83), die die Berechnung des zeit- und schwellwertdiskreten Prandtl-Ishlinskii-Superpositionsoperators aus dem inversen, zeit- und schwellwertdiskreten Prandtl-Ishlinskii-Superpositionsoperator erlauben, erfolgt dann analog zur vektoriellen Notation der Hintransformationsgleichungen durch

$$\boldsymbol{w}_S = \boldsymbol{\Phi}_S(\boldsymbol{w}_S')$$

und

$$\boldsymbol{r}_S = \boldsymbol{\Psi}_S(\boldsymbol{w}_S', \boldsymbol{r}_S').$$

Bild 4.1 zeigt den Zusammenhang zwischen einem invertierbaren, zeit- und schwellwertdiskreten Prandtl-Ishlinskii-Superpositionsoperator S und dem inversen, zeit- und schwellwertdiskreten Prandtl-Ishlinskii-Superpositionsoperator S^{-1} in vektorieller Notation.

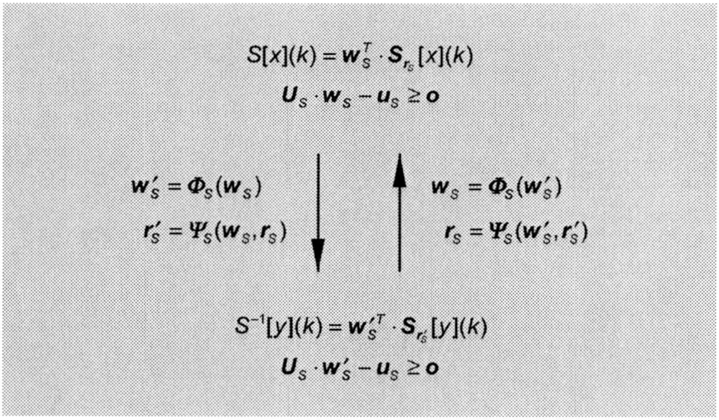

$$S[x](k) = \boldsymbol{w}_S^T \cdot \boldsymbol{S}_{r_S}[x](k)$$
$$\boldsymbol{U}_S \cdot \boldsymbol{w}_S - \boldsymbol{u}_S \geq \boldsymbol{o}$$

$$\boldsymbol{w}_S' = \boldsymbol{\Phi}_S(\boldsymbol{w}_S) \qquad \downarrow \qquad \uparrow \qquad \boldsymbol{w}_S = \boldsymbol{\Phi}_S(\boldsymbol{w}_S')$$
$$\boldsymbol{r}_S' = \boldsymbol{\Psi}_S(\boldsymbol{w}_S, \boldsymbol{r}_S) \qquad \qquad \boldsymbol{r}_S = \boldsymbol{\Psi}_S(\boldsymbol{w}_S', \boldsymbol{r}_S')$$

$$S^{-1}[y](k) = \boldsymbol{w}_S'^T \cdot \boldsymbol{S}_{r_S'}[y](k)$$
$$\boldsymbol{U}_S \cdot \boldsymbol{w}_S' - \boldsymbol{u}_S \geq \boldsymbol{o}$$

Bild 4.1: Zusammenhang zwischen einem invertierbaren, zeit- und schwellwertdiskreten Prandtl-Ishlinskii-Superpositionsoperator S und dem dazu inversen Operator S^{-1}

Durch die vektoriellen Schreibweise wird besonders deutlich, daß die Struktur des zeit- und schwellwertdiskreten Prandtl-Ishlinskii-Superpositionsoperators S bzw. des inversen, zeit- und schwellwertdiskreten Prandtl-Ishlinskii-Superpositionsoperators S^{-1} bei der Invertierung erhalten bleibt. Dies gilt aber nicht nur für die Operatoren selbst, sondern auch für die linearen Ungleichungsnebenbedingungen bezüglich der Gewichtevektoren, die zusammen mit der Forderung, daß alle Komponenten der Gewichtevektoren endlich und alle Komponenten der Schwellwertevektoren in der richtigen Reihenfolge angeordnet sein sollen, die Invertierbarkeit des zeit- und schwellwertdiskreten Prandtl-Ishlinskii-Superpositionsoperators bzw. des inversen, zeit- und schwellwertdiskreten Prandtl-Ishlinskii-Superpositionsoperators sichern.

Die Implementierung des zeit- und schwellwertdiskreten Prandtl-Ishlinskii-Superpositionsoperators auf einem Digitalrechner erfolgt anhand der zugrundeliegenden Differenzengleichung. Für den zeit- und schwellwertdiskreten Prandtl-Ishlinskii-Superpositionsoperator lautet diese

$$S[x](k) = \boldsymbol{w}_S^T \cdot \boldsymbol{S}(x(k), \boldsymbol{r}_S), \tag{4.24}$$

wobei die einseitigen Totzonefunktionen zu dem Vektor

$$\boldsymbol{S}(x(k), \boldsymbol{r}_S)^T = (S(x(k), r_{S-l}) .. S(x(k), r_{S-1}) \;\; I(x(k)) \;\; S(x(k), r_{S1}) .. S(x(k), r_{Sl}))$$

zusammengefaßt sind. Entsprechend lautet die Differenzengleichung für den inversen, zeit- und schwellwertdiskreten Prandtl-Ishlinskii-Superpositionsoperator

$$S^{-1}[y](k) = \boldsymbol{w}_S'^T \cdot \boldsymbol{S}(y(k), \boldsymbol{r}_S') \tag{4.25}$$

mit dem Vektor der einseitigen Totzonefunktionen

$$\boldsymbol{S}(y(k), \boldsymbol{r}_S')^T = (S(y(k), r_{S-l}') .. S(y(k), r_{S-1}') \;\; I(y(k)) \;\; S(y(k), r_{S1}') .. S(y(k), r_{Sl}')).$$

4.2.2 Zeitdiskreter Prandtl-Ishlinskii-Hystereseoperator

Der zeit- und schwellwertdiskrete Prandtl-Ishlinskii-Hystereseoperator wird in vektorieller Schreibweise durch

$$H[x](k) := \boldsymbol{w}_H^T \cdot \boldsymbol{H}_{r_H}[x, \boldsymbol{z}_{H0}](k), \tag{4.26}$$

definiert, wobei die Gewichte zu dem Gewichtevektor

$$\boldsymbol{w}_H^T = (v_H \;\; w_{H1} .. w_{Hn}),$$

die Schwellwerte zu dem Schwellwertevektor

$$\boldsymbol{r}_H^T = (0 \;\; r_{H1} .. r_{Hn}),$$

die Anfangswerte der Playoperatoren zu dem Vektor

$$\boldsymbol{z}_{H0}^T = (0 \; z_{H0}(r_{H1}) .. z_{H0}(r_{Hn}))$$

und die Playoperatoren sowie der Identitätsoperator zu dem Vektor

$$\boldsymbol{H}_{r_H}[x, \boldsymbol{z}_{H0}](k)^T = (I[x](k) \;\; H_{r_{H1}}[x, z_{H0}(r_{H1})](k) .. H_{r_{Hn}}[x, z_{H0}(r_{Hn})](k))$$

zusammengefaßt sind.

Wie im Falle des zeit- und schwellwertdiskreten Prandtl-Ishlinskii-Superpositionsoperators S existiert, unter der Voraussetzung, daß die Komponenten des Schwellwertevektors $\boldsymbol{r}_H$ entsprechend der Bedingung (3.139) geordnet und die Komponenten des Gewichtevektors $\boldsymbol{w}_H$ entsprechend der Bedingung (3.145) endlich sind, unter Berücksichtigung der linearen Ungleichungsnebenbedingungen (3.144) für die Komponenten des Gewichtevektors $\boldsymbol{w}_H$ der inverse, zeit- und schwellwertdiskrete Prandtl-Ishlinskii-Hystereseoperator H^{-1}. Die linearen Ungleichungsnebenbedingungen (3.144) lassen sich in vektorieller Schreibweise in der Form

$$\boldsymbol{U}_H \cdot \boldsymbol{w}_H - \boldsymbol{u}_H \geq \boldsymbol{o} \tag{4.27}$$

mit der Matrix

$$\boldsymbol{U}_H = \begin{pmatrix} 1 & 0 & \cdots & 0 \\ 0 & 1 & \cdots & 0 \\ \vdots & \vdots & \ddots & \vdots \\ 0 & 0 & \cdots & 1 \end{pmatrix}$$

und dem Vektor

$$\boldsymbol{u}_H^T = (\varepsilon \;\; 0 \, .. \, 0)$$

darstellen. Der inverse, zeit- und schwellwertdiskrete Prandtl-Ishlinskii-Hystereseoperator lautet in vektorieller Schreibweise

$$H^{-1}[y](k) := \boldsymbol{w}_H'^T \cdot \boldsymbol{H}_{r_H'}[y](k)\,, \tag{4.28}$$

wobei die Gewichte wieder zu dem Gewichtevektor

$$\boldsymbol{w}_H'^T = (v_H' \;\; w_{H1}' \, .. \, w_{Hn}')\,,$$

die Schwellwerte zu dem Schwellwertevektor

$$\boldsymbol{r}_H'^T = (0 \;\; r_{H1}' \, .. \, r_{Hn}')\,,$$

die Anfangswerte der Playoperatoren zu dem Vektor

$$\boldsymbol{z}_{H0}'^T = (0 \; z_{H0}'(r_{H1}') \, .. \, z_{H0}'(r_{Hn}'))$$

und die Playoperatoren sowie der Identitätsoperator zu dem Vektor

$$\boldsymbol{H}_{r_H'}[y, \boldsymbol{z}_{H0}'](k)^T = (I[y](k) \;\;\; H_{r_{H1}'}[y, z_{H0}'(r_{H1}')](k) \, .. \, H_{r_{Hn}'}[y, z_{H0}'(r_{Hn}')](k))$$

zusammengefaßt sind.

In der Ungleichung (4.27) beschreibt $\varepsilon > 0$ wieder eine untere Schranke, die dafür sorgt, daß die Ungleichung, für die nach (3.144) ein striktes „größer als" gilt, durch ein „größer-gleich als" ersetzt werden kann. Die Komponenten des Schwellwertevektors $\boldsymbol{r}_H'$ haben, den Bedingungen (3.159) entsprechend, dieselbe Reihenfolge wie die Komponenten des Schwellwertevektors $\boldsymbol{r}_H$. Die Komponenten des Gewichtevektors $\boldsymbol{w}_H'$ sind, der Bedingung (3.158) entsprechend, ebenfalls endlich und genügen den linearen Ungleichungsnebenbedingungen (3.157), die sich in vektoriell durch

$$\boldsymbol{U}'_H \cdot \boldsymbol{w}'_H - \boldsymbol{u}_H \geq \boldsymbol{o} \tag{4.29}$$

mit der Matrix

$$\boldsymbol{U}'_H = \begin{pmatrix} 1 & 0 & \cdots & 0 \\ 0 & -1 & \cdots & 0 \\ \vdots & \vdots & \ddots & \vdots \\ 0 & 0 & \cdots & -1 \end{pmatrix}$$

ausdrücken lassen.

Die Synthese des inversen, zeit- und schwellwertdiskreten Prandtl-Ishlinskii-Hystereseoperators H^{-1} aus dem zeit- und schwellwertdiskreten Prandtl-Ishlinskii-Hystereseoperator H erfolgt durch die Anwendung der Transformationsgleichungen (3.152) und (3.154) - (3.156) zwischen den Komponenten des Gewichtevektors $\boldsymbol{w}_H$, des Schwellwertevektors $\boldsymbol{r}_H$ und des Anfangswertevektors $\boldsymbol{z}_{H0}$ des schwellwertdiskreten Prandtl-Ishlinskii-Hystereseoperators und den Komponenten des Gewichtevektors $\boldsymbol{w}_H'$, des Schwellwertevektors $\boldsymbol{r}_H'$ und des Anfangswertevektors $\boldsymbol{z}_{H0}'$ des inversen, schwellwertdiskreten Prandtl-Ishlinskii-Hystereseoperators. Im Hinblick auf eine kompaktere Darstellung der Transformationsbeziehungen wird analog zur Vorgehensweise bei dem zeit- und schwellwertdiskreten Prandtl-Ishlinskii-Superpositionsoperator S für die Hintransformationsgleichungen (3.154) und (3.155) der Komponenten der Gewichtevektoren $\boldsymbol{w}_H$ und $\boldsymbol{w}_H'$, für die Hintransformationsgleichungen (3.152) der Komponenten der Schwellwertevektoren $\boldsymbol{r}_H$ und $\boldsymbol{r}_H'$ sowie für die Hintransformationsgleichungen (3.156) der Komponenten der Anfangswertevektoren $\boldsymbol{z}_{H0}$ und $\boldsymbol{z}_{H0}'$ stellvertretend die vektorielle Notation

$$\boldsymbol{w}'_H = \boldsymbol{\Phi}_H(\boldsymbol{w}_H),$$

$$\boldsymbol{r}'_H = \boldsymbol{\Psi}_H(\boldsymbol{w}_H, \boldsymbol{r}_H)$$

und

$$\boldsymbol{z}'_{H0} = \boldsymbol{\Theta}_H(\boldsymbol{w}_H, \boldsymbol{z}_{H0})$$

verwendet. Die Darstellung der Rücktransformationsgleichungen (3.163) - (3.166) erfolgt dann analog zur vektoriellen Notation der Hintransformationsgleichungen durch

$$\boldsymbol{w}_H = \boldsymbol{\Phi}_H(\boldsymbol{w}'_H),$$

$$\boldsymbol{r}_H = \boldsymbol{\Psi}_H(\boldsymbol{w}'_H, \boldsymbol{r}'_H)$$

und

$$\boldsymbol{z}_{H0} = \boldsymbol{\Theta}_H(\boldsymbol{w}'_H, \boldsymbol{z}'_{H0}).$$

Bild 4.2 zeigt den Zusammenhang zwischen einem invertierbaren, zeit- und schwellwertdiskreten Prandtl-Ishlinskii-Hystereseoperator H und dem inversen, zeit- und schwellwertdiskreten Prandtl-Ishlinskii-Hystereseoperator H^{-1} in vektorieller Notation. Auch in diesem Fall zeigt die vektorielle Schreibweise besonders deutlich, daß die Struktur des zeit- und schwellwertdiskreten Prandtl-Ishlinskii-Hystereseoperators bzw. des inversen, zeit- und schwellwertdiskreten Prandtl-Ishlinskii-Hystereseoperators bei der Invertierung erhalten bleibt. Dies gilt ebenfalls für die lineare Struktur der Ungleichungsnebenbedingungen bezüglich der Gewichtevektoren, die zusammen mit der Forderung, daß alle Komponenten der Gewichtevektoren endlich und alle Komponenten der Schwellwertevektoren in der richtigen Reihenfolge angeordnet sein sollen, die Invertierbarkeit des zeit- und schwellwertdiskreten Prandtl-Ishlinskii-Hystereseoperators H bzw. des inversen, zeit- und schwellwertdiskreten Prandtl-Ishlinskii-Hystereseoperators H^{-1} sichern.

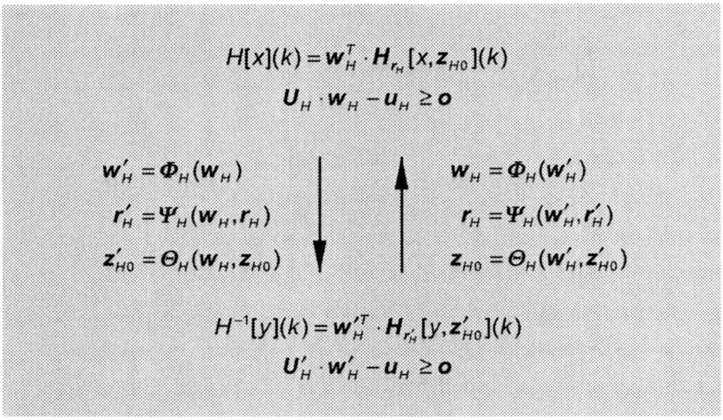

$$H[x](k) = \boldsymbol{w}_H^T \cdot \boldsymbol{H}_{r_H}[x, \boldsymbol{z}_{H0}](k)$$
$$\boldsymbol{U}_H \cdot \boldsymbol{w}_H - \boldsymbol{u}_H \geq \boldsymbol{o}$$

$$\boldsymbol{w}'_H = \boldsymbol{\Phi}_H(\boldsymbol{w}_H) \qquad \boldsymbol{w}_H = \boldsymbol{\Phi}_H(\boldsymbol{w}'_H)$$
$$\boldsymbol{r}'_H = \boldsymbol{\Psi}_H(\boldsymbol{w}_H, \boldsymbol{r}_H) \qquad \boldsymbol{r}_H = \boldsymbol{\Psi}_H(\boldsymbol{w}'_H, \boldsymbol{r}'_H)$$
$$\boldsymbol{z}'_{H0} = \boldsymbol{\Theta}_H(\boldsymbol{w}_H, \boldsymbol{z}_{H0}) \qquad \boldsymbol{z}_{H0} = \boldsymbol{\Theta}_H(\boldsymbol{w}'_H, \boldsymbol{z}'_{H0})$$

$$H^{-1}[y](k) = \boldsymbol{w}'^T_H \cdot \boldsymbol{H}_{r'_H}[y, \boldsymbol{z}'_{H0}](k)$$
$$\boldsymbol{U}'_H \cdot \boldsymbol{w}'_H - \boldsymbol{u}_H \geq \boldsymbol{o}$$

Bild 4.2: Zusammenhang zwischen einem invertierbaren, zeit- und schwellwertdiskreten Prandtl-Ishlinskii-Hystereseoperator H und dem dazu inversen Operator H^{-1}

Das zur prozessorbasierten Realisierung des zeit- und schwellwertdiskreten Prandtl-Ishlinskii-Hystereseoperators benötigte Differenzengleichungssystem lautet

$$\begin{aligned} H[x](k) &= \boldsymbol{w}_H^T \cdot \boldsymbol{z}_H(k) \\ \boldsymbol{z}_H(k) &= \boldsymbol{H}(x(k), \boldsymbol{z}_H(k-1), \boldsymbol{r}_H) \\ \boldsymbol{z}_H(0) &= \boldsymbol{H}(x(0), \boldsymbol{z}_{H0}, \boldsymbol{r}_H), \end{aligned} \tag{4.30}$$

wobei die Zustände zu einem Zustandsvektor

$$\boldsymbol{z}_H(k)^T = (z_H(k,0) \;\; z_H(k, r_{H1}) \ldots z_H(k, r_{Hn}))$$

und die gleitenden symmetrischen Totzonefunktionen zu dem Vektor

$$\boldsymbol{H}(x(k), \boldsymbol{z}_H(k), \boldsymbol{r}_H)^T = (I(x(k)) \;\; H(x(k), z_H(k, r_{H1}), r_{H1}) \ldots H(x(k), z_H(k, r_{Hn}), r_{Hn})),$$

zusammengefaßt sind. Entsprechend lautet das Differenzengleichungssystem des inversen, zeit- und schwellwertdiskreten Prandtl-Ishlinskii-Hystereseoperators

$$H^{-1}[y](k) = \boldsymbol{w}_H'^T \cdot \boldsymbol{z}_H'(k)$$

$$\boldsymbol{z}_H'(k) = \boldsymbol{H}(y(k), \boldsymbol{z}_H'(k-1), \boldsymbol{r}_H') \tag{4.31}$$

$$\boldsymbol{z}_H'(0) = \boldsymbol{H}(y(0), \boldsymbol{z}_{H0}', \boldsymbol{r}_H')$$

mit dem Zustandsvektor

$$\boldsymbol{z}_H'(k)^T = (z_H'(k,0) \;\; z_H'(k, r_{H1}') \, .. \, z_H'(k, r_{Hn}'))$$

und dem Vektor der gleitenden symmetrischen Totzonefunktionen

$$\boldsymbol{H}(y(k), \boldsymbol{z}_H'(k), \boldsymbol{r}_H')^T = (I(y(k)) \;\; H(y(k), z_H'(k, r_{H1}'), r_{H1}') \, .. \, H(y(k), z_H'(k, r_{Hn}'), r_{Hn}')) \, .$$

4.2.3 Zeitdiskreter Prandtl-Ishlinskii-Kriechoperator

Der zeit- und schwellwertdiskrete Prandtl-Ishlinskii-Kriechoperator K läßt sich in vektorieller Schreibweise durch

$$K[x](k) := \boldsymbol{w}_K^T \cdot \boldsymbol{K}_{\boldsymbol{r}_K \boldsymbol{a}_K}[x, \boldsymbol{Z}_{K0}](k) \cdot \boldsymbol{i} \tag{4.32}$$

definieren, wobei in diesem Fall die Gewichte zu dem Gewichtevektor

$$\boldsymbol{w}_K^T = (v_K \;\; w_{K1} \, .. \, w_{Kn}) \, ,$$

die Schwellwerte zu dem Schwellwertevektor

$$\boldsymbol{r}_K^T = (0 \;\; r_{K1} \, .. \, r_{Kn}) \, ,$$

die Kriecheigenwerte zu dem Kriecheigenwertevektor

$$\boldsymbol{a}_K^T = (a_{K1} \, .. \, a_{Km}) \, ,$$

die Anfangswerte der elementaren Kriechoperatoren zu der Matrix

$$\boldsymbol{Z}_{K0} = \begin{pmatrix} z_{L0}(a_{K1}) & \cdots & z_{L0}(a_{Km}) \\ z_{K0}(r_{K1}, a_{K1}) & \cdots & z_{K0}(r_{K1}, a_{Km}) \\ \vdots & \ddots & \vdots \\ z_{K0}(r_{Kn}, a_{K1}) & \cdots & z_{K0}(r_{Kn}, a_{Km}) \end{pmatrix}$$

und die elementaren Kriechoperatoren zu der Matrix

$$\boldsymbol{K}_{\boldsymbol{r}_K \boldsymbol{a}_K}[x, \boldsymbol{Z}_{K0}](k) = \begin{pmatrix} L_{a_{K1}}[x, z_{L0}(a_{K1})](k) & \cdots & L_{a_{Km}}[x, z_{L0}(a_{Km})](k) \\ K_{r_{K1} a_{K1}}[x, z_{K0}(r_{K1}, a_{K1})](k) & \cdots & K_{r_{K1} a_{Km}}[x, z_{K0}(r_{K1}, a_{Km})](k) \\ \vdots & \ddots & \vdots \\ K_{r_{Kn} a_{K1}}[x, z_{K0}(r_{Kn}, a_{K1})](k) & \cdots & K_{r_{Kn} a_{Km}}[x, z_{K0}(r_{Kn}, a_{Km})](k) \end{pmatrix}$$

zusammengefaßt sind. Hierbei steht $\boldsymbol{i}$ für den Einheitsvektor. Die Nebenbedingungen (3.188) der Komponenten des Gewichtevektors $\boldsymbol{w}_K$ des schwellwertdiskreten Prandtl-Ishlinskii-Kriechoperators lassen sich vektoriell durch

$$\boldsymbol{U}_K \cdot \boldsymbol{w}_K - \boldsymbol{u}_K \geq \boldsymbol{o} \tag{4.33}$$

mit der Matrix

$$\boldsymbol{U}_K = \begin{pmatrix} 1 & 0 & \cdots & 0 \\ 0 & 1 & \cdots & 0 \\ \vdots & \vdots & \ddots & \vdots \\ 0 & 0 & \cdots & 1 \end{pmatrix}$$

und dem Vektor

$$\boldsymbol{u}_K^T = (0\,0\,..\,0)$$

beschreiben. Das dem zeit- und schwellwertdiskreten Prandtl-Ishlinskii-Kriechoperator zugrundeliegende Differenzengleichungssystem lautet

$$\begin{gathered} K[x](k) = \boldsymbol{w}_K^T \cdot \boldsymbol{Z}_K(k) \cdot \boldsymbol{i} \\ \boldsymbol{Z}_K(k) = \boldsymbol{K}(x(k), \boldsymbol{Z}_K(k-1), \boldsymbol{r}_K, \boldsymbol{a}_K) \\ \boldsymbol{Z}_K(0) = \boldsymbol{Z}_{K0}, \end{gathered} \tag{4.34}$$

wobei die Zustände zu einer Zustandsmatrix

$$\boldsymbol{Z}_K(k) = \begin{pmatrix} z_L(k, a_{K1}) & \cdots & z_L(k, a_{Km}) \\ z_K(k, r_{K1}, a_{K1}) & \cdots & z_K(k, r_{K1}, a_{Km}) \\ \vdots & \ddots & \vdots \\ z_K(k, r_{Kn}, a_{K1}) & \cdots & z_K(k, r_{Kn}, a_{Km}) \end{pmatrix}$$

und die Funktionen L und K in (4.11) und (4.16) zu der Matrix

$$\boldsymbol{K}(x(k), \boldsymbol{Z}_K(k), \boldsymbol{r}_K, \boldsymbol{a}_K) =$$

$$\begin{pmatrix} L(x(k), z_L(k, a_{K1}), a_{K1}) & \cdots & L(x(k), z_L(k, a_{Km}), a_{Km}) \\ K(x(k), z_K(k, r_{K1}, a_{K1}), r_{K1}, a_{K1}) & \cdots & K(x(k), z_K(k, r_{K1}, a_{Km}), r_{K1}, a_{Km}) \\ \vdots & \ddots & \vdots \\ K(x(k), z_K(k, r_{Kn}, a_{K1}), r_{Kn}, a_{K1}) & \cdots & K(x(k), z_K(k, r_{Kn}, a_{Km}), r_{Kn}, a_{Km}) \end{pmatrix}$$

zusammengefaßt sind.

4.2.4 Berechnungsaufwand für die zeitdiskreten Prandtl-Ishlinskii-Operatoren

Tabelle 4.2 zeigt den Berechnungsaufwand in Abhängigkeit der Modellordnungen l, n und m für die verschiedenen Prandtl-Ishlinskii-Operatoren.

Operator	Addition	Multiplikation	Vergleich
S	$4l$	$2l + 1$	$6l$
S^{-1}	$4l$	$2l + 1$	$6l$
H	$3n$	$n + 1$	$2n$
H^{-1}	$3n$	$n + 1$	$2n$
K	$3m + 5nm - 1$	$nm + n + m + 1$	$2nm$

Tabelle 4.2: Berechnungsaufwand für die zeit- und schwellwertdiskreten Prandtl-Ishlinskii-Operatoren

Bei der Bestimmung der Anzahl der Rechenoperationen für die Berechnung des zeitdiskreten Prandtl-Ishlinskii-Kriechoperators K wurde bei der Berechnungsvorschrift (4.32) die Skalarmultiplikation mit dem Einheitsvektor durch eine einfache Summation der entsprechenden elementaren Kriechoperatoren ersetzt.

4.3 Zeitdiskreter modifizierter Prandtl-Ishlinskii-Kriech-Hystereseoperator

Aufbauend auf den zeitdiskreten Prandtl-Ishlinskii-Operatoren läßt sich der zeitdiskrete, modifizierte Prandtl-Ishlinskii-Kriech-Hystereseoperator Γ analog zum zeitkontinuierlichen Fall durch die lineare Überlagerung eines zeitdiskreten Prandtl-Ishlinskii-Hystereseoperators H und eines zeitdiskreten Prandtl-Ishlinskii-Kriechoperators K und einer nachfolgenden Verkettung mit einem zeitdiskreten Prandtl-Ishlinskii-Superpositionsoperator S definieren:

$$\Gamma[x](k) := S[H[x] + K[x]](k)\,. \tag{4.35}$$

Der zeitdiskrete, modifizierte Prandtl-Ishlinskii-Kriech-Hystereseoperator Γ lautet in vektorieller Schreibweise

$$\Gamma[x](k) := \boldsymbol{w}_S^T \cdot \boldsymbol{S}_{r_S}[\boldsymbol{w}_H^T \cdot \boldsymbol{H}_{r_H}[x, \boldsymbol{z}_{H0}] + \boldsymbol{w}_K^T \cdot \boldsymbol{K}_{r_K a_K}[x, \boldsymbol{Z}_{K0}] \cdot \boldsymbol{i}](k)\,. \tag{4.36}$$

Das dem zeitdiskreten, modifizierten Prandtl-Ishlinskii-Kriech-Hystereseoperator Γ zugrundeliegende Differenzengleichungssystem ergibt sich aus der Kombination der Differenzengleichungssysteme des zeitdiskreten Prandtl-Ishlinskii-Superpositionsoperators S, des zeitdiskreten Prandtl-Ishlinskii-Hystereseoperators H und des zeitdiskreten Prandtl-Ishlinskii-Kriechoperators K entsprechend der Definitionsgleichung (4.36) zu

$$\begin{aligned} \Gamma[x](k) &= \boldsymbol{w}_S^T \cdot \boldsymbol{S}(\boldsymbol{w}_H^T \cdot \boldsymbol{z}_H(k) + \boldsymbol{w}_K^T \cdot \boldsymbol{Z}_K(k) \cdot \boldsymbol{i}, \boldsymbol{r}_S) \\ \boldsymbol{z}_H(k) &= \boldsymbol{H}(x(k), \boldsymbol{z}_H(k-1), \boldsymbol{r}_H) \\ \boldsymbol{Z}_K(k) &= \boldsymbol{K}(x(k-1), \boldsymbol{Z}_K(k-1), \boldsymbol{r}_K, \boldsymbol{a}_K) \end{aligned} \tag{4.37}$$

$$z_H(0) = \boldsymbol{H}(x(0), z_{H0}, \boldsymbol{r}_H)$$

$$\boldsymbol{Z}_K(0) = \boldsymbol{Z}_{K0}\,.$$

Der inverse, zeitdiskrete, modifizierte Prandtl-Ishlinskii-Kriech-Hystereseoperator Γ^{-1} ist analog zum zeitkontinuierlichen Fall durch die Lösung der impliziten, zeitdiskreten Operatorgleichung

$$x(k) = H^{-1}[S^{-1}[y] - K[x]](k) \tag{4.38}$$

gegeben, die in vektorieller Form durch

$$x(k) = \boldsymbol{w}_H'^T \cdot \boldsymbol{H}_{\boldsymbol{r}_H'}[\boldsymbol{w}_S'^T \cdot \boldsymbol{S}_{\boldsymbol{r}_S'}[y] - \boldsymbol{w}_K^T \cdot \boldsymbol{K}_{\boldsymbol{r}_K \boldsymbol{a}_K}[x, \boldsymbol{Z}_{K0}] \cdot \boldsymbol{i}, \boldsymbol{z}_{H0}'](k) \tag{4.39}$$

beschrieben und im Gegensatz zum zeitkontinuierlichen Fall rekursiv berechnen werden kann. Das läßt sich mit Hilfe des Differenzengleichungssystems des inversen, zeitdiskreten, modifizierten Prandtl-Ishlinskii-Kriech-Hystereseoperators Γ^{-1} zeigen. Das Differenzengleichungssystem ergibt sich aus der Kombination der Differenzengleichungssysteme des inversen, zeitdiskreten Prandtl-Ishlinskii-Superpositionsoperators S^{-1} und des inversen, zeitdiskreten Prandtl-Ishlinskii-Hystereseoperators H^{-1} sowie des zeitdiskreten Prandtl-Ishlinskii-Kriechoperators K entsprechend der Operatorgleichung (4.39) zu

$$x(k) = \boldsymbol{w}_H'^T \cdot \boldsymbol{z}_H'(k)$$

$$\boldsymbol{z}_H'(k) = \boldsymbol{H}(\boldsymbol{w}_S'^T \cdot \boldsymbol{S}(y(k), \boldsymbol{r}_S') - \boldsymbol{w}_K^T \cdot \boldsymbol{Z}_K(k) \cdot \boldsymbol{i}, \boldsymbol{z}_H'(k-1), \boldsymbol{r}_H')$$

$$\boldsymbol{Z}_K(k) = \boldsymbol{K}(x(k-1), \boldsymbol{Z}_K(k-1), \boldsymbol{r}_K, \boldsymbol{a}_K) \tag{4.40}$$

$$\boldsymbol{z}_H'(0) = \boldsymbol{H}(\boldsymbol{w}_S'^T \cdot \boldsymbol{S}(y(0), \boldsymbol{r}_S') - \boldsymbol{w}_K^T \cdot \boldsymbol{Z}_K(0) \cdot \boldsymbol{i}, \boldsymbol{z}_{H0}', \boldsymbol{r}_H')$$

$$\boldsymbol{Z}_K(0) = \boldsymbol{Z}_{K0}\,.$$

Aus dem Differenzengleichungssystem (4.40) geht hervor, daß der Signalwert $x(k)$ zum diskreten Zeitpunkt k nur von Signalwerten $x(n)$ zu diskreten Zeitpunkten $n < k$ abhängt. Das Differenzengleichungssystem des inversen, zeitdiskreten, modifizierten Prandtl-Ishlinskii-Kriech-Hystereseoperators Γ^{-1} läßt sich daher ausgehend von den Anfangswerten $\boldsymbol{z}'_{H0}$ und $\boldsymbol{Z}_{K0}$ der Gedächtnisse rekursiv und damit ohne Iterationsschritte für jedes vorgegebene zeitdiskrete Signal y eindeutig lösen. Daraus folgt die Existenz und Eindeutigkeit des inversen, zeitdiskreten, modifizierten Prandtl-Ishlinskii-Kriech-Hystereseoperators Γ^{-1}, sofern der in der Operatorgleichung (4.39) auftretende inverse, zeitdiskrete Prandtl-Ishlinskii-Hystereseoperator H^{-1} und der inverse, zeitdiskrete Prandtl-Ishlinskii-Superpositionsoperator S^{-1} explizit vorliegen. Unter der Voraussetzung, daß die Reihenfolgebedingungen (3.139) und (3.43) - (3.44) für die Schwellwerte und die Endlichkeitsbedingungen (3.145) und (3.50) für die Gewichte des zeitdiskreten Prandtl-Ishlinskii-Hystereseoperators H und des zeitdiskreten Prandtl-Ishlinskii-Superpositionsoperators S erfüllt sind, kann, wie in Bild 4.3 gezeigt, durch die Berücksichtigung der linearen Ungleichungsnebenbedingungen (4.27) und (4.22) die Existenz des inversen, zeitdiskreten Prandtl-Ishlinskii-Hystereseoperators H^{-1} und des inversen, zeitdiskreten Prandtl-Ishlinskii-Superpositionsoperators S^{-1} garantiert werden. Die explizite Berechnung der beiden inversen Operatoren kann dann durch Anwendung der in Bild 4.3 dargestellten Transformationsgleichungen

$$\boldsymbol{w}'_S = \boldsymbol{\Phi}_S(\boldsymbol{w}_S),$$

$$\boldsymbol{r}'_S = \boldsymbol{\Psi}_S(\boldsymbol{w}_S, \boldsymbol{r}_S)$$

und

$$\boldsymbol{w}'_H = \boldsymbol{\Phi}_H(\boldsymbol{w}_H),$$

$$\boldsymbol{r}'_H = \boldsymbol{\Psi}_H(\boldsymbol{w}_H, \boldsymbol{r}_H),$$

$$\boldsymbol{z}'_{H0} = \boldsymbol{\Theta}_H(\boldsymbol{w}_H, \boldsymbol{z}_{H0})$$

vorab, das heißt off-line erfolgen.

$$\Gamma[x](k) = \boldsymbol{w}_S^T \cdot \boldsymbol{S}_{r_S}[\boldsymbol{w}_H^T \cdot \boldsymbol{H}_{r_H}[x, \boldsymbol{z}_{H0}] + \boldsymbol{w}_K^T \cdot \boldsymbol{K}_{r_K a_K}[x, \boldsymbol{Z}_{K0}] \cdot \boldsymbol{i}](k)$$

$$\begin{pmatrix} \boldsymbol{U}_H & \boldsymbol{O} & \boldsymbol{O} \\ \boldsymbol{O} & \boldsymbol{U}_S & \boldsymbol{O} \\ \boldsymbol{O} & \boldsymbol{O} & \boldsymbol{U}_K \end{pmatrix} \cdot \begin{pmatrix} \boldsymbol{w}_H \\ \boldsymbol{w}_S \\ \boldsymbol{w}_K \end{pmatrix} - \begin{pmatrix} \boldsymbol{u}_H \\ \boldsymbol{u}_S \\ \boldsymbol{u}_K \end{pmatrix} \geq \begin{pmatrix} \boldsymbol{o} \\ \boldsymbol{o} \\ \boldsymbol{o} \end{pmatrix}$$

$$\begin{aligned} \boldsymbol{w}'_H &= \boldsymbol{\Phi}_H(\boldsymbol{w}_H) & \quad \boldsymbol{w}_H &= \boldsymbol{\Phi}_H(\boldsymbol{w}'_H) \\ \boldsymbol{r}'_H &= \boldsymbol{\Psi}_H(\boldsymbol{w}_H, \boldsymbol{r}_H) & \quad \boldsymbol{r}_H &= \boldsymbol{\Psi}_H(\boldsymbol{w}'_H, \boldsymbol{r}'_H) \\ \boldsymbol{z}'_{H0} &= \boldsymbol{\Theta}_H(\boldsymbol{w}_H, \boldsymbol{z}_{H0}) & \quad \boldsymbol{z}_{H0} &= \boldsymbol{\Theta}_H(\boldsymbol{w}'_H, \boldsymbol{z}'_{H0}) \\ \boldsymbol{w}'_S &= \boldsymbol{\Phi}_S(\boldsymbol{w}_S) & \quad \boldsymbol{w}_S &= \boldsymbol{\Phi}_S(\boldsymbol{w}'_S) \\ \boldsymbol{r}'_S &= \boldsymbol{\Psi}_S(\boldsymbol{w}_S, \boldsymbol{r}_S) & \quad \boldsymbol{r}_S &= \boldsymbol{\Psi}_S(\boldsymbol{w}'_S, \boldsymbol{r}'_S) \end{aligned}$$

$$\Gamma^{-1}[y](k) \Leftrightarrow x(k) = \boldsymbol{w}'^T_H \cdot \boldsymbol{H}_{r'_H}[\boldsymbol{w}'^T_S \cdot \boldsymbol{S}_{r'_S}[y] - \boldsymbol{w}_K^T \cdot \boldsymbol{K}_{r_K a_K}[x, \boldsymbol{Z}_{K0}] \cdot \boldsymbol{i}, \boldsymbol{z}'_{H0}](k)$$

$$\begin{pmatrix} \boldsymbol{U}'_H & \boldsymbol{O} & \boldsymbol{O} \\ \boldsymbol{O} & \boldsymbol{U}_S & \boldsymbol{O} \\ \boldsymbol{O} & \boldsymbol{O} & \boldsymbol{U}_K \end{pmatrix} \cdot \begin{pmatrix} \boldsymbol{w}'_H \\ \boldsymbol{w}'_S \\ \boldsymbol{w}_K \end{pmatrix} - \begin{pmatrix} \boldsymbol{u}_H \\ \boldsymbol{u}_S \\ \boldsymbol{u}_K \end{pmatrix} \geq \begin{pmatrix} \boldsymbol{o} \\ \boldsymbol{o} \\ \boldsymbol{o} \end{pmatrix}$$

Bild 4.3 Zusammenhang zwischen einem invertierbaren, zeitdiskreten, modifizierten Prandtl-Ishlinskii-Kriech-Hystereseoperator Γ und dem dazu inversen Operator Γ^{-1}

Die Operatorgleichung (4.39) beinhaltet die Rückkopplung des zeitdiskreten Prandtl-Ishlinskii-Kriechoperators auf den inversen, zeitdiskreten Prandtl-Ishlinskii-Hystereseoperator. Diese Rückkopplung kann grundsätzlich Instabilitäten im Übertragungsverhalten des inversen, zeitdiskreten, modifizierten Prandtl-Ishlinskii-Kriech-Hystereseoperators Γ^{-1} verursachen, so daß durch das Differenzengleichungssystem (4.40) zwar auf die Existenz und Eindeutigkeit der Lösung geschlossen werden kann, eine Aussage über das Verhalten der Lösung aber ohne weitergehende Betrachtungen nicht möglich ist. Unter der Voraussetzung, daß die Schwellwerte des Prandtl-Ishlinskii-Kriechoperators K entsprechend der Bedingung (3.186) angeordnet sind und die Gewichte den Bedingungen (3.189) und (4.33) genügen, wird im Anhang A gezeigt, daß für alle, gemäß der Maximumnorm

$$\| y \|_{\infty} := \max_{0 \le k \le N} \{ | y(k) | \} < \infty \tag{4.41}$$

beschränkten Folgen y mit $y(k) \in \Re$ und $0 \le k \le N < \infty$, der inverse, zeitdiskrete, modifizierte Prandtl-Ishlinskii-Kriech-Hystereseoperator Γ^{-1} Lipschitz-stetig ist und damit die Eigenschaft

$$\| \Gamma^{-1}[y_2] - \Gamma^{-1}[y_1] \|_{\infty} \le L_{\Gamma^{-1}} \| y_2 - y_1 \|_{\infty} \tag{4.42}$$

mit der Lipschitzkonstante

$$L_{\Gamma^{-1}} < \infty$$

aufweist. Ist $y_1(k) = 0$ für alle $0 \le k \le N$ und sind die Anfangswerte des inversen, zeitdiskreten Prandtl-Ishlinskii-Hystereseoperators H^{-1} sowie die Anfangswerte des zeitdiskreten Prandtl-Ishlinskii-Kriechoperators K gleich Null, dann folgt aus (4.42)

$$\| \Gamma^{-1}[y] \|_{\infty} \le L_{\Gamma^{-1}} \| y \|_{\infty} . \tag{4.43}$$

Das bedeuted, daß alle Ausgangsfolgen $\Gamma^{-1}[y]$, die durch Anregung des inversen, zeitdiskreten, modifizierten Prandtl-Ishlinskii-Kriech-Hystereseoperator mit einer beliebigen, gemäß (4.41) beschränkten Eingangsfolge y entstehen, ebenfalls gemäß (4.41) beschränkt sind. Diese Eigenschaft kann als $L_{\infty}(0,N)$-Stabilität des inversen, zeitdiskreten, modifizierten Prandtl-Ishlinskii-Kriech-Hystereseoperators auf der Menge $L_{\infty}(0,N)$ der beschränkten Folgen bezeichnet werden.

4.3.1 Berechnungsaufwand für den zeitdiskreten modifizierten Prandtl-Ishlinskii-Kriech-Hystereseoperator

Tabelle 4.3 zeigt in der ersten Zeile die Anzahl der Rechenoperationen in Abhängigkeit der Modellordnungen der Prandtl-Ishlinskii-Operatoren l, n und m, die bei Vorgabe eines Eingangssignalwertes $x(k)$ zur Berechnung des Ausgangssignalwertes $y(k)$ des zeitdiskreten, modifizierten Prandtl-Ishlinskii-Kriech-Hystereseoperators benötigt werden.

Operator	Addition	Multiplikation	Vergleich
Γ	$4l + 3n + 3m + 5nm$	$2l + 2n + nm + m + 2$	$6l + 2n + 2nm$
Γ^{-1}	$4l + 3n + 3m + 5nm$	$2l + 2n + nm + m + 2$	$6l + 2n + 2nm$

Tabelle 4.3: Berechnungsaufwand für den zeitdiskreten, modifizierten Prandtl-Ishlinskii-Kriech-Hystereseoperator Γ und für den dazu inversen Operator Γ^{-1}

In der zweiten Zeile der Tabelle 4.3 wird entsprechend in Abhängigkeit der Modellordnungen *l*, *n* und *m* die Anzahl der Rechenoperationen aufgeführt, die bei Vorgabe eines Eingangssignalwertes $y(k)$ zur Berechnung des Ausgangssignalwertes $x(k)$ des inversen, zeitdiskreten, modifizierten Prandtl-Ishlinskii-Kriech-Hystereseoperators benötigt werden.

Die Anzahl der Rechenoperationen zur Berechnung des Ausgangssignalwertes des inversen, zeitdiskreten, modifizierten Prandtl-Ishlinskii-Kriech-Hystereseoperators Γ^{-1} ist dabei genau so groß wie die Anzahl der Rechenoperationen zur Berechnung des Ausgangssignalwertes des modifizierten Prandtl-Ishlinskii-Kriech-Hystereseoperators Γ. Diese Anzahl der Rechenoperationen kann in beiden Fällen in Abhängigkeit der Modellordnungen vorab bestimmt werden und ist zudem unabhängig vom momentanen Systemzustand. Damit ist sowohl der zeitdiskrete, modifizierte Prandtl-Ishlinskii-Kriech-Hystereseoperator Γ als auch der inverse, zeitdiskrete, modifizierte Prandtl-Ishlinskii-Kriech-Hystereseoperators Γ^{-1} im Rahmen der zu Beginn dieses Kapitels eingeführten Definition echtzeitfähig.

4.4 Robuste Synthese operatorbasierter Modelle und Kompensatoren

Bild 4.3 zeigt, wie ausgehend von einem invertierbaren, zeitdiskreten, modifizierten Prandtl-Ishlinskii-Kriech-Hystereseoperator Γ der entsprechende inverse, zeitdiskrete, modifizierte Prandtl-Ishlinskii-Kriech-Hystereseoperator Γ^{-1} zur Echtzeitkompensation von simultan auftretenden Hysterese-, Kriech- und Sättigungseffekten durch Anwendung der entsprechenden Transformationsgleichungen für die Gewichte und Schwellwerte des Prandtl-Ishlinskii-Superpositionsoperators S und für die Gewichte, Schwellwerte und Anfangswerte des Prandtl-Ishlinskii-Hystereseoperators H gebildet werden kann. Dies setzt allerdings voraus, daß für ein gegebenes hysterese-, kriech- und sättigungsbehaftetes Ausgang-Eingang-Übertragungssystem der invertierbare, zeitdiskrete, modifizierte Prandtl-Ishlinskii-Kriech-Hystereseoperator Γ vorliegt. Die rechnergestütze Synthese eines invertierbaren, zeitdiskreten, modifizierten Prandtl-Ishlinskii-Kriech-Hystereseoperators Γ bzw. eines entsprechenden inversen, zeitdiskreten, modifizierten Prandtl-Ishlinskii-Kriech-Hystereseoperators Γ^{-1} aus Meßdaten des Ausgang-Eingang-Übertragungsverhaltens beinhaltet neben der Festlegung der Modellstruktur und Modellordnung die Bestimmung konkreter Werte für die Modellparameter. Dies sind für den zeitdiskreten, modifizierten Prandtl-Ishlinskii-Kriech-Hystereseoperator Γ die Schwellwerte $\boldsymbol{r}_H$ und die Gewichte $\boldsymbol{w}_H$ des Prandtl-Ishlinskii-Hystereseoperators H, die Schwellwerte $\boldsymbol{r}_K$, die Kriecheigenwerte $\boldsymbol{a}_K$ sowie die Gewichte $\boldsymbol{w}_K$ des Prandtl-Ishlinskii-Kriechoperators K und die Schwellwerte $\boldsymbol{r}_S$ sowie die Gewichte $\boldsymbol{w}_S$ des Prandtl-Ishlinskii-Superpositionsoperators S. Für den inversen, zeitdiskreten, modifizierten Prandtl-Ishlinskii-Kriech-Hystereseoperator Γ^{-1} hingegen sind dies die Schwellwerte $\boldsymbol{r}_H'$ und die Gewichte $\boldsymbol{w}_H'$ des inversen Prandtl-Ishlinskii-Hystereseoperators H^{-1}, die Schwellwerte $\boldsymbol{r}_K$, die Kriecheigenwerte $\boldsymbol{a}_K$ sowie die Gewichte $\boldsymbol{w}_K$ des Prandtl-Ishlinskii-Kriechoperators K und die Schwellwerte $\boldsymbol{r}_S'$ sowie die Gewichte $\boldsymbol{w}_S'$ des inversen Prandtl-Ishlinskii-Superpositionsoperators S^{-1}. Die Synthese des Modells bzw. des Kompensators gliedert sich in drei Schritte.

4.4.1 Bestimmung der Schwellwerte

Im ersten Schritt werden die Schwellwerte $\boldsymbol{r}_H$ des Prandtl-Ishlinskii-Hystereseoperators H und die Schwellwerte $\boldsymbol{r}_K$ sowie die Kriecheigenwerte $\boldsymbol{a}_K$ des Prandtl-Ishlinskii-Kriechoperators K festgelegt. Außerdem werden die Schwellwerte $\boldsymbol{r}_S'$ des inversen Prandtl-Ishlinskii-Superpositionsoperators S^{-1} bestimmt. Zu diesem Zweck wird das reale System mit einem geeigneten Identifikationssignal angesteuert und das Betragsmaximum des Eingangssignals sowie das

Maximum und Minimum des Ausgangssignals bestimmt. Die Schwellwerte des Hysterese-, Kriech- und inversen Superpositionsoperators werden dann nach den Formeln

$$r_{Hi} = \frac{i}{n+1} \max_{0 \le k \le N} \{|x(k)|\} \quad ; \quad i = 1..n, \tag{4.44}$$

$$r_{Ki} = \frac{i}{n+1} \max_{0 \le k \le N} \{|x(k)|\} \quad ; \quad i = 1..n \tag{4.45}$$

und

$$r'_{Si} = \frac{(i-\frac{1}{2})}{l} \max_{0 \le k \le N} \{y(k)\} \quad ; \quad i = 1..l, \tag{4.46}$$

$$r'_{Si} = \frac{(i+\frac{1}{2})}{l} \min_{0 \le k \le N} \{y(k)\} \quad ; \quad i = -l..-1 \tag{4.47}$$

äquidistant über dem Eingangs- bzw. Ausgangsamplitudenbereich verteilt. Dadurch werden die Bedingungen (3.71), (3.72), (3.139) und (3.186) bezüglich der Reihenfolge der Schwellwerte automatisch erfüllt. Die Festlegung der Kriecheigenwerte erfolgt nach der Vorschrift (3.177)

$$a_{Kj} = \frac{1}{10^{j-1} T_s} \quad ; \quad j = 1..m .$$

4.4.2 Bestimmung der Gewichte

Im zweiten Schritt werden die Gewichte $\boldsymbol{w}_H$ des Prandtl-Ishlinskii-Hystereseoperators H, die Gewichte $\boldsymbol{w}_K$ des Prandtl-Ishlinskii-Kriechoperators K sowie die Gwichte $\boldsymbol{w}_S'$ des inversen Prandtl-Ishlinskii-Superpositionsoperators S^{-1} bestimmt. Zu diesem Zweck wird der zeitdiskrete, verallgemeinerte Fehleroperator durch

$$E[x,y](k) := H[x](k) - S^{-1}[y](k) + K[x](k) \tag{4.48}$$

bzw. in vektorieller Schreibweise durch

$$E[x,y](k) := \boldsymbol{w}_H^T \cdot \boldsymbol{H}_{r_H}[x, z_{H0}](k) - \boldsymbol{w}_S'^T \cdot \boldsymbol{S}_{r'_S}[y](k) + \boldsymbol{w}_K^T \cdot \boldsymbol{K}_{r_K a_K}[x, \boldsymbol{Z}_{K0}](k) \cdot \boldsymbol{i} \tag{4.49}$$

definiert. Das dem verallgemeinerten Fehleroperator zugrundeliegende Differenzengleichungssystem lautet dann

$$\begin{aligned}
E[x,y](k) &= \boldsymbol{w}_H^T \cdot \boldsymbol{z}_H(k) - \boldsymbol{w}_S'^T \cdot \boldsymbol{S}(y(k), \boldsymbol{r}'_S) + \boldsymbol{w}_K^T \cdot \boldsymbol{Z}_K(k) \cdot \boldsymbol{i} \\
\boldsymbol{z}_H(k) &= \boldsymbol{H}(x(k), \boldsymbol{z}_H(k-1), \boldsymbol{r}_H) \\
\boldsymbol{Z}_K(k) &= \boldsymbol{K}(x(k-1), \boldsymbol{Z}_K(k-1), \boldsymbol{r}_K, \boldsymbol{a}_K) \\
\boldsymbol{z}_H(0) &= \boldsymbol{H}(x(0), \boldsymbol{z}_{H0}, \boldsymbol{r}_H) \\
\boldsymbol{Z}_K(0) &= \boldsymbol{Z}_{K0} .
\end{aligned} \tag{4.50}$$

Ziel des zweiten Schrittes ist es, die Gewichte der Elementaroperatoren so zu bestimmen, daß die Summe der Quadrate des verallgemeinerten Fehlers minimiert wird. Der zweite Schritt beinhaltet damit die Lösung des quadratischen Optimierungsproblems

$$\min\{V(\boldsymbol{w}_H, \boldsymbol{w}'_S, \boldsymbol{w}_K) = \sum_{k=0}^{N} E[x,y](k)^2\} \tag{4.51}$$

mit

$$\sum_{k=0}^{N} E[x,y](k)^2 = \tag{4.52}$$

$$\begin{pmatrix} \boldsymbol{w}_H \\ \boldsymbol{w}'_S \\ \boldsymbol{w}_K \end{pmatrix}^T \cdot \sum_{k=0}^{N} \begin{pmatrix} \boldsymbol{z}_H(k)\boldsymbol{z}_H(k)^T & -\boldsymbol{z}_H(k)\boldsymbol{S}(y(k),\boldsymbol{r}'_S)^T & \boldsymbol{z}_H(k)\boldsymbol{i}^T \cdot \boldsymbol{Z}_K(k)^T \\ -\boldsymbol{S}(y(k),\boldsymbol{r}'_S)\boldsymbol{z}_H(k)^T & \boldsymbol{S}(y(k),\boldsymbol{r}'_S)\boldsymbol{S}(y(k),\boldsymbol{r}'_S)^T & -\boldsymbol{S}(y(k),\boldsymbol{r}'_S)\boldsymbol{i}^T \cdot \boldsymbol{Z}_K(k)^T \\ \boldsymbol{Z}_K(k)\cdot\boldsymbol{i}\,\boldsymbol{z}_H(k)^T & -\boldsymbol{Z}_K(k)\cdot\boldsymbol{i}\,\boldsymbol{S}(y(k),\boldsymbol{r}'_S)^T & \boldsymbol{Z}_K(k)\cdot\boldsymbol{i}\,\boldsymbol{i}^T\cdot\boldsymbol{Z}_K(k)^T \end{pmatrix} \cdot \begin{pmatrix} \boldsymbol{w}_H \\ \boldsymbol{w}'_S \\ \boldsymbol{w}_K \end{pmatrix}$$

unter Berücksichtigung der linearen Ungleichungsnebenbedingungen

$$\begin{pmatrix} \boldsymbol{U}_H & \boldsymbol{O} & \boldsymbol{O} \\ \boldsymbol{O} & \boldsymbol{U}_S & \boldsymbol{O} \\ \boldsymbol{O} & \boldsymbol{O} & \boldsymbol{U}_K \end{pmatrix} \cdot \begin{pmatrix} \boldsymbol{w}_H \\ \boldsymbol{w}'_S \\ \boldsymbol{w}_K \end{pmatrix} - \begin{pmatrix} \boldsymbol{u}_H \\ \boldsymbol{u}_S \\ \boldsymbol{u}_K \end{pmatrix} \geq \begin{pmatrix} \boldsymbol{o} \\ \boldsymbol{o} \\ \boldsymbol{o} \end{pmatrix}, \tag{4.53}$$

wobei mit $\boldsymbol{O}$ die Nullmatrix bezeichnet wird. Durch die Optimierungsrichtung, nämlich die Minimierung von Fehlerquadraten, ist automatisch sichergestellt, daß alle Gewichte nach Ablauf der Optimierung endlich sind. Unter dieser Voraussetzung garantieren die Ungleichungsnebenbedingungen (4.53) des Optimierungsproblems die Invertierbarkeit des zeitdiskreten Prandtl-Ishlinskii-Hystereseoperators H und die Invertierbarkeit des inversen, zeitdiskreten Prandtl-Ishlinskii-Superpositionsoperators S.

Die Lösung des Optimierungsproblems (4.51) - (4.53) ist nicht eindeutig. Das läßt sich folgendermaßen erklären. Aus der Definition der Funktion V als Summe von Fehlerquadraten folgt, daß unabhängig von dem Wert der Gewichte $V \geq 0$ ist. Aus dieser Eigenschaft ergibt sich, daß die symmetrische Matrix der quadratischen Form (4.52) positiv semidefinit und damit die Funktion V konvex ist. Zudem sind die Ungleichungsnebenbedingungen linear, so daß der durch die Nebenbedingungen aufgespannte zulässige Bereich des Optimierungsproblems ebenfalls konvex ist. Damit gehört das Optimierungsproblem zur Bestimmung der Gewichte zur Klasse der konvexen Optimierungsprobleme [Pap91]. Für diese besondere Klasse von Optimierungsproblemen gilt, daß jedes lokale Minimum zugleich auch ein globales Minimum ist und zudem die Menge der globalen Minima konvex ist. Zur Klärung der Frage, wie die konvexe Menge der globalen Minima bei diesem speziellen konvexen Optimierungsproblem aussieht, kann man von folgender Überlegung ausgehen.

Gegeben sei ein zeitdiskretes, hysterese-, kriech- und sättigungsbehaftetes Übertragungsglied Γ vom modifizierten Prandtl-Ishlinskii-Typ. Dabei sind die Schwell- und Eigenwerte des Hystereseoperators H und Kriechoperators K entsprechend den Gleichungen (4.44) und (4.45) gegeben. Die Gewichte sind so gewählt, daß sie in dem durch die Ungleichungsnebenbedingungen (4.53) gegebenen zulässigen Bereich liegen. Die Schwellwerte und Gewichte des Superpositionsoperators S sind so gewählt, daß die Schwellwerte des zugehörigen inversen Superpositionsoperators S^{-1} den Gleichungen (4.46) und (4.47) genügen und die Gewichte in dem durch die Ungleichungsnebenbedingungen (4.53) gegebenen zulässigen Bereich liegen. Die Werte der Gewichte des hysterese-, kriech- und sättigungsbehafteten Übertragungsgliedes $\boldsymbol{w}_H{}^*$, $\boldsymbol{w}_S{}'^*$ und $\boldsymbol{w}_K{}^*$ werden als die wahren Werte bezeichnet.

Sinn und Zweck der Lösung des Optimierungsproblems ist die Bestimmung dieser wahren Parameter für H, K und S^{-1} aus dem gemessenen Eingangssignal x und der zugehörigen Systemantwort y, wobei für die folgenden Betrachtungen eine exakte Messung des Ein- und Ausgangssignals vorausgesetzt wird. Die konvexe Lösungsmenge des Optimierungsproblems hat dann für die wahren Werte den Gütefunktionswert $V = 0$. Dieser Wert kann wegen der Aufsummierung des quadrierten, verallgemeinerten Fehlerwertes $E[x,y](k)^2$ nur dann erreicht werden, wenn für alle k dieser Wert gleich Null ist. Dies ist aber nur dann möglich, wenn sich die gewichteten Ausgangssignalwerte der Elementaroperatoren in jedem Zeitpunkt aufheben. Dies ist bei näherer Betrachtung wiederum nur dann möglich, wenn die Summe der gewichteten Ausgangssignalwerte des Hystereseoperators H und des Kriechoperators K gerade von der Summe der gewichteten Ausgangssignalwerte des inversen Superpositionsoperators S^{-1} kompensiert werden. Insbesondere ist dies bei den wahren Gewichten gegebenen, die ja die gesuchte Lösung darstellen. Andererseits läßt sich die Summe der gewichteten Ausgangssignalwerte des Hystereseoperators H und des Kriechoperators K mit den Gewichten

$$\begin{pmatrix} \boldsymbol{w}_H \\ \boldsymbol{w}_K \end{pmatrix} = \chi \begin{pmatrix} \boldsymbol{w}_H^* \\ \boldsymbol{w}_K^* \end{pmatrix}$$

und $0 < \chi < \infty$ durch die Summe der gewichteten Ausgangssignalwerte des inversen Superpositionsoperators S^{-1} mit den Gewichten

$$\boldsymbol{w}_S' = \chi \, \boldsymbol{w}_S'^*$$

in jedem Zeitschritt kompensieren, ohne daß sich das Gesamtübertragungsverhalten des Übertragungsgliedes ändern würde. Die konvexe Lösungsmenge des Optimierungsproblems ist somit eine Gerade im Raum der Gewichte, die bei Verlängerung über den durch die Ungleichungsnebenbedingungen gegebenen zulässigen Bereich hinaus den Ursprung des Koordinatensystems schneiden würde. Bild 4.4 zeigt die Ebene, die durch die beiden orthogonalen Projektionen

$$\boldsymbol{w}_\Pi^* = \begin{pmatrix} \boldsymbol{w}_H^* \\ \boldsymbol{w}_K^* \end{pmatrix} \quad \text{und} \quad \boldsymbol{w}_S'^*$$

des wahren Gewichtsvektors aufgespannt wird. Die senkrechte, gestrichelt gezeichnete Linie in Bild 4.4 sorgt dafür, daß aus der konvexen Lösungsmenge des Optimierungsproblems genau ein Lösungspunkt herausgeschnitten wird. Damit wird die Lösung des Optimierungsproblems eindeutig.

Das Heraustrennen eines eindeutigen Lösungspunktes aus der konvexen Lösungsmenge läßt sich somit durch das Hinzufügen einer Gleichungsnebenbedingung zum quadratischen Optimierungsproblem (4.51) - (4.53) erreichen. Eine mögliche Gleichungsnebenbedingung ist durch

$$\left((\|x\|_\infty \boldsymbol{i} - \boldsymbol{r}_H)^T \quad \boldsymbol{o}^T \quad m(\|x\|_\infty \boldsymbol{i} - \boldsymbol{r}_K)^T \right) \cdot \begin{pmatrix} \boldsymbol{w}_H \\ \boldsymbol{w}'_S \\ \boldsymbol{w}_K \end{pmatrix} - \|x\|_\infty = 0 \tag{4.54}$$

gegeben. Die Gleichungsnebenbedingung (4.54) ist so gewählt, daß der Ausgangsamplitudenbereich des Prandtl-Ishlinskii-Kriech-Hystereseoperators Π für unendlich langsame Eingangssignale in dem durch die Ungleichungsnebenbedingungen beschriebenen Bereich der Gewichte immer gleich dem Eingangsamplitudenbereich ist. Eine Anpassung des Eingangsamplitudenbereichs auf den Ausgangsamplitudenbereich des modifizierten Prandtl-Ishlinskii-Kriech-Hystereseoperators Γ erfolgt dann ausschließlich über den Prandtl-Ishlinskii-Superpositionsoperator S.

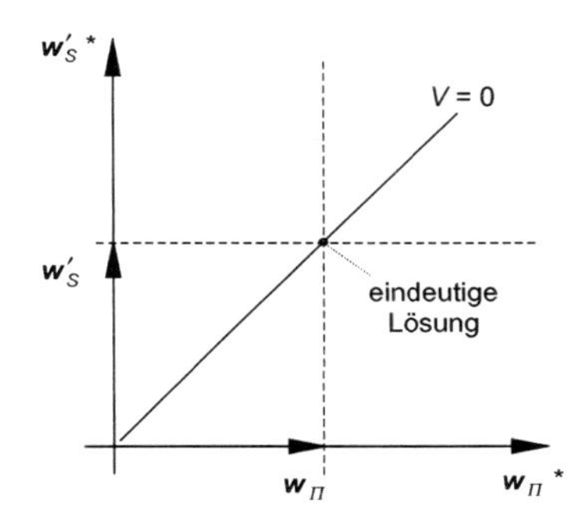

Bild 4.4: Konvexe Lösungsmenge des Optimierungsproblems

Das Minimierungsproblem (4.51) - (4.54) zur Bestimmung optimaler Gewichte gehört zur Klasse der quadratischen Programme. Für die Lösung dieser Klasse von Optimierungsproblemen existiert eine Vielzahl effizienter, iterativer Lösungsverfahren, wie beispielsweise das Verfahren der zulässigen Richtungen, das in dieser Arbeit in Verbindung mit orthogonalen Projektionsmethoden verwendet wird [GMS84].

Zum Start des iterativen Verfahrens müssen Gewichte vorgegeben werden, die mit den Gleichungs- und Ungleichungsnebenbedingungen verträglich sind. Die Startwerte

$$\boldsymbol{w}_{H0}^T = (1\ 0..0) \quad , \quad \boldsymbol{w}_{S0}'^T = (0..0\ 1\ 0..0) \quad \text{und} \quad \boldsymbol{w}_{K0}^T = (0\ 0..0) \tag{4.55}$$

der Gewichte sind mit den Gleichungs- und Ungleichungsnebenbedingungen verträglich. Zudem ist der modifizierte Prandtl-Ishlinskii-Kriech-Hystereseoperator Γ für diese Startwerte der Gewichte ein Identitätsoperator, so daß

$$\Gamma = I \tag{4.56}$$

gilt. Daraus folgt, daß der inverse, modifizierte Prandtl-Ishlinskii-Kriech-Hystereseoperator Γ^{-1} ebenfalls ein Identitätsoperator ist.

$$\Gamma^{-1} = I\,. \tag{4.57}$$

Damit verhält sich eine auf dem inversen, modifizierten Prandtl-Ishlinskii-Kriech-Hystereseoperator basierende inverse Steuerung für die Startwerte der Gewichte wie eine konventionelle, lineare Steuerung.

4.4.3 Transformation der Schwellwerte und Gewichte

Im dritten und abschließenden Schritt des Syntheseverfahrens werden im Fall der Erzeugung des inversen, zeitdiskreten, modifizierten Prandtl-Ishlinskii-Kriech-Hystereseoperators Γ^{-1} mit Hilfe der Transformationsbeziehungen

$$w'_H = \boldsymbol{\Phi}_H(w_H),$$

$$r'_H = \boldsymbol{\Psi}_H(w_H, r_H)$$

und

$$z'_{H0} = \boldsymbol{\Theta}_H(w_H, z_{H0})$$

aus den Schwellwerten r_H, aus den Gewichten w_H und dem Anfangszustand z_{H0} des Prandtl-Ishlinskii-Hystereseoperators H die Schwellwerte r_H', die Gewichte w_H' und der Anfangszustand z_{H0}' des inversen Prandtl-Ishlinskii-Hystereseoperators H^{-1} bestimmt. Diese Vorgehensweise ist in Bild 4.5 links dargestellt.

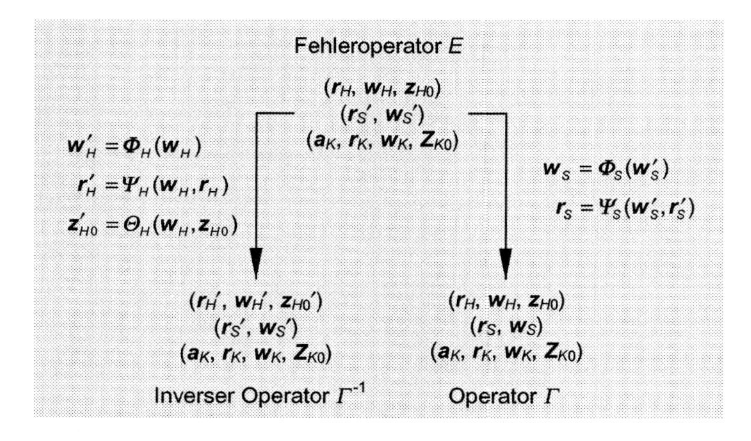

Bild 4.5: Schritt 3 des Syntheseverfahrens

Im Fall der Synthese des zeitdiskreten, modifizierten Prandtl-Ishlinskii-Kriech-Hystereseoperators Γ erfolgt die Berechnung der Schwellwerte r_S sowie der Gewichte w_S des Prandtl-Ishlinskii-Superpositionsoperators S aus den Schwellwerten r_S' sowie aus den Gewichten w_S' des inversen Prandtl-Ishlinskii-Superpositionsoperators S^{-1} mit Hilfe der Transformationsbeziehungen

$$w_S = \boldsymbol{\Phi}_S(w'_S)$$

und

$$\boldsymbol{r}_S = \boldsymbol{\Psi}_S(\boldsymbol{w}'_S, \boldsymbol{r}'_S).$$

Diese Vorgehensweise ist in Bild 4.5 rechts dargestellt. Im Rahmen des zweiten Syntheseschrittes erfolgt die Bestimmung geeigneter Gewichte durch Anpassung des Ausgang-Eingang-Übertragungsverhaltens des Modells an das gemessene Ausgang-Eingang-Übertragungsverhalten des realen Systems über die Minimierung der Summe der quadratischen Abweichungen des verallgemeinerten Fehlers. Schwierigkeiten bei der Lösung dieses Teilproblems ergeben sich meist aus der starken Empfindlichkeit der Gewichte gegenüber unbekannten Fehlern in den Meßdaten des Ausgang-Eingang-Übertragungsverhaltens und gegenüber Modellfehlern, die infolge nicht modellierter Effekte und nicht bekannter Modellordnungen entstehen. Aufgrund der Berücksichtigung der linearen Ungleichungsnebenbedingungen (4.53) resultiert aus der Minimierung aber immer ein invertierbares Modell, so daß das Syntheseverfahren bezüglich der Erhaltung der Invertierbarkeit des resultierenden Modells robust gegenüber den zuvor genannten Unsicherheiten reagiert. Die eindeutige Lösbarkeit des Syntheseproblems folgt aus der Formulierung des zweiten Syntheseschrittes als quadratisches Programm. Dies ist möglich, weil sich für das dahinter verbergende Identifikationsproblem ein verallgemeinertes Fehlermodell angeben läßt, daß linear von den gesuchten Gewichten abhängt. Das Verfahren nutzt zu diesem Zweck konsequent die Strukturinvarianz des schwellwertdiskreten Prandtl-Ishlinskii-Superpositionsoperators S und der entsprechenden Ungleichungsnebenbedingungen zur Sicherung der Invertierbarkeit aus.

5 Operatorbasierte Steuerungs- und Signalverarbeitungskonzepte für piezoelektrische Aktoren

Im Rahmen dieses Kapitels wird zunächst das Übertragungsverhalten piezoelektrischer Stapelwandler im Großsignalbetrieb meßtechnisch untersucht. Im Anschluß daran werden die in den vorangehenden Kapiteln eingeführten Operatoren zur Modellierung des Übertragungsverhaltens eingesetzt. Ausgehend von dem operatorbasierten Modell des piezoelektrischen Aktors werden danach operatorbasierte Steuerungs- und Signalverarbeitungskonzepte zum hysterese-, kriech- und sättigungsfreien Betrieb des piezoelektrischen Aktors entwickelt.

In Bild 5.1 ist noch einmal der Aufbau eines piezoelektrischen Stapelwandlers nach Bild 2.10 dargestellt. Solche Stapelwandler werden industriell als Aktor in Mikropositionierantrieben oder zur Schwingungserzeugung bzw. -dämpfung eingesetzt. Der vom Hersteller angegebene Spannungsaussteuerbereich beträgt 0 V bis 1 kV und der Kraftaussteuerbereich 0 N bis ungefähr -2 kN. Der Arbeitspunkt des Wandlers wird so gewählt, daß er sich in der Mitte des elektrischen und mechanischen Arbeitsbereichs befindet.

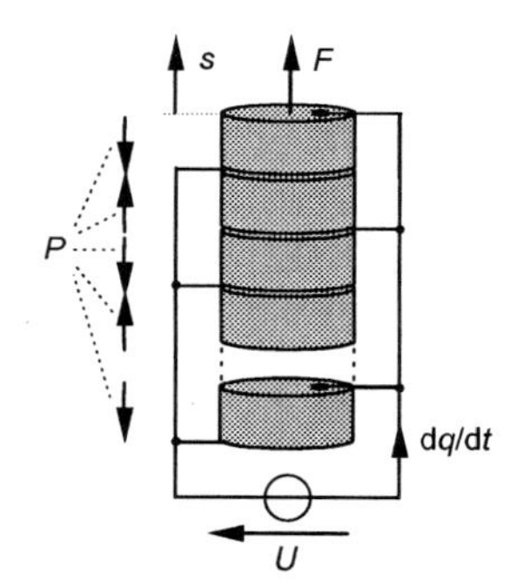

Bild 5.1: Aufbau des untersuchten piezoelektrischen Stapelwandlers nach Bild 2.10

Bild 5.2 zeigt den Signalflußplan der realisierten, vollständig automatisierten Meß- und Prüfeinrichtung zur meßtechnischen Untersuchung des Großsignalübertragungsverhaltens piezoelektrischer Stapelwandler. Die Meß- und Prüfeinrichtung um den piezoelektrischen Wandler (W) herum besteht aus einer Spannungsquelle (SQ), einer Kraftquelle (KQ) und einer Temperaturquelle (TQ) zur Vorgabe und Einhaltung definierter elektrischer, mechanischer und thermischer Randbedingungen. Sie besteht weiterhin aus einem Spannungssensor (SS) zur Bestimmung der Spannung U über dem Wandler, einem Kraftsensor (KS) zur Erfassung der Kraft F auf die Stirnflächen des Wandlers, einem Ladungssensor (LS) zur Erfassung der elektrischen Ladung q des Wandlers, einem Wegsensor (WS) zur Erfassung der Auslenkung s des Wandlers, einem Temperatursensor (TS) zur Bestimmung der Umgebungstemperatur ϑ_u, einem Temperatursensor (TS) zur Bestimmung der Wandlertemperatur ϑ_w, einer Prozeßrechnereinheit (DSP) zur Steuerung des Meßablaufes und Verarbeitung der Meßwerte und einer Recheneinheit zur Analyse und Visualisierung der Prozeßdaten (PC). Die Quellen müssen eine möglichst ideale Ausgangskennliniencharakteristik aufweisen, um die

Spannung, die Kraft und die Umgebungstemperatur unabhängig von der Reaktion des Wandlers einprägen zu können. Es werden sowohl die Anregungsgrößen als auch die Reaktionsgrößen durch Sensoren erfaßt, um das Übertragungsverhalten des Wandlers unabhängig von den Übertragungseigenschaften der Quellen charakterisieren zu können.

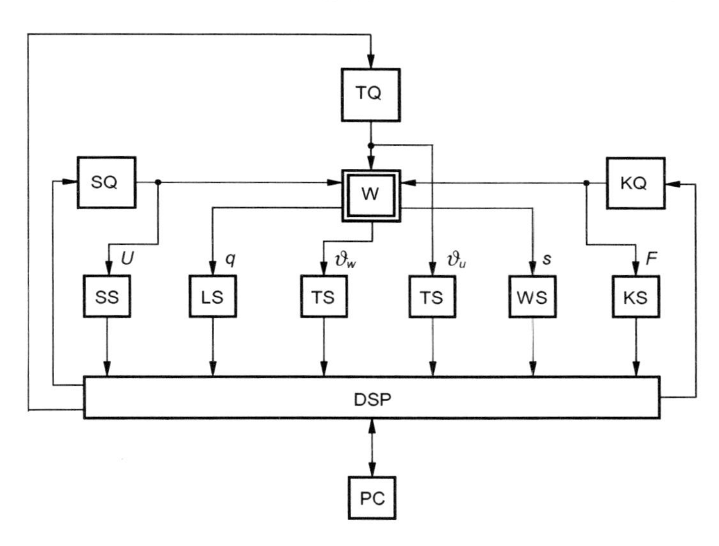

Bild 5.2: Signalflußplan der Meß- und Prüfeinrichtung für piezoelektrische Stapelwandler

Den Kern der Prozeßrechnereinheit (DSP) bildet ein System, das auf dem digitalen Signalprozessor TI 320C40 basiert. Es besteht aus einer Trägerkarte, auf die das eigentliche Prozessorsystem in Form eines Minimoduls als Subsystem aufgesteckt wird. Die Trägerkarte selbst ist als Einsteckkarte für den PC realisiert und kommuniziert mit diesem über den ISA-Bus. Der PC stellt damit die Schnittstelle zum Bediener bereit. Die Spannungsquelle kann Spannungen von 0 V bis 1000 V erzeugen, was bei einer Scheibendicke des piezoelektrischen Wandlers von 0,5 mm einer Feldstärke von 0 V/mm bis 2000 V/mm entspricht. Der piezoelektrische Wandler wird über eine Feder vorgespannt, deren Steifigkeit ungefähr tausend mal niedriger ist als die Steifigkeit des Wandlers. Die variable Vorspannung der Feder und des Wandlers erfolgt über eine kraftgeregelte Spindelwerkstoffprüfmaschine, die Kräfte von -2,5 kN bis +2,5 kN erzeugen kann. Die Einstellung der Umgebungstemperatur des Wandlers ϑ_u erfolgt über die Regelung der Temperatur eines den Wandler umgebenden Metallblocks. Der Wärmefluß zur Regulierung der Metallblocktemperatur wird dabei durch Peltierelemente gesteuert. Die Messung der Temperatur des Metallblockes und der Oberfläche des Wandlers erfolgt über einen Platin-Temperaturfühler Pt 100, der einen temperaturabhängigen Widerstandsverlauf aufweist. Durch die Speisung des Widerstandes mit einer Konstantstromquelle wird die Widerstandsmessung auf eine Spannungsmessung zurückgeführt. Der Ladungssensor zur Messung der Ladung des Wandlers kann als kapazitiver Spannungsteiler, bestehend aus der Wandlerkapazität und einer Meßkapazität, aufgebaut werden. Zusammen mit einem dazu parallel geschalteten Widerstandsspannungsteiler zur Messung der Spannung über dem Wandler bildet der Kapazitätsspannungteiler die Struktur des sogenannten Tower-Sawyer-

Meßkreises. Dieser wird standardmäßig zur meßtechnischen Bestimmung der Polarisations-Feldstärke-Kennlinien dünner piezoelektrischer Scheiben benutzt [Krü75]. Der Ladungssensor besitzt Hochpaßverhalten mit einer unteren Grenzfrequenz weit unterhalb von 1 mHz. Daher ist die Messung der Ladung nur quasistatisch möglich. Die Kraftmessung erfolgt über einen Miniatur-Kraftaufnehmer, der auf Folien-DMS in einer Vollbrückenanordnung basiert. Dieser wurde speziell für Meßaufgaben entwickelt, bei denen es bei kleiner Bauform des Kraftsensors auf hohe Präzision ankommt. Für die Messung der Wandlerauslenkung wird ein Zweifrequenz-Laserinterferometer eingesetzt, das Wege bis zu 200 µm mit einer Auflösung von bis zu 5 nm detektieren kann.

5.1 Meßtechnische Charakterisierung

Ziel der in diesem Abschnitt durchgeführten meßtechnischen Analyse des piezoelektrischen Wandlers ist die Gewinnung eines mathematischen Modells für sein elektrisches, sensorisches, aktorisches und mechanisches Übertragungsverhalten. Dazu ist zunächst zu klären, welche Charakteristika das Übertragungsverhalten des Wandlers im Sinne der Einteilung von Übertragungsgliedern nach Kapitel 3.2 aufweist.

Die Ansteuerung des Wandlers mit dem in Bild 5.3a abgebildeten Spannungssignal U bei fehlender mechanischer Belastung bzw. mit dem in Bild 5.3b abgebildeten Kraftsignal F bei fehlender elektrischer Anregung gibt aufgrund seines oszillierenden Verlaufs Aufschluß über das Verzweigungsverhalten der Ausgang-Eingang-Trajektorien der aktorischen und mechanischen bzw. der elektrischen und sensorischen Übertragungsstrecke des Wandlers. Die in Bild 5.3c dargestellte q-U-Trajektorie zeigt ein stark ausgeprägtes Verzweigungsverhalten der elektrischen Übertragungsstrecke des Wandlers. Dabei ist die von dem äußeren Trajektorienabschnitt umschlossene Fläche nicht punktsymmetrisch zum Koordinatenursprung, sondern weist eine deutliche Krümmung im Uhrzeigersinn auf. Diese kommt durch das einsetzende Sättigungsverhalten der Ladung bei Spannungen großer Amplitude zustande. Die in Bild 5.3d dargestellte q-F-Trajektorie zeigt ein Verzweigungsverhalten der sensorischen Übertragungsstrecke des Wandlers. Dieses ist jedoch deutlich geringer ausgeprägt als bei der q-U-Trajektorie. Die von dem äußeren Trajektorienabschnitt umschlossene Fläche ist nahezu punktsymmetrisch zum Koordinatenursprung. Die in Bild 5.3e dargestellte s-U-Trajektorie zeigt ein ähnlich stark ausgeprägtes Verzweigungsverhalten der aktorischen Übertragungsstrecke wie die q-U-Trajektorie. Die von dem äußeren Trajektorienabschnitt umschlossene Fläche ist auch in diesem Fall nicht vollständig punktsymmetrisch zum Koordinatenursprung, sondern aufgrund einsetzender Sättigungseffekte in der Wandlerauslenkung leicht im Uhrzeigersinn gekrümmt. Die in Bild 5.3f dargestellte s-F-Trajektorie zeigt ein nahezu verzweigungsfreies Verhalten der mechanischen Übertragungsstrecke, weil der Anteil an der mechanisch erzeugten Auslenkung, der durch die irreversiblen Domänenprozesse erzeugt wird, in diesem Kraftbereich gegenüber dem rein elastischen Anteil der mechanisch erzeugten Auslenkung vernachlässigbar ist.

Nach Kapitel 3.2 ermöglicht die experimentelle Untersuchung des Verzweigungsverhaltens lediglich eine Aussage darüber, ob das Übertragungssystem ein Gedächtnis besitzt oder nicht. Die Beantwortung der Frage, ob es sich um ein statisches oder dynamisches Gedächtniss handelt, erfordert weitergehende Untersuchungen. Diese Untersuchungen können nach Kapitel 3.2 vor allem mit solchen Anregungssignalen durchgeführt werden, die sprungförmige Anteile besitzen.

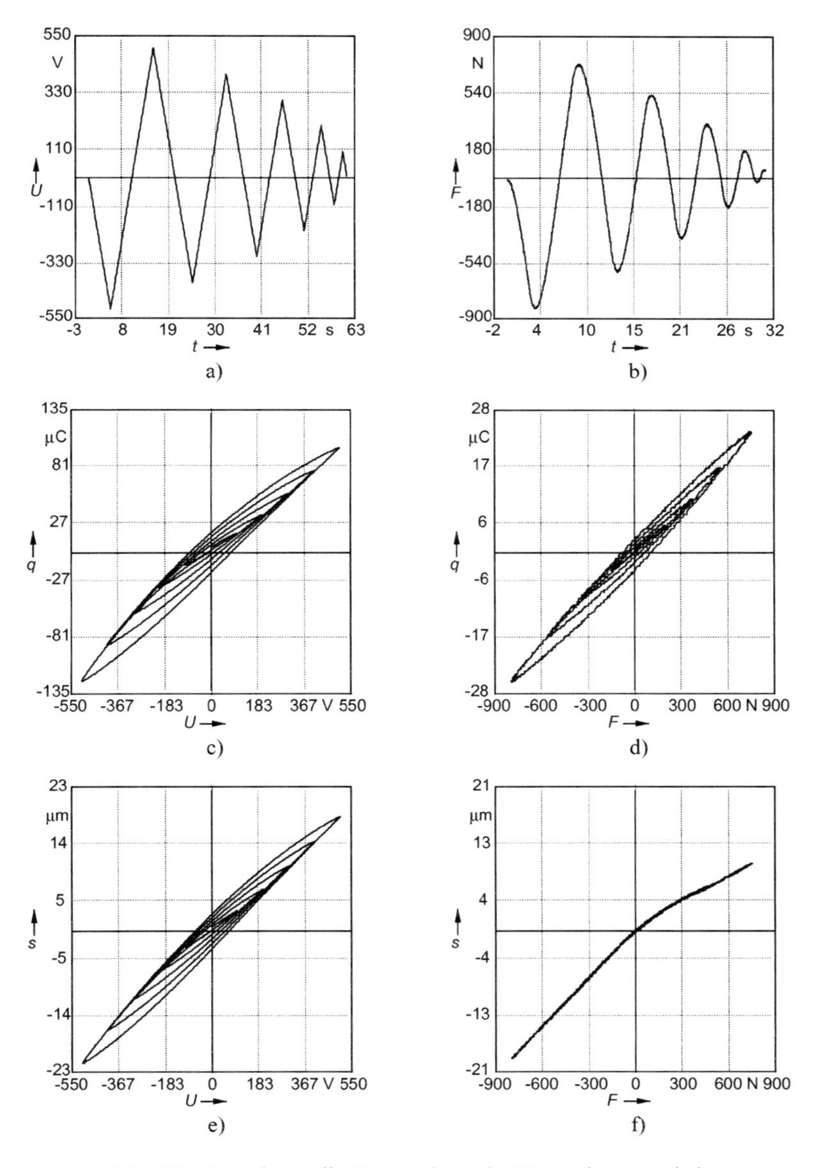

Bild 5.3: Experimentelle Untersuchung des Verzweigungsverhaltens
a) Spannungssignal U b) Kraftsignal F
c) q-U-Trajektorie d) q-F-Trajektorie
e) s-U-Trajektorie f) s-F-Trajektorie

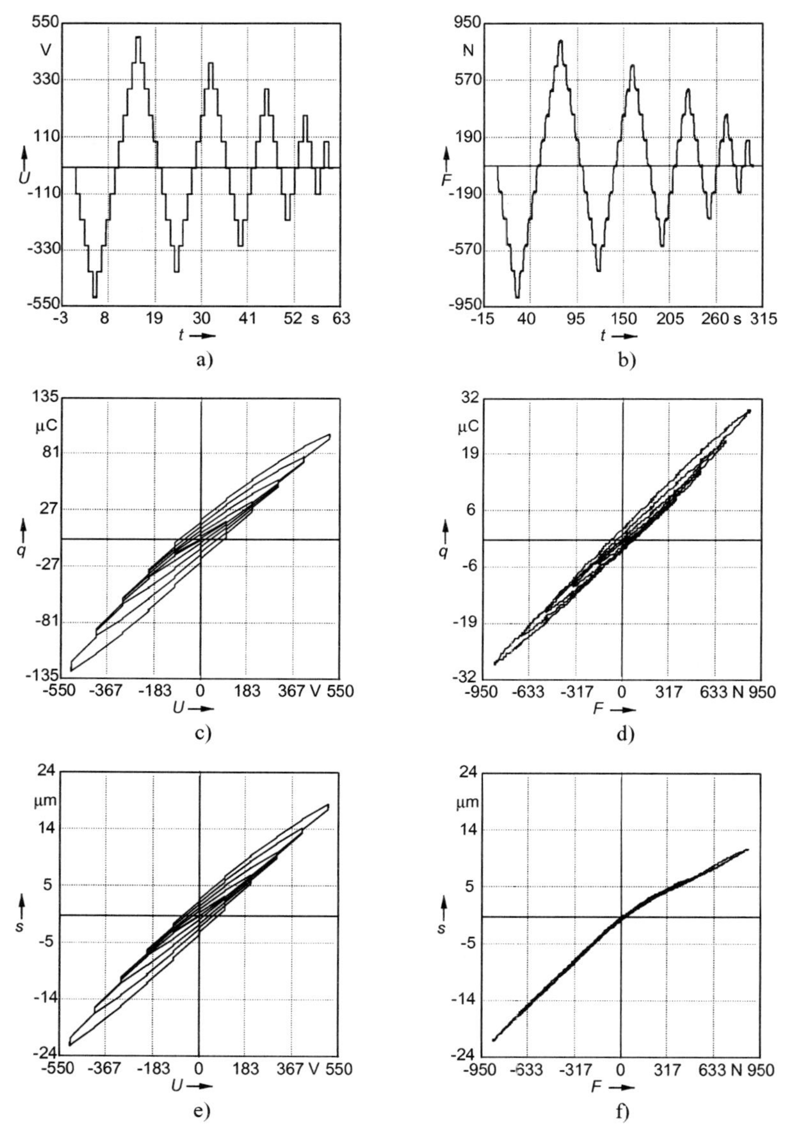

Bild 5.4: Experimentelle Untersuchung der Gedächtniseigenschaften
a) Spannungssignal U b) Kraftsignal F
c) q-U-Trajektorie d) q-F-Trajektorie
e) s-U-Trajektorie f) s-F-Trajektorie

Die Ansteuerung des Wandlers mit dem in Bild 5.4a abgebildeten Spannungssignal U bei fehlender mechanischer Belastung bzw. mit dem in Bild 5.4b abgebildeten Kraftsignal F bei fehlender elektrischer Anregung gibt Aufschluß darüber, ob die Gedächtnisse der aktorischen und mechanischen bzw. der elektrischen und sensorischen Übertragungsstrecke des Wandlers eher statischer, dynamischer oder gar gemischter Natur sind. Die durch diese spezielle Form der Anregung entstehenden Ausgang-Eingang-Trajektorien der aktorischen und mechanischen bzw. der elektrischen und sensorischen Übertragungsstrecke sind in den Bildern 5.4c - f abgebildet. Ein Sprung im Spannungssignal U erzeugt in der q-U-Trajektorie und in der s-U-Trajektorie einen diagonalen und, daran anschließend, einen senkrecht verlaufenden Trajektorienabschnitt. Der diagonale Trajektorienabschnitt zeigt, daß sich die elektrische Ladung und die Auslenkung nach plötzlicher Änderung der elektrischen Spannung ebenfalls unmittelbar ändern. Daraus folgt, daß das elektrische und aktorische Übertragungsverhalten und damit auch das Verzweigungsverhalten der Trajektorien in Bild 5.3 im Rahmen der gegebenen Zeitauflösung zu einem gewissen Teil von statischen Übertragungsanteilen herrührt.

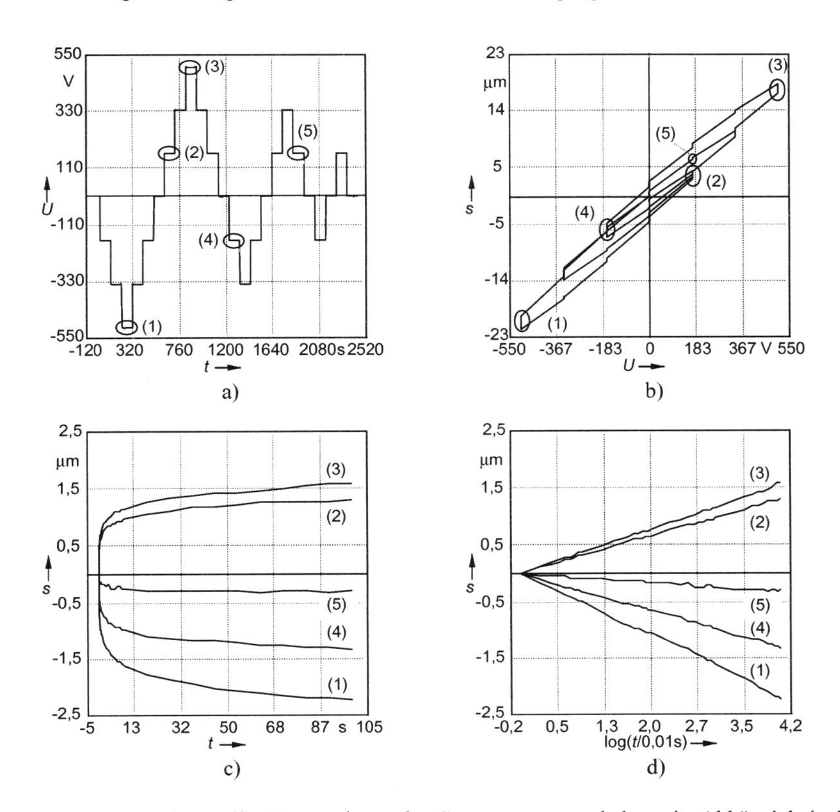

Bild 5.5: Experimentelle Untersuchung des Sprungantwortverhaltens in Abhängigkeit der Vorgeschichte des Eingangssignals
a) Spannungssignal U b) s-U-Trajektorie
Kriechkurven über c) der linearen Zeitachse d) der logarithmischen Zeitachse

Der senkrechte Trajektorienabschnitt zeigt aber auch, daß sich die elektrische Ladung und die Auslenkung zeitlich ändern, wenn eine plötzliche zeitliche Änderung der elektrischen Spannung dem sich daran anschließenden zeitlich konstanten Spannungverlauf vorausgeht. Daraus läßt sich folgern, daß das elektrische und aktorische Übertragungsverhalten und damit auch das Verzweigungsverhalten der Trajektorien in Bild 5.3 zu einem gewissen Teil auch durch dynamische Übertragungsanteile erzeugt wird. Ein Sprung im Kraftsignal F erzeugt in der q-F-Trajektorie und in der s-F-Trajektorie so gut wie keinen senkrecht verlaufenden Trajektorienabschnitt, so daß dynamische Effekte im sensorischen und mechanischen Übertragungsverhalten eine eher untergeordnete Rolle spielen.

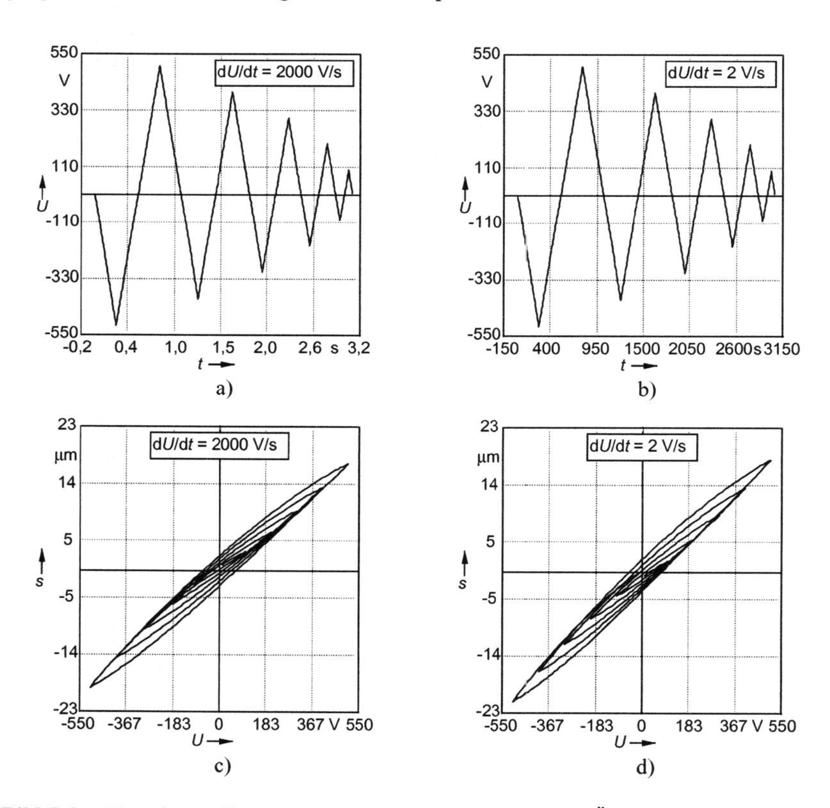

Bild 5.6: Experimentelle Untersuchung der Abhängigkeit des Übertragungsverhaltens von der Anstiegsgeschwindigkeit $\mathrm{d}U/\mathrm{d}t$
Spannungssignal U mit a) $\mathrm{d}U/\mathrm{d}t$= 2000 V/s und b) $\mathrm{d}U/\mathrm{d}t$ = 2 V/s
s-U-Trajektorie bei c) $\mathrm{d}U/\mathrm{d}t$ = 2000 V/s und d) $\mathrm{d}U/\mathrm{d}t$ = 2 V/s

Zu tieferen Einblicken in die Charakteristik des dynamischen Übertragungsverhaltens verhelfen experimentelle Untersuchungen, die die Reaktionen des Wandlers auf die Sprünge in Abhängigkeit der Vorgeschichte des Eingangssignals analysieren. Dazu ist in Bild 5.5a ein Spannungssignal U und in Bild 5.5b die sich infolge der Anregung des Wandlers mit diesem

Spannungssignal ergebende s-U-Trajektorie abgebildet. Zusätzlich ist der Verlauf der zeitlichen Abschnitte des Auslenkungssignals in Bild 5.5c linear und in Bild 5.5d logarithmisch über der Zeitachse dargestellt, die den eingekreisten, senkrechten Abschitten der s-U-Trajektorie in Bild 5.5b entsprechen. Diese besitzen alle, unabhängig von der speziellen Vorgeschichte des Eingangssignals, einen annähernd linearen Verlauf über der logarithmisch dargestellten Zeitachse, so daß es sich bei dem dynamischen Übertragungsanteil des Wandlers offensichtlich um einen $\log(t)$-Kriechprozess handelt.

Zu tieferen Einblicken in die Charakteristik des $\log(t)$-Kriechprozesses verhelfen experimentelle Untersuchungen, die Aufschluß über die Abhängigkeit des Verzweigungsverhaltens von der Anstiegsgeschwindigkeit des Eingangssignals geben. Dazu zeigen die Bilder 5.6a und 5.6b zwei Spannungssignale U, die dieselbe Form haben und deren Anstiegsgeschwindigkeiten $\mathrm{d}U/\mathrm{d}t$ sich um den Faktor 1000 unterscheiden. In den Bildern 5.6c und 5.6d ist das Verzweigungsverhalten der durch das Spannungssignal U entstehenden s-U-Trajektorien dargestellt. Zu erkennen ist, daß der Amplitudenbereich der s-U-Trajektorie beim Übergang von Bild 5.6c zu 5.6d aufgrund des kriechbehafteten Übertragungsanteils größer wird. Dabei läßt sich beobachten, daß die Breite der s-U-Trajektorie ungefähr in demselben Maße zunimmt wie der Amplitudenbereich der s-U-Trajektorie. Eine Extrapolation dieses Ergebnisses auf den Fall eines Eingangssignals mit unendlich kleiner Anstiegsgeschwindigkeit führt zu einem hysteresebehafteten Übertragungsglied als stationärem Grenzfall. Die Trajektorie dieses Übertragungsgliedes würde dann, entsprechend normiert, dieselbe Form aufweisen, wie die s-U-Trajektorien in den Bildern 5.6c und 5.6d.

5.2 Operatorbasierte Modellbildung

Aus den meßtechnischen Untersuchungen bezüglich des elektrischen, sensorischen, aktorischen und mechanischen Übertragungsverhaltens geht hervor, daß das elektrische und aktorische Übertragungsverhalten des piezoelektrischen Stapelwandlers überwiegend durch dynamische $\log(t)$-Kriecheffekte geprägt ist, die hysteresebehaftetes Übertragungsverhalten als stationären Grenzfall aufweisen. Dabei ist für den stationären Grenzfall die von der äußeren Trajektorie umschlossene Fläche nicht exakt punktsymmetrisch, sondern im Uhrzeigersinn gekrümmt. Im Vergleich dazu lassen sich im sensorischen und mechanischen Übertragungsverhalten so gut wie keine Kriecheffekte nachweisen. Das sensorische Übertragungsverhalten ist hysteresebehaftet, wobei die von der äußeren Trajektorie umschlossene Fläche nahezu punktsymmetrisch ist. Das mechanische Übertragungsverhalten ist eindeutig aber nichtlinear, wobei die eindeutige Kennlinie eine Krümmung im Uhrzeigersinn aufweist. Damit läßt sich der piezoelektrische Stapelwandler im Arbeitsbereich durch ein operatorbasiertes Modell der Form

$$q(t) = \Gamma_e[U](t) + \Gamma_s[F](t) \tag{5.1}$$

und

$$s(t) = \Gamma_a[U](t) + \Gamma_m[F](t) \tag{5.2}$$

beschreiben, wobei im sensorischen Übertragungspfad der Kriechanteil und im mechanischen Übertragungspfad sowohl der Kriechanteil als auch der Hystereseanteil vernachlässigt werden können. Damit folgt für die Operatoren im einzelnen

$$\Gamma_e[U](t) := S_e[H_e[U] + K_e[U]](t)\,, \tag{5.3}$$

$$\Gamma_s[F](t) := S_s[H_s[F]](t), \tag{5.4}$$

$$\Gamma_a[U](t) := S_a[H_a[U] + K_a[U]](t) \tag{5.5}$$

und

$$\Gamma_m[F](t) := S_m[F](t). \tag{5.6}$$

Gleichung (5.1) kann als Sensormodell und Gleichung (5.2) als Aktormodell des piezoelektrischen Wandlers bezeichnet werden [KJ99a]. Den Signalflußplan des operatorbasierten Wandlermodells zeigt Bild 5.7. Im Sensormodell und im Aktormodell setzen sich die Ladung und die Auslenkung additiv aus einem spannungsabhängigen Anteil und einem kraftabhängigen Anteil zusammen. Strenggenommen setzt diese vereinfachende Annahme voraus, daß keine nichtlineare Verkopplung der elektrischen Spannung mit der Kraft über das Gedächtnis des Systems stattfindet. Diese vereinfachende Annahme ist nach Ansicht des Autors bei piezoelektrischen Stapelwandlern zulässig, weil in dem von den Keramikherstellern angegebenen mechanischen Arbeitsbereich der Einfluß der Kraft auf die Domänenkonfiguration des Wandlers nur schwach ausgeprägt ist. Die Verkopplung der elektrischen Spannung mit der Kraft über die gedächtniserzeugenden Domänenprozesse ist unter diesen Umständen in erster Näherung vernachlässigbar. Dies ist allerdings nicht mehr der Fall, wenn der Wandler mit Kräften beaufschlagt wird, die die Domänenkonfiguration des Wandlers nennenswert beeinflussen.

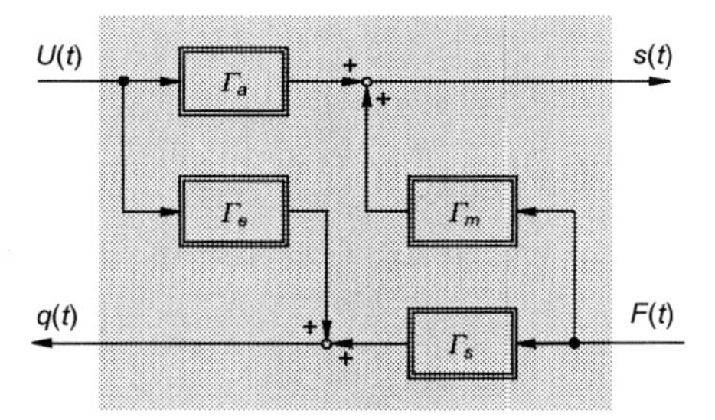

Bild 5.7: Signalflußplan des operatorbasierten piezoelektrischen Wandlermodells

Die Modellstruktur in Bild 5.7 wird ausgehend von den meßtechnisch nachweisbaren, qualitativen Übertragungsmerkmalen des realen Übertragungsgliedes bestimmt und legt folglich nur das qualitative Übertragungsverhalten des operatorbasierten Systemmodells fest. Zur Festlegung des quantitativen Übertragungsverhaltens müssen neben den Modellordnungen n, m und l die Schwellwerte, die Eigenwerte sowie die Gewichte geeignet bestimmt werden. Dies erfolgt nach dem in Kapitel 4 beschriebenen Verfahren.

In den Bildern 5.8a - d sind die gemessenen und die mit Hilfe der Operatoren Γ_e, Γ_s, Γ_a und Γ_m simulierten Ladungs- bzw. Auslenkungssignale über den anregenden Spannungs- bzw. Kraftsignalen als q-U-Trajektorie, q-F-Trajektorie, s-U-Trajektorie und s-F-Trajektorie dargestellt. Dabei wurden die in Tabelle 5.1 angegebenen Modellordnungen bei der Optimierung verwendet.

n	m	l	Operator
6	10	3	Γ_e
6	0	3	Γ_s
6	10	3	Γ_a
0	0	3	Γ_m

Tabelle 5.1: Modellordnungen für die Simulation

Insgesamt ist zwischen den gemessenen und den simulierten Trajektorien im betrachteten Aussteuerbereich eine sehr gute Übereinstimmung festzustellen.

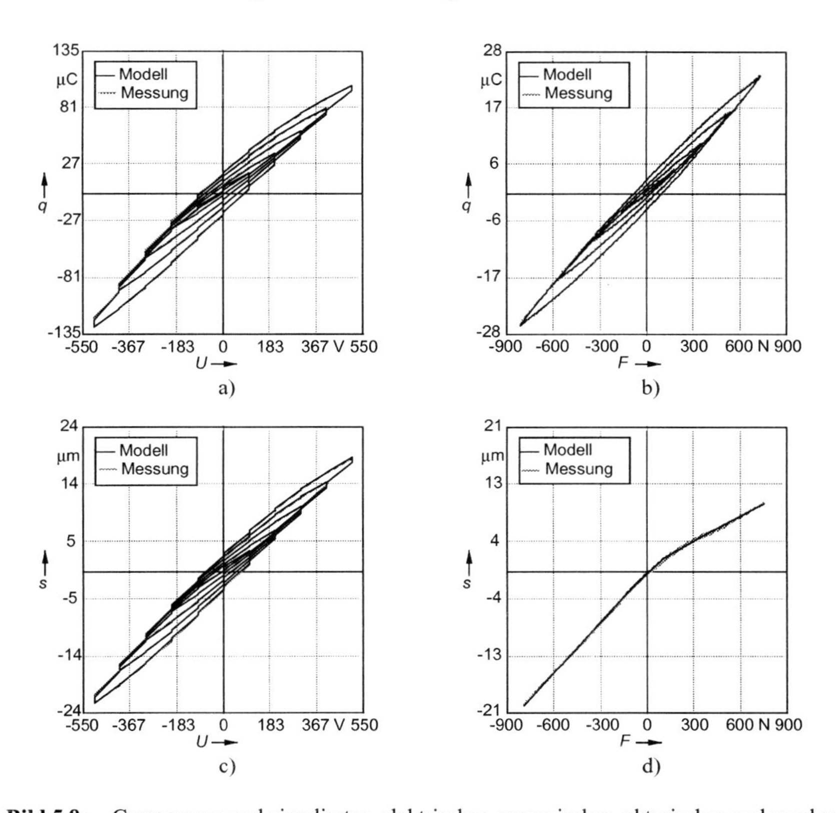

Bild 5.8: Gemessenes und simuliertes, elektrisches, sensorisches, aktorisches und mechanisches Übertragungsverhalten
a) q-U-Trajektorie b) q-F-Trajektorie c) s-U-Trajektorie d) s-F-Trajektorie

Abschließend läßt sich festhalten, daß schon bei einer relativ geringen Anzahl von Elementaroperatoren die operatorbasierte Modellierungsmethode im Arbeitsbereich piezoelektrischer

Stapelwandler eine deutlich bessere Nachbildung der elektrischen, sensorischen, aktorischen und mechanischen Übertragungsstrecke ermöglicht als die vornehmlich im Bereich kleiner elektrischer und mechanischer Signalamplituden eingesetzten linearen, statischen Wandlermodelle. Dabei ist zu beachten, daß die operatorbasierten Großsignalmodelle das Kleinsignalübertragungsverhalten als Spezialfall beinhalten. Insofern können die operatorbasierten Modelle als konsistente Modellerweiterung für den Großsignalbetrieb piezoelektrischer Stapelwandler aufgefaßt werden. Aufbauend auf dieser Modellierungsmethode lassen sich innovative Steuerungs- und Signalverarbeitungskonzepte entwickeln.

5.3 Operatorbasiertes Steuerungskonzept

Ausgehend von dem operatorbasierten Aktormodell wird in diesem Abschnitt ein operatorbasiertes Steuerungskonzept für piezoelektrische Stapelaktoren vorgestellt, welches sowohl Hysterese-, Kriech- und Sättigungseffekte im aktorischen Übertragungspfad als auch den Einfluß der Kraft auf die Auslenkung des Aktors über den mechanischen Übertragungspfad kompensieren kann [KJ00a].

Die simultane Kompensation des Hysterese-, Kriech- und Sättigungsverhaltens im aktorischen Übertragungspfad piezoelektrischer Stapelwandler läßt sich dadurch erreichen, daß dem piezoelektrischen Wandler ein System vorgeschaltet wird, das der Operatorgleichung

$$U(t) = \Gamma_a^{-1}[s_{soll} - \Gamma_m[F]](t) \tag{5.7}$$

genügt. Der Signalflußplan dieses Systems ist in Bild 5.9 grau hinterlegt dargestellt. Die Operatorgleichung ergibt sich aus dem operatorbasierten Aktormodell durch Auflösen nach der Ansteuerspannung. In der Bezeichnung 'inverse Kompensationssteuerung' kommt zum Ausdruck, daß das Steuerungskonzept hauptsächlich auf dem inversen Operator Γ_a^{-1} basiert.

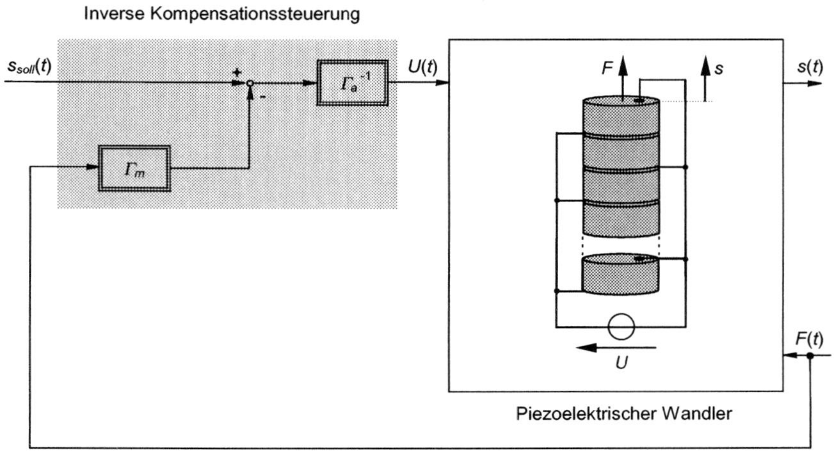

Bild 5.9: Invers gesteuerter piezoelektrischer Wandler

Aufgabe der inversen Kompensationssteuerung ist es somit, ausgehend von einem vorgegebenen Sollwert für die Wandlerauslenkung s_{soll} unter Berücksichtigung einer auf den Wandler wirkenden Kraft F, die Ansteuerspannung U für den Wandler so zu verzerren, daß die resultierende Wandlerauslenkung s dem vorgegebenen Sollwert entspricht.

5.4 Operatorbasiertes Signalverarbeitungskonzept

Aufgrund der inhärenten sensorischen Eigenschaften piezoelektrischer Materialien können piezoelektrische Stapelwandler während des aktorischen Betriebs auch sensorisch arbeiten. In dieser Art und Weise betrieben werden piezoelektrische Wandler auch als smarte Aktoren bezeichnet. Die Information über die momentane mechanische Belastung und die momentane Auslenkung des Wandlers steckt bei Spannungssteuerung des Wandlers in der elektrischen Reaktionsgröße, also der elektrischen Ladung. Allerdings ist der Zusammenhang zwischen der Ladung und der Kraft hysteresebehaftet. Außerdem wird die Ladung, falls der Wandler gleichzeitig aktorisch betrieben wird, stark von der Ansteuerspannung beeinflußt. Dieser Einfluß ist zudem noch mit Hysterese-, Kriech und Sättigungseffekten behaftet.

Dieser Sachverhalt spiegelt sich im Sensormodell des Stapelwandlers wider. Um während des aktorischen Betriebes des Wandlers Informationen über die mechanische Belastung und Auslenkung des Wandlers zu bekommen, müssen die elektrischen Klemmengrößen Spannung U und Ladung q gemessen und daraus die auf den Wandler wirkende Kraft F rekonstruiert werden.

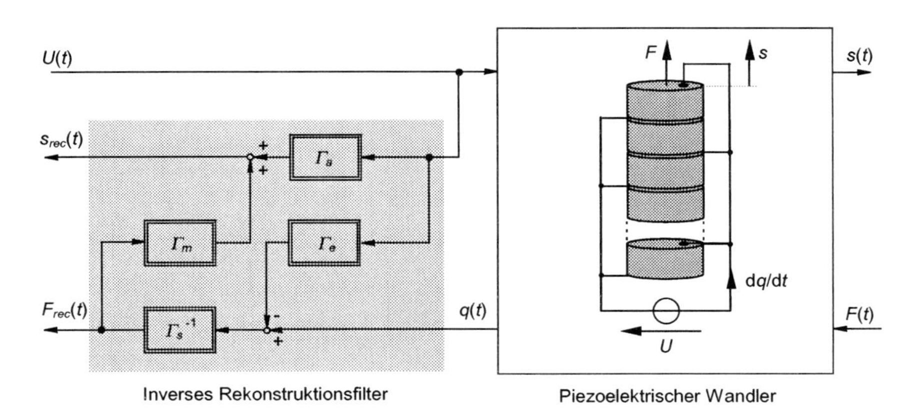

Bild 5.10: Smarter piezoelektrischer Aktor im Großsignalbetrieb

Das dazu eingesetzte inverse Rekonstruktionsfilter läßt sich aus der operatorbasierten Sensorgleichung durch Auflösen nach der Kraft F ableiten [KJ00b]. Die operatorbasierte Filtergleichung zur Rekonstruktion des Kraftsignals lautet damit

$$F_{rec}(t) = \Gamma_s^{-1}[q - \Gamma_e[U]](t)\,. \tag{5.8}$$

Die operatorbasierte Filtergleichung zur Rekonstruktion der Wandlerauslenkung erhält man durch Einsetzen der operatorbasierten Filtergleichung zur Rekonstruktion der Kraft F in das operatorbasierte Aktormodell. Die operatorbasierte Filtergleichung zur Rekonstruktion der Wandlerauslenkung lautet damit

$$s_{rec}(t) = \Gamma_a[U](t) + \Gamma_m[\Gamma_s^{-1}[q - \Gamma_e[U]]](t) . \qquad (5.9)$$

Bild 5.10 zeigt den Signalflußplan des inversen Rekonstruktionsfilters für die auf den Wandler wirkende Kraft F und die Wandlerauslenkung s.

5.5 Smartes operatorbasiertes Steuerungskonzept

Das inverse Steuerungskonzept benötigt zur Kompensation des Krafteinflusses Information über die momentan auf den piezoelektrischen Wandler wirkende Kraft F. Diese kann beispielsweise durch einen externen Kraftsensor im Kraftfluß des piezoelektrischen Wandlers gewonnen werden. Eine elegantere Möglichkeit, um die auf den Wandler wirkende Kraft F zu bestimmen, besteht jedoch darin, die mit dem inversen Rekonstruktionsfilter rekonstruierte Kraft F_{rec} auf die inverse Kompensationssteuerung zurückzukoppeln. Dadurch wird im Hinblick auf die Kompensation von Hysterese-, Kriech- und Sättigungseffekten im aktorischen Übertragungspfad sowie von Krafteinflüssen über den mechanischen Übertragungspfad kein externer Sensor mehr benötigt. Die inverse Kompensationssteuerung nutzt damit zur Kompensation des Krafteinflusses die inhärenten sensorischen Eigenschaften des piezoelektrischen Wandlers während des invers gesteuerten aktorischen Betriebes und kann daher in Anlehnung an den Begriff des smarten Aktors als smarte inverse Steuerung bezeichnet werden.

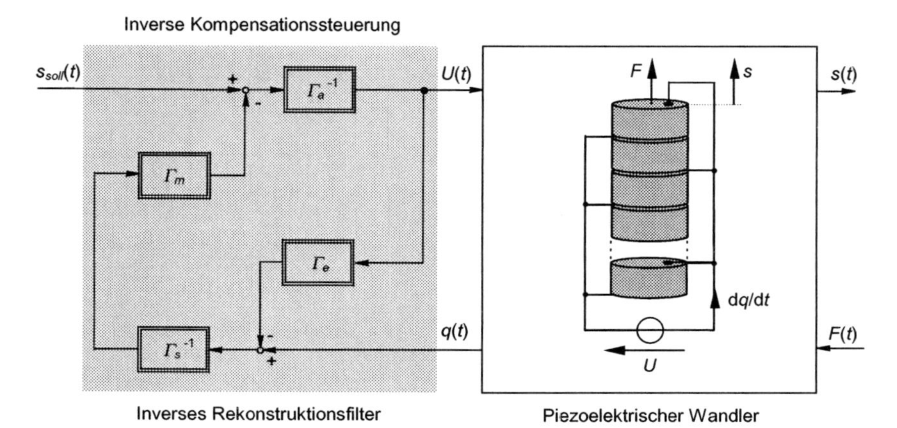

Bild 5.11: Smarte inverse Kompensationssteuerung für piezoelektrische Aktoren

Die operatorbasierten Steuerungs- und Filtergleichungen ergeben sich aus der Kombination des operatorbasierten Steuerungs- und Filtermodells der vorangegangenen Kapitel. Die Berechnung der inversen Ansteuerspannung U in Abhängigkeit des Auslenkungssollwertes s_{soll} und des Ladungsmeßwertes q läßt sich auf die Lösung der impliziten Operatorgleichung

$$U(t) = \Gamma_a^{-1}[s_{soll} - \Gamma_m[\Gamma_s^{-1}[q - \Gamma_e[U]]]](t) \tag{5.10}$$

zurückführen. Aus dieser Lösung lassen sich dann über die bekannten inversen Rekonstruktionsfiltergleichungen die auf den Wandler wirkende Kraft F und die Wandlerauslenkung s berechnen. Bild 5.11 zeigt den Signalflußplan des kombinierten Steuerungs- und Signalverarbeitungskonzeptes.

Bei einer prozessorbasierten Realisierung der Steuerung erfordert die Lösung der Operatorgleichung (5.10) ein iteratives numerisches Berechnungsverfahren, das einen hohen Rechenaufwand mit sich bringt und damit für Berechnungen in Echtzeit weniger geeignet ist als ein nicht iteratives Lösungsverfahren. Die Iterationsrechnung kann in diesem Fall umgangen werden, wenn zusätzlich zur Ladung q auch die Spannung U gemessen und in die rechte Seite der Operatorgleichung (5.10) zur Berechnung des nächsten Ansteuerspannungswertes eingesetzt wird. Diese Vorgehensweise ist jedoch nur dann zulässig, wenn sich der letzte Spannungsmeßwert und der daraus folgende neue Ansteuerspannungswert nur sehr wenig voneinander unterscheiden. Das bedeutet aber, daß die gewählte Abtastfrequenz der Abtaststeuerung gegenüber den Signalfrequenzen von Spannung U, Ladung q, Kraft F und Sollauslenkung s_{soll} sehr groß sein muß. Diese Forderung gilt aber grundsätzlich auch für die Rekonstruktion und inverse Steuerung, da die durch die Abtast-Halte-Glieder verursachte Zeitverzögerung von einer Abtastschrittweite im Rahmen der Betrachtungen dieses Kapitels vernachlässigt wurde.

6 Validierung der Steuerungs- und Signalverarbeitungskonzepte am Beispiel eines piezoelektrischen Mikropositioniersystems

Die Validierung der innovativen, operatorbasierten Steuerungs- und Signalverarbeitungskonzepte erfolgt am Beispiel des in Bild 6.1 dargestellten, kommerziell erhältlichen, piezoelektrischen Mikropositionierantriebes P-753 LISA (**LI**near **S**tage **A**ctuator) der Fa. Physik Instrumente. LISA-Systeme sind kompakte Einheiten, die sowohl als Präzisionsstelltische als auch als Linear-Aktoren eingesetzt werden können.

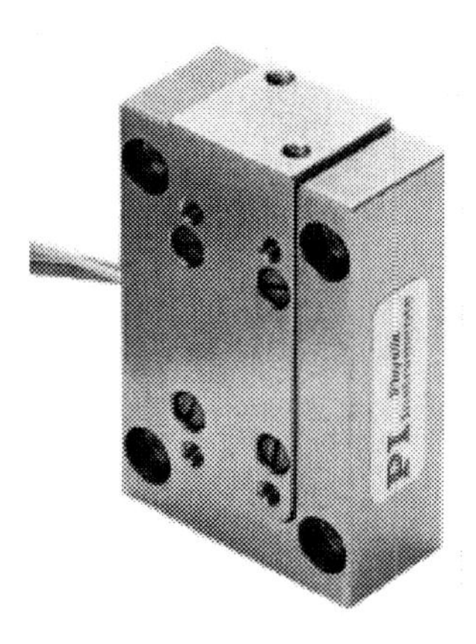

Bild 6.1: Mikropositionierantrieb P-753 LISA der Fa. Physik Instrumente [PI98]

Sie sind mit einem piezoelektrischen Niedervolt-Stapelwandler ausgerüstet, der in ein Führungssystem mit Festkörpergelenken integriert ist. Tabelle 6.1 zeigt die wichtigsten technischen Daten des verwendeten Mikropositioniersystems.

Modell	P-753.21C
elektrischer Aussteuerbereich	0 V - 100 V
mechanischer Aussteuerbereich	-20 N - 100 N
Stellbereich	25 μm
Kapazität	3,6 μF
Steifigkeit	24 N/μm

Tabelle 6.1: Wichtigste technische Daten des verwendeten Mikropositioniersystems

Der zur Validierung verwendete Meßaufbau ist in Bild 6.2 dargestellt. Er besteht aus einer mechanischen Meßfassung (vorne links), in die das Mikropositioniersystem und die zur meßtechnischen Charakterisierung benötigten Sensoren integriert sind. Mit Hilfe der waagerechten

Stange in der Mitte der Meßfassung lassen sich von Hand Zug- und Druckkräfte auf das mechanisch vorgespannte Mikropositioniersystem ausüben. Der Meßaufbau wird durch eine elektronische Einheit ergänzt (hinten rechts), die neben der elektronischen Sensorsignalverarbeitung für Kraft und Auslenkung auch die Sensorelektronik zur Messung der elektrischen Spannung und elektrischen Ladung sowie einen Leistungsverstärker zur elektrischen Ansteuerung des Mikropositioniersystems bereitstellt.

Bild 6.2: Test- und Meßeinrichtung für das piezoelektrische Mikropositioniersystem

Der Test- und Meßaufbau wird durch eine PC-basierte Recheneinheit vervollständigt, die auf der Grundlage der zuvor beschriebenen Methoden die meßtechnische Charakterisierung, Identifikation und Steuerung des Mikropositioniersystems, die Rekonstruktion der mechanischen Größen und die graphische Darstellung der Ergebnisse übernimmt und mit einer Abtastschrittweite von $T_s = 1$ ms arbeitet.

Ziel dieses Kapitels ist, die Leistungsfähigkeit der operatorbasierten Steuerungs- und Signalverarbeitungskonzepte zu demonstrieren. Dabei steht der Vergleich der Ergebnisse, die bei Gebrauch der operatorbasierten Methode erzielt werden, mit den Ergebnissen, die bei Verwendung herkömmlicher, auf linearen Wandlermodellen basierenden Konzepten erreicht werden, im Vordergrund der Betrachtungen. Vor der Verarbeitung durch die operatorbasierten Modelle werden die Eingangssignale unterschiedlicher physikalischer Herkunft auf ihre physikalische Dimension normiert. Die normierten Ausgangssignale der operatorbasierten Modelle werden gemäß ihrer physikalischen Interpretation mit der entsprechenden physikalischen

Dimension versehen. Durch diese Vorgehensweise haben die Modelle die Dimension eins, was ihrer phänomenologischen Natur am ehesten gerecht wird.

6.1 Modellordnungen und Modellparameter

Der erste Schritt zur Realisierung einer operatorbasierten Steuerung besteht darin, ein geeignetes operatorbasiertes Modell für den Mikropositionierantrieb zu bilden. Da eine geeignete Modellstruktur für piezoelektrische Stapelwandler schon im vorangegangenen Kapitel ermittelt wurde, verbleibt an dieser Stelle die Festlegung der Modellordnungen und die Bestimmung der Schwell- und Kriecheigenwerte sowie der Gewichte. Zu diesem Zweck wird das piezoelektrische Mikropositioniersystem mit dem Spannungssignal U nach Bild 6.3a und dem Kraftsignal F nach Bild 6.3b angesteuert und die sich daraus ergebenden, in den Bildern 6.3c - f dargestellten Trajektorien des Mikropositioniersystems zur Identifikation verwendet.

Bei der Festlegung der Modellordnungen ist darauf zu achten, daß die Modellordnungen groß genug sind, um das reale Übertragungsverhalten hinreichend genau wiedergeben zu können. Da mit steigenden Modellordungen aber auch der Rechenaufwand zunimmt, ist hinsichtlich der Wahl der Modellordnungen ein Kompromiß zwischen Modellgenauigkeit und Modellkomplexität zu treffen. In der Tabelle 6.2 ist in Abhängigkeit der angegebenen Modellordnungen das Betragsmaximum der Abweichung zwischen dem gemessenen und dem vom Operator Γ_e berechneten Ladungssignal eingetragen.

n	m	l	$\max\{\|\Gamma_e[U](t) - q(t)\|\}$
0	0	0	15,705 μC
2	10	1	3,503 μC
4	10	2	1,666 μC
6	10	3	1,076 μC
8	10	4	1,134 μC

Tabelle 6.2: Untersuchte Modellordnungen für das elektrische Übertragungsverhalten

Dieser sogenannte maximale Modellfehler dient als Maß zur Beurteilung des Übereinstimmungsgrades zwischen dem realen und dem vom Operator Γ_e nachgebildeten, elektrischen Übertragungsverhalten. Es zeigt sich, daß der Grad an Übereinstimmung zwischen dem realen und dem vom Operator Γ_e nachgebildeten, elektrischen Übertragungsverhalten für niedrige Modellordnungen in Richtung steigender Modellordnungen signifikant zunimmt, um dann für höhere Modellordnungen in ein Sättigungsverhalten überzugehen. Ein vernünftiger Kompromiß zwischen der erreichbaren Modellgüte und der benötigten Modellordnungen liegt in diesem Fall ungefähr bei $n = 6$, $m = 10$ und $l = 3$. Der Operator Γ_e mit den Modellordnungen $n = 0$, $m = 0$, $l = 0$ entspricht dem linearen statischen Referenzmodell. Die ermittelten Parameterwerte des linearen statischen Referenzmodells sind in der Tabelle 6.3 dargestellt.

i	r_{Hi}	w_{Hi}
0	0	$1{,}00 \cdot 10^{+0}$

l	r_{Sl}	w_{Sl}
0	0	$4{,}40 \cdot 10^{+0}$

Tabelle 6.3: Parameterwerte für den Operator Γ_e mit $n = 0$, $m = 0$ und $l = 0$

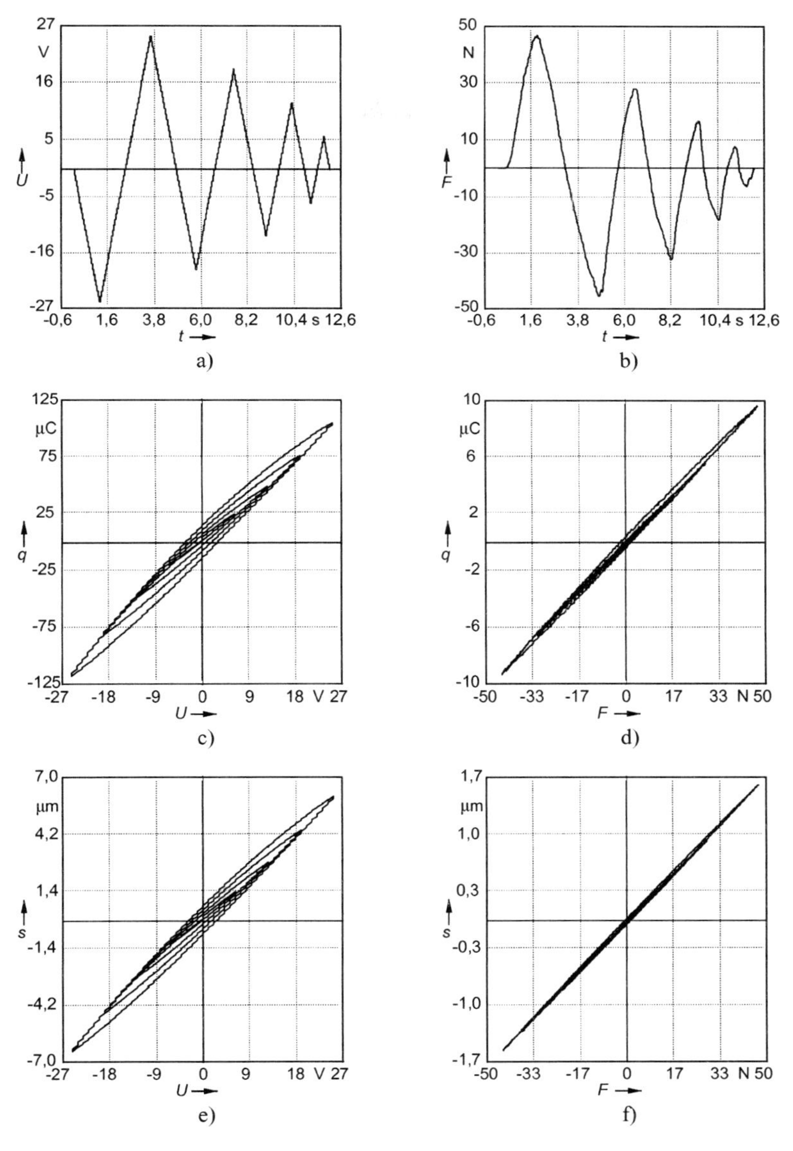

Bild 6.3: Gemessene Charakteristik des piezoelektrischen Mikropositioniersystems
a) Spannungssignal U b) Kraftsignal F
c) q-U-Trajektorie d) q-F-Trajektorie
e) s-U-Trajektorie f) s-F-Trajektorie

Gegenüber diesem linearen statischen Modell, das normalerweise zur Modellierung des elektrischen Kleinsignalübertragungsverhaltens benutzt wird, liefert die Verwendung eines operatorbasierten Modells Γ_e für die elektrische Übertragungsstrecke einen bis zu 15-mal geringeren maximalen Modellfehler. Tabelle 6.4 zeigt die berechneten Schwellwerte $\boldsymbol{r}_H$, $\boldsymbol{r}_K$ und $\boldsymbol{r}_S$, die Kriecheigenwerte $\boldsymbol{a}_K$ und die Gewichte $\boldsymbol{w}_H$, $\boldsymbol{w}_K$ und $\boldsymbol{w}_S$ des Operators Γ_e für die Modellordnungen $n = 6$, $m = 10$, $l = 3$.

j	1	2	3	4	5	6	7	8	9	10
a_{Kj}	10^{+3} s^{-1}	10^{+2} s^{-1}	10^{+1} s^{-1}	10^{+0} s^{-1}	10^{-1} s^{-1}	10^{-2} s^{-1}	10^{-3} s^{-1}	10^{-4} s^{-1}	10^{-5} s^{-1}	10^{-6} s^{-1}

i	r_{Hi}	w_{Hi}	r_{Ki}	w_{Ki}
0	0	$3{,}93 \cdot 10^{-1}$	0	$3{,}77 \cdot 10^{-2}$
1	$3{,}57 \cdot 10^{+0}$	$1{,}23 \cdot 10^{-2}$	$3{,}57 \cdot 10^{+0}$	$1{,}04 \cdot 10^{-2}$
2	$7{,}16 \cdot 10^{+0}$	$2{,}94 \cdot 10^{-2}$	$7{,}16 \cdot 10^{+0}$	0
3	$1{,}07 \cdot 10^{+1}$	0	$1{,}07 \cdot 10^{+1}$	$1{,}75 \cdot 10^{-2}$
4	$1{,}43 \cdot 10^{+1}$	0	$1{,}43 \cdot 10^{+1}$	0
5	$1{,}79 \cdot 10^{+1}$	$2{,}91 \cdot 10^{-2}$	$1{,}79 \cdot 10^{+1}$	0
6	$2{,}15 \cdot 10^{+1}$	0	$2{,}15 \cdot 10^{+1}$	0

l	r_{Sl}	w_{Sl}
-3	$-1{,}33 \cdot 10^{+1}$	$5{,}93 \cdot 10^{-1}$
-2	$-8{,}08 \cdot 10^{+0}$	$1{,}49 \cdot 10^{-1}$
-1	$-2{,}79 \cdot 10^{+0}$	$4{,}02 \cdot 10^{-1}$
0	0	$6{,}95 \cdot 10^{+0}$
1	$2{,}47 \cdot 10^{+0}$	$-2{,}32 \cdot 10^{-1}$
2	$7{,}58 \cdot 10^{+0}$	$-2{,}68 \cdot 10^{-2}$
3	$1{,}27 \cdot 10^{+1}$	$-7{,}14 \cdot 10^{-2}$

Tabelle 6.4: Parameterwerte für den Operator Γ_e mit $n = 6$, $m = 10$ und $l = 3$

In der Tabelle 6.5 ist in Abhängigkeit der angegebenen Modellordnungen das Betragsmaximum der Abweichung zwischen dem gemessenen und dem vom Operator Γ_s berechneten Ladungssignal eingetragen. Ein vernünftiger Kompromiß zwischen der erreichbaren Modellgüte und der benötigten Modellordnungen ergibt sich in diesem Fall bei $n = 2$, $m = 0$ und $l = 1$.

n	m	l	$\max\{\lvert\Gamma_s[F](t) - q(t)\rvert\}$
0	0	0	0,500 µC
2	0	1	0,240 µC
4	0	2	0,239 µC

Tabelle 6.5: Untersuchte Modellordnungen für das sensorische Übertragungsverhalten

Gegenüber dem linearen statischen Referenzmodell liefert die Verwendung eines operatorbasierten Modells Γ_s für die sensorische Übertragungsstrecke des Wandlers einen bis zu zweimal geringeren maximalen Modellfehler. Die ermittelten Parameterwerte des linearen statischen Referenzmodells sind in Tabelle 6.6 aufgeführt.

i	r_{Hi}	w_{Hi}
0	0	$1{,}00 \cdot 10^{+0}$

l	r_{Sl}	w_{Sl}
0	0	$2{,}04 \cdot 10^{-1}$

Tabelle 6.6: Parameterwerte für den Operator Γ_s mit $n = 0$, $m = 0$ und $l = 0$

Tabelle 6.7 zeigt die berechneten Schwellwerte $\boldsymbol{r}_H$ und $\boldsymbol{r}_S$ sowie die Gewichte $\boldsymbol{w}_H$ und $\boldsymbol{w}_S$ des Operators Γ_s für die Modellordnungen $n = 2$, $m = 0$, $l = 1$.

i	r_{Hi}	w_{Hi}
0	0	$9{,}39 \cdot 10^{-1}$
1	$1{,}54 \cdot 10^{+1}$	$5{,}53 \cdot 10^{-2}$
2	$3{,}07 \cdot 10^{+1}$	$7{,}06 \cdot 10^{-2}$

l	r_{Sl}	w_{Sl}
-1	$-2{,}23 \cdot 10^{+1}$	$-2{,}27 \cdot 10^{-3}$
0	0	$2{,}07 \cdot 10^{-1}$
1	$2{,}30 \cdot 10^{+1}$	$-2{,}52 \cdot 10^{-3}$

Tabelle 6.7: Parameterwerte für den Operator Γ_s mit $n = 2$, $m = 0$ und $l = 1$

In der Tabelle 6.8 ist in Abhängigkeit der angegebenen Modellordnungen das Betragsmaximum der Abweichung zwischen dem gemessenen und dem vom Operator Γ_a berechneten Auslenkungssignal eingetragen.

n	m	l	$\max\{\lvert\Gamma_a[U](t) - s(t)\rvert\}$
0	0	0	0,770 µm
2	10	1	0,135 µm
4	10	2	0,071 µm
6	10	3	0,064 µm
8	10	4	0,062 µm

Tabelle 6.8: Untersuchte Modellordnungen für das aktorische Übertragungsverhalten

Ein vernünftiger Kompromiß zwischen der erreichbaren Modellgüte und der benötigten Modellordnungen ergibt sich in diesem Fall bei $n = 6$, $m = 10$ und $l = 3$.

i	r_{Hi}	w_{Hi}
0	0	$1{,}00 \cdot 10^{+0}$

l	r_{Sl}	w_{Sl}
0	0	$2{,}84 \cdot 10^{-1}$

Tabelle 6.9: Parameterwerte für den Operator Γ_a mit $n = 0$, $m = 0$ und $l = 0$

Gegenüber dem linearen statischen Referenzmodell liefert die Verwendung eines operatorbasierten Modells Γ_a für die aktorische Übertragungsstrecke einen bis zu 12-mal geringeren maximalen Modellfehler. Die ermittelten Parameterwerte des linearen Referenzmodells sind in Tabelle 6.9 dargestellt.

j	1	2	3	4	5	6	7	8	9	10
a_{Kj}	10^{+3} s^{-1}	10^{+2} s^{-1}	10^{+1} s^{-1}	10^{+0} s^{-1}	10^{-1} s^{-1}	10^{-2} s^{-1}	10^{-3} s^{-1}	10^{-4} s^{-1}	10^{-5} s^{-1}	10^{-6} s^{-1}

i	r_{Hi}	w_{Hi}	r_{Ki}	w_{Ki}
0	0	$4{,}19 \cdot 10^{-1}$	0	$4{,}10 \cdot 10^{-2}$
1	$3{,}58 \cdot 10^{+0}$	$3{,}08 \cdot 10^{-2}$	$3{,}58 \cdot 10^{+0}$	$4{,}46 \cdot 10^{-3}$
2	$7{,}16 \cdot 10^{+0}$	$3{,}22 \cdot 10^{-2}$	$7{,}16 \cdot 10^{+0}$	0
3	$1{,}07 \cdot 10^{+1}$	$8{,}00 \cdot 10^{-3}$	$1{,}07 \cdot 10^{+1}$	$1{,}27 \cdot 10^{-2}$
4	$1{,}43 \cdot 10^{+1}$	0	$1{,}43 \cdot 10^{+1}$	0
5	$1{,}79 \cdot 10^{+1}$	$1{,}92 \cdot 10^{-2}$	$1{,}79 \cdot 10^{+1}$	0
6	$2{,}15 \cdot 10^{+1}$	0	$2{,}15 \cdot 10^{+1}$	0

l	r_{Sl}	w_{Sl}
-3	$-1{,}38 \cdot 10^{+1}$	$2{,}05 \cdot 10^{-2}$
-2	$-8{,}34 \cdot 10^{+0}$	$-2{,}55 \cdot 10^{-5}$
-1	$-2{,}85 \cdot 10^{+0}$	$1{,}49 \cdot 10^{-2}$
0	0	$3{,}72 \cdot 10^{-1}$
1	$2{,}67 \cdot 10^{+0}$	$-6{,}21 \cdot 10^{-3}$
2	$8{,}09 \cdot 10^{+0}$	$5{,}15 \cdot 10^{-3}$
3	$1{,}34 \cdot 10^{+1}$	$-8{,}29 \cdot 10^{-4}$

Tabelle 6.10: Parameterwerte für den Operator Γ_a mit $n = 6$, $m = 10$ und $l = 3$

Tabelle 6.10 zeigt die berechneten Schwellwerte $\boldsymbol{r}_H$, $\boldsymbol{r}_K$ und $\boldsymbol{r}_S$, die Kriecheigenwerte $\boldsymbol{a}_K$ und die Gewichte $\boldsymbol{w}_H$, $\boldsymbol{w}_K$ und $\boldsymbol{w}_S$ des Operators Γ_a für die Modellordnungen $n = 6$, $m = 10$, $l = 3$.

n	m	l	$\max\{\lvert\Gamma_m[F](t) - s(t)\rvert\}$
0	0	0	0,046 µm

Tabelle 6.11: Maximaler Modellfehler des mechanischen Übertragungspfades

In der Tabelle 6.11 ist das Betragsmaximum der Abweichung zwischen dem gemessenen und dem vom Operator Γ_m berechneten Auslenkungssignal eingetragen. Da der mechanische Übertragungspfad ein nahezu lineares statisches Übertragungsverhalten aufweist, führt die Verwendung eines operatorbasierten Modells in diesem Fall zu keiner nennenswerten Verkleinerung des maximalen Modellfehlers. Tabelle 6.12 zeigt die berechneten Gewichte des Operators Γ_m für die Modellordnungen $n = 0$, $m = 0$, $l = 0$.

i	r_{Hi}	w_{Hi}
0	0	$1{,}00 \cdot 10^{+0}$

l	r_{Sl}	w_{Sl}
0	0	$3{,}44 \cdot 10^{-2}$

Tabelle 6.12: Parameterwerte für den Operator Γ_m mit $n = 0$, $m = 0$ und $l = 0$

In Bild 6.4a ist das zur Identifikation verwendete Spannungssignal U und in Bild 6.4b das zur Identifikation verwendete Kraftsignal F dargestellt. Das Spannungssignal in Bild 6.4a entspricht dabei dem Spannungssignal in Bild 6.3a. Das Kraftsignal in Bild 6.4b entspricht dem Kraftsignal in Bild 6.3b. Die Trajektorien der identifizierten Operatoren Γ_e, Γ_s, Γ_a und Γ_m sind in den Bildern 6.4c - f schwarz eingezeichnet. Die grauen Trajektorien stammen von den identifizierten linearen Referenzmodellen.

6.2 Inverse Steuerung

Im Rahmen dieses Abschnittes erfolgt die Validierung des operatorbasierten Steuerungskonzeptes zur On-line-Kompensation von Hysterese-, Kriech- und Sättigungseffekten im Auslenkungssignal sowie von Querempfindlichkeiten bezüglich der Kraft. Zur Realisierung der Steuerung muß ausgehend von dem gegebenen Operator Γ_a des aktorischen Übertragungspfades mit Hilfe der entsprechenden Transformationsbeziehungen der inverse Operator Γ_a^{-1} gebildet werden werden. Die Parameterwerte des invertierten, linearen statischen Referenzmodells sind in Tabelle 6.13 dargestellt.

i	r'_{Hi}	w'_{Hi}
0	0	$1{,}00 \cdot 10^{+0}$

l	r'_{Sl}	w'_{Sl}
0	0	$4{,}03 \cdot 10^{+0}$

Tabelle 6.13: Parameterwerte für den inversen Operator Γ_a^{-1} mit $n = 0$, $m = 0$ und $l = 0$

Tabelle 6.14 zeigt die berechneten Schwellwerte $\boldsymbol{r}_H'$, $\boldsymbol{r}_K$ und $\boldsymbol{r}_S'$, die Kriecheigenwerte $\boldsymbol{a}_K$ und die Gewichte $\boldsymbol{w}_H'$, $\boldsymbol{w}_K$ und $\boldsymbol{w}_S'$ des inversen Operators Γ_a^{-1} für die Modellordnungen $n = 6$, $m = 10$, $l = 3$.

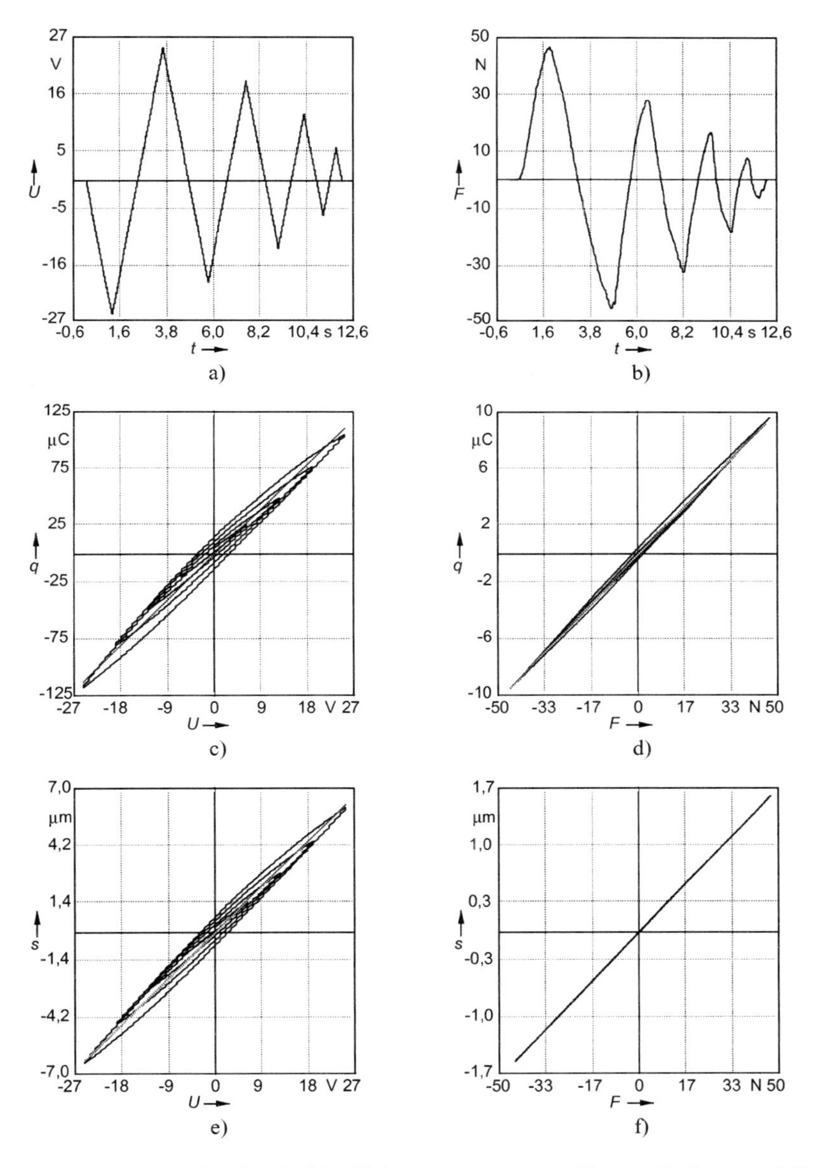

Bild 6.4: Trajektorien der identifizierten Operatoren und linearen Referenzmodelle
a) Spannungssignal U b) Kraftsignal F
c) q-U-Trajektorie d) q-F-Trajektorie
e) s-U-Trajektorie f) s-F-Trajektorie

j	1	2	3	4	5	6	7	8	9	10
a_{Kj}	10^{+3} s^{-1}	10^{+2} s^{-1}	10^{+1} s^{-1}	10^{+0} s^{-1}	10^{-1} s^{-1}	10^{-2} s^{-1}	10^{-3} s^{-1}	10^{-4} s^{-1}	10^{-5} s^{-1}	10^{-6} s^{-1}

i	r'_{Hi}	w'_{Hi}	r_{Ki}	w_{Ki}
0	0	$2{,}38\cdot10^{+0}$	0	$4{,}10\cdot10^{-2}$
1	$1{,}50\cdot10^{+0}$	$-1{,}63\cdot10^{-1}$	$3{,}58\cdot10^{+0}$	$4{,}46\cdot10^{-3}$
2	$3{,}11\cdot10^{+0}$	$-1{,}48\cdot10^{-1}$	$7{,}16\cdot10^{+0}$	0
3	$4{,}83\cdot10^{+0}$	$-3{,}36\cdot10^{-2}$	$1{,}07\cdot10^{+1}$	$1{,}27\cdot10^{-2}$
4	$6{,}58\cdot10^{+0}$	0	$1{,}43\cdot10^{+1}$	0
5	$8{,}34\cdot10^{+0}$	$-7{,}70\cdot10^{-2}$	$1{,}79\cdot10^{+1}$	0
6	$1{,}02\cdot10^{+1}$	0	$2{,}15\cdot10^{+1}$	0

l	r'_{Sl}	w'_{Sl}
-3	$-5{,}32\cdot10^{+0}$	$-1{,}29\cdot10^{-1}$
-2	$-3{,}19\cdot10^{+0}$	$1{,}70\cdot10^{-4}$
-1	$-1{,}06\cdot10^{+0}$	$-1{,}03\cdot10^{-1}$
0	0	$2{,}68\cdot10^{+0}$
1	$9{,}94\cdot10^{-1}$	$4{,}54\cdot10^{-2}$
2	$2{,}98\cdot10^{+0}$	$-3{,}77\cdot10^{-2}$
3	$4{,}97\cdot10^{+0}$	$6{,}01\cdot10^{-3}$

Tabelle 6.14: Parameterwerte für den Operator Γ_a^{-1} mit $n = 6$, $m = 10$ und $l = 3$

In Bild 6.5 ist die Wirkungsweise der linearen Steuerung für den Fall dargestellt, daß die Auslenkung des Mikropositioniersystems nicht von einer Kraft gestört wird. Das geht aus dem Kraftverlauf F in Bild 6.5b hervor. Bild 6.5a zeigt das vorgegebene Sollauslenkungssignal s_{soll}. Aus diesem wird durch die lineare Steuerung ein proportionales Spannungssignal U erzeugt, das in Bild 6.5c dargestellt ist. Die U-s_{soll}-Trajektorie der linearen Steuerung ist in Bild 6.5d abgebildet. Bild 6.5e zeigt das resultierende Istauslenkungssignal s und Bild 6.5f die s-s_{soll}-Trajektorie des Gesamtsystems. Anhand von Bild 6.5f ist deutlich zu erkennen, daß das Übertragungsverhalten des Gesamtsystems, bestehend aus der Reihenschaltung der linearen Steuerung und des Mikropositioniersystems, dieselbe hysterese-, kriech- und sättigungsbehaftete Charakteristik aufweist wie das in Bild 6.3e dargestellte aktorische Übertragungsverhalten des Mikropositioniersystems.

Im Vergleich dazu ist in Bild 6.6 die Wirkungsweise der inversen Kompensationssteuerung dargestellt. Bild 6.6a zeigt wieder das vorgegebene Sollauslenkungssignal s_{soll}. Aus diesem wird nun durch die inverse Steuerung ein invers verzerrtes Spannungssignal U erzeugt, das in Bild 6.6c dargestellt ist. Die U-s_{soll}-Trajektorie der inversen Steuerung ist in Bild 6.6d abgebildet. Bild 6.6e zeigt das resultierende Istauslenkungssignal s und Bild 6.6f die s-s_{soll}-Trajektorie des Gesamtsystems. Hierbei wird deutlich, daß die inverse Kompensationssteuerung das inverse Übertragungsverhalten zum aktorischen Übertragungspfad des Mikropositioniersystems aufweist. Als Folge davon wird das Übertragungsverhalten des Gesamtsystems, bestehend aus der Reihenschaltung von inverser Kompensationssteuerung und Steuerstrecke, nahezu vollständig von Hysterese-, Kriech- und Sättigungseffekten befreit.

In der Tabelle 6.15 ist für dieses Beispiel das Betragsmaximum der Abweichung zwischen dem Auslenkungssollwert s_{soll} und dem Auslenkungsistwert s eingetragen. Dieser sogenannte maximale Steuerungsfehler dient als Maß zur Beurteilung der Übertragungsgüte des Gesamtsystems.

Ansteuerung	$\max\{\lvert s_{soll}(t) - s(t)\rvert\}$
linear	0,731 µm
invers	0,088 µm

Tabelle 6.15: Maximale Steuerungsfehler ohne Kraftstörung

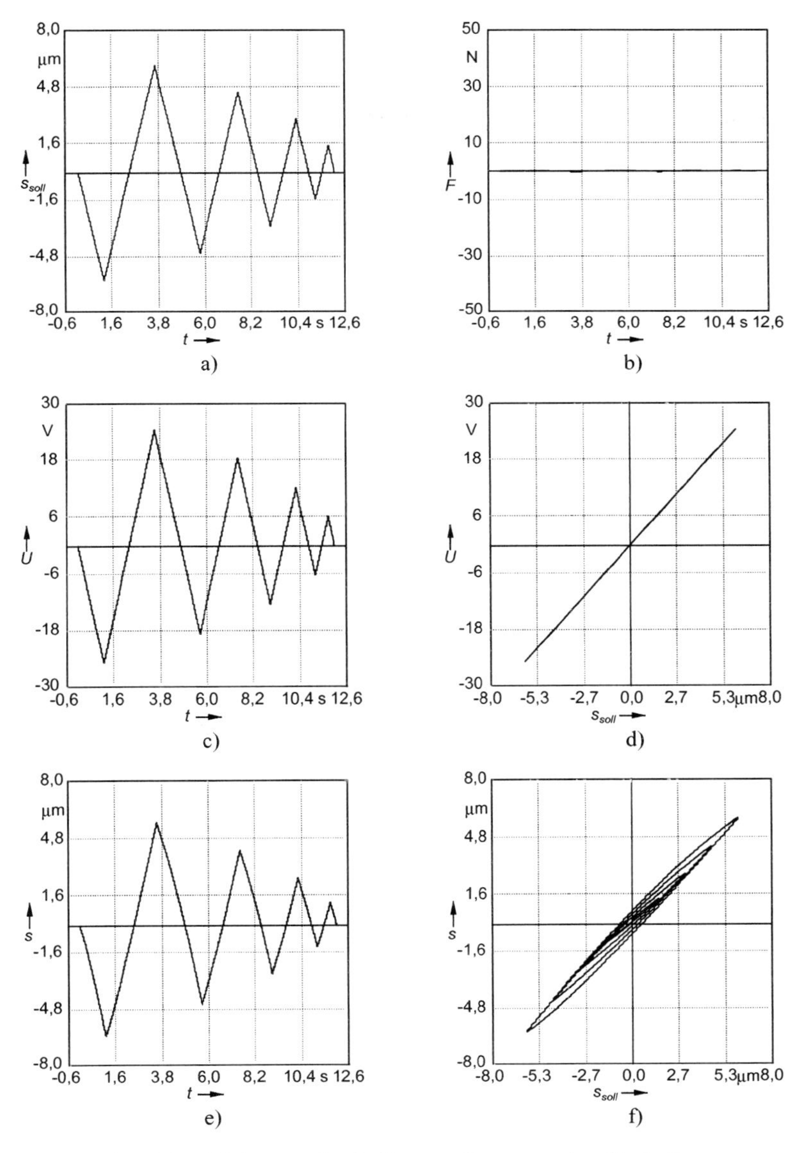

Bild 6.5: Wirkungsweise der linearen Steuerung ohne Kraftstörung
a) Sollauslenkungssignal s_{soll} b) Kraftsignal F
c) Spannungssignal U d) U-s_{soll}-Trajektorie
e) Istauslenkungssignal s f) s-s_{soll}-Trajektorie

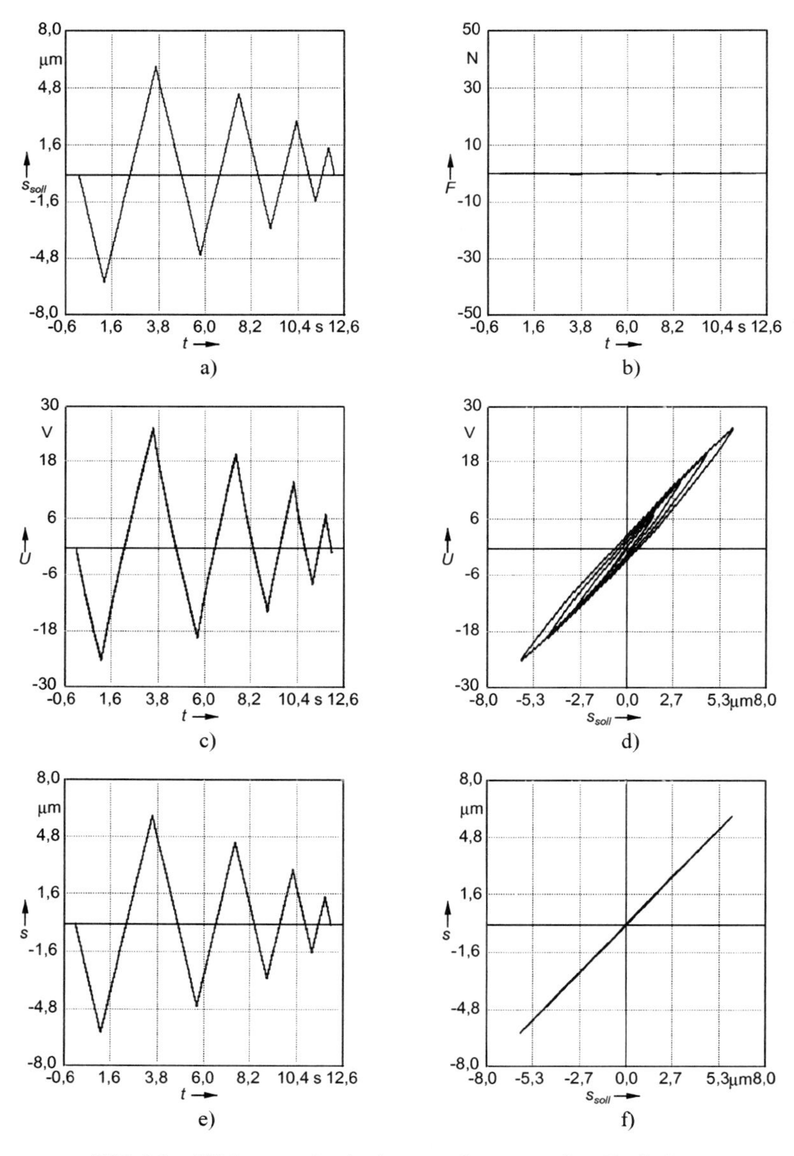

Bild 6.6: Wirkungsweise der inversen Steuerung ohne Kraftstörung
a) Sollauslenkungssignal s_{soll} b) Kraftsignal F
c) Spannungssignal U d) U-s_{soll}-Trajektorie
e) Istauslenkungssignal s f) s-s_{soll}-Trajektorie

Der verbleibende maximale Steuerungsfehler beträgt im Falle der inversen Kompensationssteuerung 1,48 % und im Fall der linearen Steuerung 12,18 % bezogen auf das Betragsmaximum des Sollauslenkungssignals. Es zeigt sich an diesem Beispiel, daß der Steuerungsfehler bei Verwendung einer operatorbasierten, inversen Kompensationssteuerung mit einer hinreichend großen Anzahl von Elementaroperatoren gegenüber einer konventionellen, linearen Ansteuerung um ungefähr den Faktor 8,3 verringert werden kann.

Bild 6.7 zeigt die Wirkungsweise der linearen Steuerung für den Fall, daß die Auslenkung von dem in Bild 6.7b dargestellten Kraftverlauf F gestört und nicht kompensiert wird. Aufgrund der vorhandenen Abhängigkeit der Auslenkung s von der Kraft entsteht durch die zusätzliche Krafteinwirkung eine starke, zusätzliche Abweichung der s-s_{soll}-Trajektorie von der gewünschten linearen s-s_{soll}-Trajektorie. Dieser Effekt ist in Bild 6.7f zu erkennen. Diese Störempfindlichkeit der Auslenkung bezüglich der Kraft wird durch die zusätzliche Berücksichtigung der Kraft in (5.7) stark reduziert. Dieser Effekt ist deutlich an der s-s_{soll}-Trajektorie in Bild 6.9f zu sehen. Aufgrund der Kompensation des Krafteinflusses ergibt sich in dieser Betriebsart für das Gesamtsystem ein Übertragungsverhalten, das dem des mechanisch unbelasteten Mikropositioniersystems mit linearer Steuerung entspricht.

Bild 6.8 zeigt die Wirkungsweise der inversen Kompensationssteuerung für den Fall, daß die Auslenkung s von dem in Bild 6.8b dargestellten Kraftverlauf F gestört und nicht kompensiert wird. Durch die zusätzliche Krafteinwirkung kommt es auch in diesem Fall zu einer starken Störung der nahezu idealen s-s_{soll}-Trajektorie des invers gesteuerten Systems. Diese Störempfindlichkeit wird durch die zusätzliche Berücksichtigung der Kraft in (5.7) ebenfalls stark reduziert. Es ergibt sich bei zusätzlicher Kompensation der Kraft eine s-s_{soll}-Trajektorie, wie sie in Bild 6.10f dargestellt ist. Die verbleibende Abweichung von der idealen s-s_{soll}-Trajektorie ist dabei vor allem auf die vereinfachenden Annahmen bei der Modellbildung in Kapitel 5.2 zurückführen.

In der Tabelle 6.16 ist der maximale Steuerungsfehler für den Fall einer linearen Steuerung und einer inversen Kompensationssteuerung bei Kraftstörung ohne Kraftkompensation dargestellt (vgl. Bilder 6.7 und 6.8). Beide Werte unterscheiden sich ungefähr um den durch Hysterese-, Kriech- und Sättigungseffekte entstehenden maximalen Steuerungsfehler.

Ansteuerung	$\max\{\lvert s_{soll}(t) - s(t)\rvert\}$
linear	2,457 µm
invers	1,740 µm

Tabelle 6.16: Maximale Steuerungsfehler bei Kraftstörung ohne Kraftkompensation

In der Tabelle 6.17 ist der maximale Steuerungsfehler für den Fall einer linearen Steuerung bei Kraftstörung mit Kraftkompensation und einer inversen Kompensationssteuerung bei Kraftstörung mit Kraftkompensation dargestellt (vgl. Bilder 6.9 und 6.10).

Ansteuerung	$\max\{\lvert s_{soll}(t) - s(t)\rvert\}$
linear	0,736 µm
invers	0,288 µm

Tabelle 6.17: Maximale Steuerungsfehler bei Kraftstörung mit Kraftkompensation

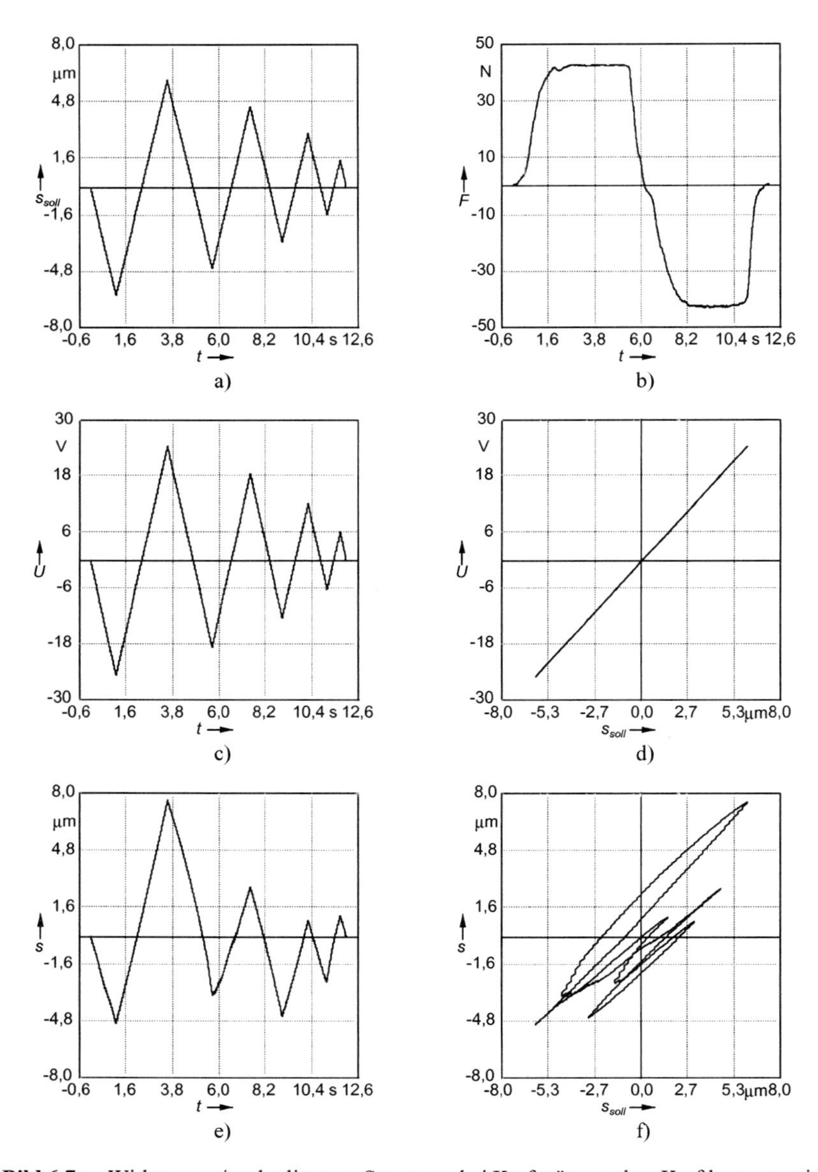

Bild 6.7: Wirkungsweise der linearen Steuerung bei Kraftstörung ohne Kraftkompensation
a) Sollauslenkungssignal s_{soll} b) Kraftsignal F
c) Spannungssignal U d) U-s_{soll}-Trajektorie
e) Istauslenkungssignal s f) s-s_{soll}-Trajektorie

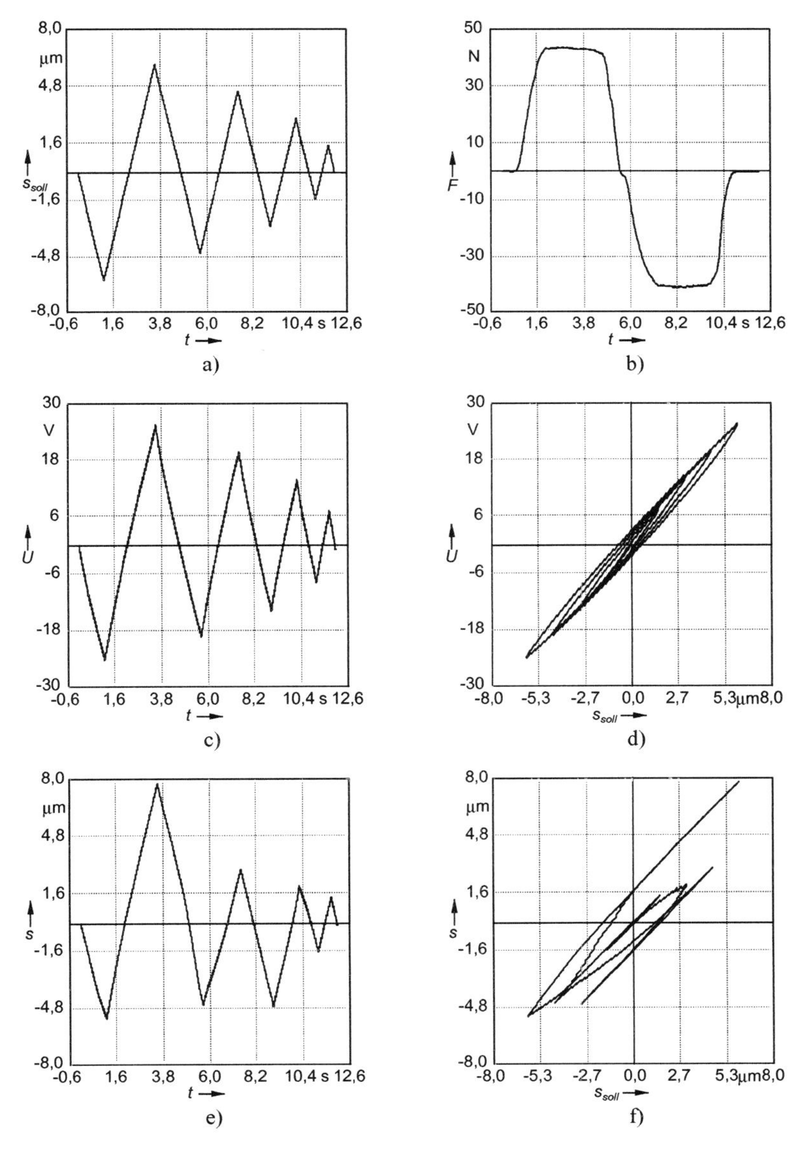

Bild 6.8: Wirkungsweise der inversen Steuerung bei Kraftstörung ohne Kraftkompensation
a) Sollauslenkungssignal s_{soll} b) Kraftsignal F
c) Spannungssignal U d) U-s_{soll}-Trajektorie
e) Istauslenkungssignal s f) s-s_{soll}-Trajektorie

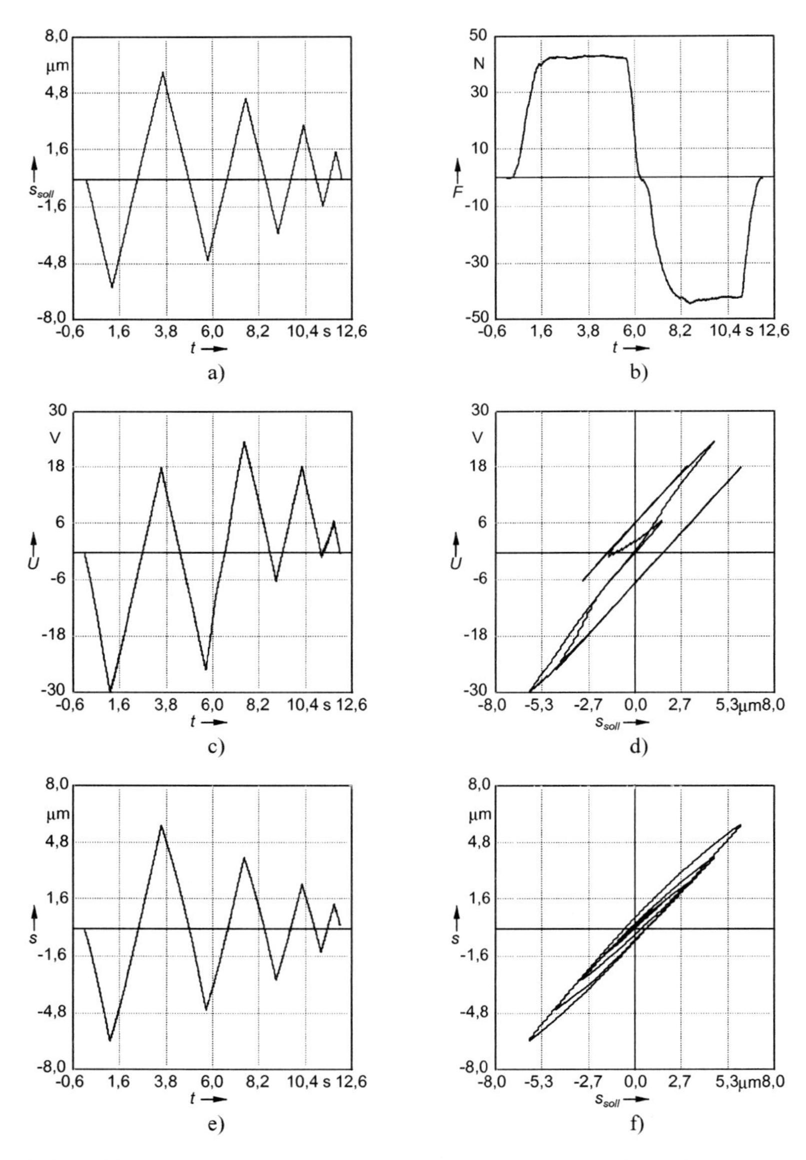

Bild 6.9: Wirkungsweise der linearen Steuerung bei Kraftstörung mit Kraftkompensation
a) Sollauslenkungssignal s_{soll} b) Kraftsignal F
c) Spannungssignal U d) U-s_{soll}-Trajektorie
e) Istauslenkungssignal s f) s-s_{soll}-Trajektorie

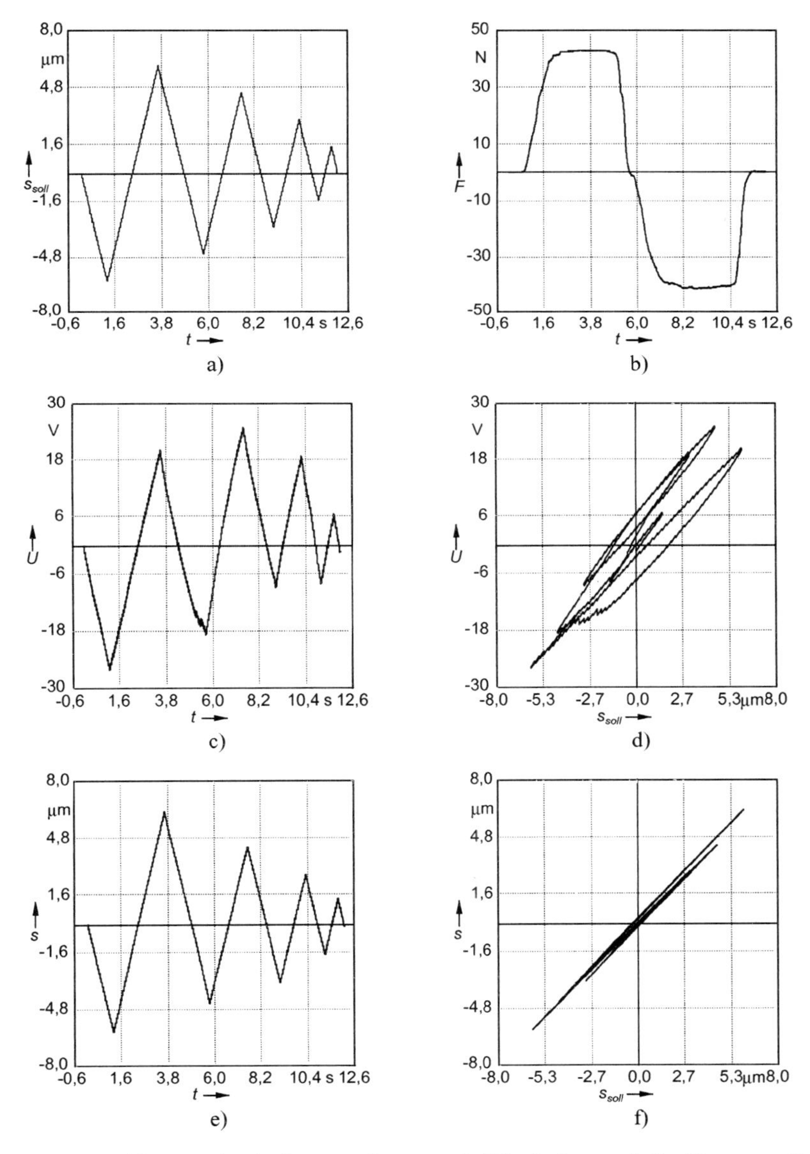

Bild 6.10: Wirkungsweise der inversen Steuerung bei Kraftstörung mit Kraftkompensation
a) Sollauslenkungssignal s_{soll} b) Kraftsignal F
c) Spannungssignal U d) U-s_{soll}-Trajektorie
e) Istauslenkungssignal s f) s-s_{soll}-Trajektorie

Durch Berücksichtigung der Kraft in (5.7) wird in diesem Beispiel der maximale Steuerungsfehler bei linearer Steuerung auf 12,26 % und bei inverser Kompensationsteuerung auf 4,80 %, bezogen auf das Betragsmaximum des Sollauslenkungssignals, reduziert.

Zusammenfassend kann festgehalten werden, daß mit der aus dem operatorbasierten Aktormodell hervorgehenden, inversen Kompensationssteuerung eine Über-alles-Verbesserung des aktorischen Übertragungsverhaltens um ungefähr eine Größenordnung möglich ist.

6.3 Rekonstruktion der mechanischen Größen

Im Rahmen dieses Abschnittes erfolgt die Validierung des operatorbasierten Signalverarbeitungskonzeptes zur On-line-Rekonstruktion der mechanischen Größen Kraft und Auslenkung. Zur Realisierung des Rekonstruktionsfilters muß ausgehend von dem gegebenen Operator Γ_s des sensorischen Übertragungspfades mit Hilfe der entsprechenden Transformationsbeziehungen der inverse Operator Γ_s^{-1} gebildet werden werden. Die Parameterwerte des invertierten, linearen statischen Referenzmodells sind in Tabelle 6.18 dargestellt.

i	r'_{Hi}	w'_{Hi}
0	0	$1{,}00\cdot10^{+0}$

l	r'_{Sl}	w'_{Sl}
0	0	$4{,}90\cdot10^{+0}$

Tabelle 6.18: Parameterwerte für den inversen Operator Γ_s^{-1} mit $n = 0$, $m = 0$ und $l = 0$

Tabelle 6.19 zeigt die Schwellwerte und Gewichte des inversen Operators für die Modellordnungen $n = 2$, $m = 0$ und $l = 1$.

i	r'_{Hi}	w'_{Hi}
0	0	$1{,}06\cdot10^{+0}$
1	$1{,}44\cdot10^{+1}$	$-5{,}92\cdot10^{-2}$
2	$2{,}97\cdot10^{+1}$	$-6{,}66\cdot10^{-2}$

l	r'_{Sl}	w'_{Sl}
-1	$-4{,}61\cdot10^{+0}$	$5{,}36\cdot10^{-2}$
0	0	$4{,}38\cdot10^{+0}$
1	$4{,}76\cdot10^{+0}$	$5{,}95\cdot10^{-2}$

Tabelle 6.19: Parameterwerte für den Operator Γ_s^{-1} mit $n = 2$, $m = 0$ und $l = 1$

Bild 6.11 zeigt das Ergebnis der Kraft- und Auslenkungsrekonstruktion für den Fall, daß dem Rekonstruktionsverfahren ein lineares statisches Sensormodell zugrunde liegt. In diesem Beispiel wird das piezoelektrische Mikropositioniersystem zugleich mit dem in Bild 6.11a abgebildeten Spannungssignal U und dem in Bild 6.11c schwarz dargestellten Kraftsignal F angesteuert. Das gemessene Ladungssignal q ist in Bild 6.11b gezeigt und beinhaltet vor allem spannungsabhängige Anteile und, deutlich schwächer ausgeprägt, auch kraftabhängige Anteile. Der aus den Meßdaten von Spannung U und Ladung q rekonstruierte Kraftverlauf F_{rec} ist in Bild 6.11c zusammen mit der gemessenen Kraft F dargestellt. Die gemessene Kraft F ist dabei durch eine schwarze Kurve gekennzeichnet, während der rekonstruierte Kraftverlauf F_{rec} als graue Kurve dargestellt ist. Offensichtlich besteht sehr wenig Ähnlichkeit zwischen dem gemessenen und dem rekonstruierten Kraftverlauf. Dieser Sachverhalt ist auch deutlich an der Abweichung der in Bild 6.11d schwarz dargestellten F_{rec}-F-Trajektorie von der in Bild 6.11d grau dargestellten, idealen F_{rec}-F-Trajektorie zu erkennen. Diese Abweichung läßt sich folgendermaßen plausibel machen.

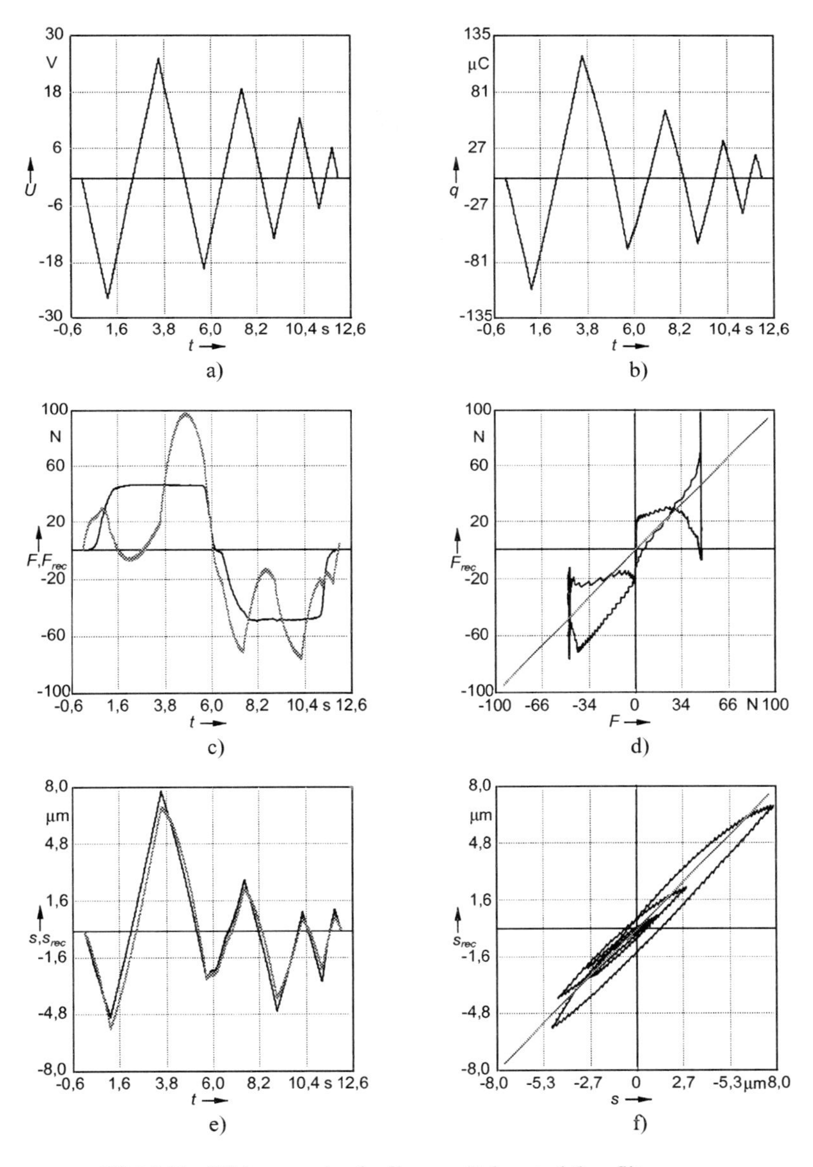

Bild 6.11: Wirkungsweise des linearen Rekonstruktionsfilters

a) Spannungssignal U b) Ladungssignal q

c) Kraftsignale F und F_{rec} d) F_{rec}-F-Trajektorie

e) Auslenkungssignale s und s_{rec} f) s_{rec}-s-Trajektorie

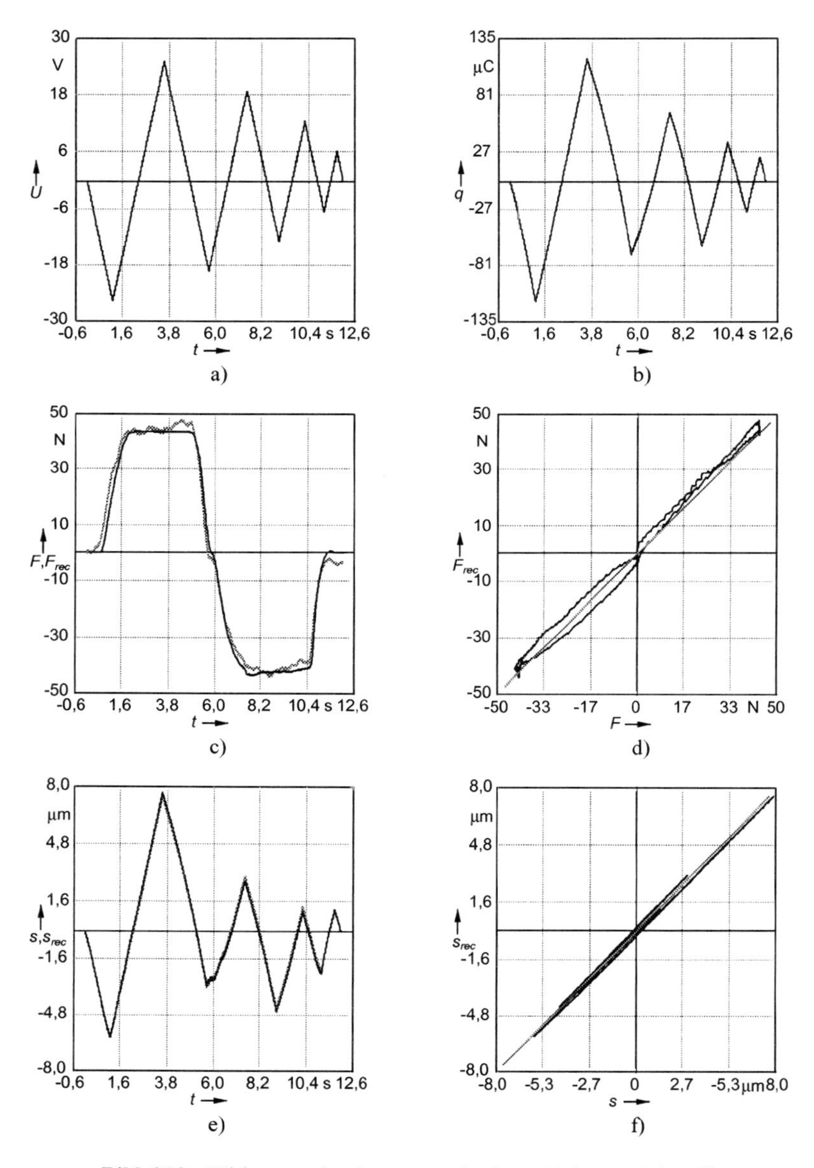

Bild 6.12 Wirkungsweise des operatorbasierten Rekonstruktionsfilters
a) Spannungssignal U b) Ladungssignal q
c) Kraftsignale F und F_{rec} d) F_{rec}-F-Trajektorie
e) Auslenkungssignale s und s_{rec} f) s_{rec}-s-Trajektorie

Wie anhand von Bild 6.3 zu erkennen ist, erzeugt im Arbeitsbereich die Kraft F ca. 8,1 % der Ladungsmenge q, die im Vergleich dazu die elektrische Spannung U erzeugt. Zugleich beträgt der relative, maximale Modellfehler für den elektrischen Übertragungspfad im Fall eines linearen Modells ca. 13,5 % und damit mehr als die durch die Krafteinwirkung generierbare Ladung. Das Rekonstruktionsfilter interpretiert diesen vornehmlich durch Hysterese-, Kriech- und Sättigungseffekte verursachten Modellfehler als Kraft und berechnet damit ein stark fehlerbehaftetes Kraftsignal. Der durch den maximalen Modellfehler des elektrischen Übertragungspfades verursachte Rekonstruktionsfehleranteil ist dominant gegenüber den Rekonstruktionsfehleranteilen, die über die restlichen Übertragungspfade entstehen. Daher läßt sich der Rekonstruktionsfehler vor allem durch die Verkleinerung des maximalen Modellfehlers des elektrischen Übertragungspfades reduzieren. Gegenüber einem linearen Modell liefert die Verwendung eines operatorbasierten Ansatzes eine Reduktion dieses maximalen Modellfehlers um den Faktor 15 und setzt damit genau an dieser Problemstelle an.

Der aus den Meßdaten von Spannung U und Ladung q rekonstruierte Auslenkungsverlauf s_{rec} ist in Bild 6.11e zusammen mit dem gemessenen Auslenkungsverlauf s dargestellt. Die gemessene Auslenkung s ist dabei durch eine schwarze Kurve gekennzeichnet, während der rekonstruierte Auslenkungsverlauf s_{rec} als graue Kurve dargestellt ist. Die Übereinstimmung zwischen dem gemessenen und dem rekonstruierten Auslenkungsverlauf ist deutlich höher als im Fall der Kraftrekonstruktion, obwohl zur Rekonstruktion der Auslenkung unter anderem auch die fehlerhaft rekonstruierte Kraft verwendet wird. Dieser Effekt läßt sich folgendermaßen erklären. Wie anhand von Bild 6.3 zu sehen ist, erzeugt im Arbeitsbereich die Kraft F nur ca. 24,7 % der Auslenkung s, die im Vergleich dazu die elektrische Spannung U erzeugt. Daher wirkt sich der Auslenkungsanteil, der durch eine fehlerhaft rekonstruierte Kraft verursacht wird, nur wenig auf die Gesamtauslenkung aus.

Bild 6.12 zeigt das Ergebnis der Kraft- und Auslenkungsrekonstruktion für den Fall, daß dem Rekonstruktionsverfahren ein operatorbasiertes Sensormodell zugrunde liegt. Aufgrund des wesentlich genaueren Modells für die elektrische Übertragungsstrecke zeigt Bild 6.12d eine wesentlich stärkere Ähnlichkeit zwischen dem in Bild 6.12c schwarz dargestellten, gemessenen Kraftverlauf F und dem in Bild 6.12c grau dargestellten, rekonstruierten Kraftverlauf F_{rec}. Dies wirkt sich auch positiv auf das in Bild 6.12e dargestellte Rekonstruktionsergebnis der Auslenkung s_{rec} aus.

Das Betragsmaximum der Abweichung zwischen rekonstruierter Kraft F_{rec} bzw. rekonstruierter Auslenkung s_{rec} und gemessener Kraft F bzw. Auslenkung s, der sogenannte maximale Rekonstruktionsfehler der Kraft bzw. der Auslenkung, ist für dieses Beispiel in Tabelle 6.20 dargestellt.

Rekonstruktion	$\max\{\lvert F(t) - F_{rec}(t)\rvert\}$	$\max\{\lvert s(t) - s_{rec}(t)\rvert\}$
linear	53,57 N	1,315 μm
invers	5,63 N	0,336 μm

Tabelle 6.20: Maximale Rekonstruktionsfehler

Er beträgt im Fall eines linearen Rekonstruktionsmodells für die Rekonstruktion der Kraft ca. 115 % bezogen auf das Betragsmaximum des gemessenen Kraftsignals und für die Rekonstruktion der Auslenkung ca. 22 % bezogen auf das Betragsmaximum des gemessenen Auslenkungssignals. Im Falle des operatorbasierten Rekonstruktionsmodells sinken diese Werte für die Rekonstruktion der Kraft auf ca. 12 % und für die Rekonstruktion der Auslenkung auf ca. 5,6 % ab.

Aus diesem Beispiel läßt sich folgern, daß ein smarter piezoelektrischer Aktor für den Großsignalbetrieb nur sinnvoll mit Hilfe einer Signalverarbeitung realisiert werden kann, die Hysterese, Kriech- und Sättigungseffekte im elektrischen Übertragungspfad in ausreichendem Maße berücksichtigt.

6.4 Smarte inverse Steuerung

Die inverse Steuerung benötigt zur Kompensation des Krafteinflusses Information über die momentan auf das Mikropositioniersystem wirkende Kraft F. Wie im vorangehenden Abschnitt gezeigt, kann diese Information aus den Meßwerten der elektrischen Spannung U und Ladung q gewonnen werden, sofern die Hysterese-, Kriech und Sättigungseffekte im elektrischen Übertragungspfad bei der Rekonstruktion der Kraft hinreichend berücksichtigt werden. In diesem Fall kann durch Rückkopplung der rekonstruierten Kraft F_{rec} auf die inverse Steuerung das Konzept des smarten piezoelektrischen Aktors mit dem Konzept der inversen Steuerung verknüpft werden. Als Ergebnis erhält man eine sogenannte smarte inverse Kompensationssteuerung. Diese ist in der Lage, Hysterese-, Kriech- und Sättigungseffekte im aktorischen Übertragungspfad und die Abhängigkeit der Auslenkung s von der Kraft F über den mechanischen Übertragungspfad ohne die Verwendung eines externen Kraft- oder Wegsensors zu kompensieren.

In Bild 6.13 ist die Funktionsweise der smarten inversen Steuerung des piezoelektrischen Mikropositioniersystems für den Fall dargestellt, daß der smarten inversen Steuerung ein lineares Sensor- und Aktormodell zugrunde liegt. Deutlich ist in Bild 6.13b der bei Verwendung eines linearen Rekonstruktionsfilters fehlerhaft rekonstruierte Kraftverlauf F_{rec} und in Bild 6.13d sein Einfluß auf die U-s_{soll}-Trajektorie zu erkennen. Daraus und aus der Verwendung einer linearen Steuerung ergibt sich in diesem Beispiel die in Bild 6.13f abgebildete s-s_{soll}-Trajektorie, die neben Hysterese-, Kriech- und Sättigungseffekten auch Anteile zeigt, die aufgrund der rückgekoppelten, fehlerhaft rekonstruierten Kraft erzeugt werden. Allerdings läßt sich feststellen, daß in diesem Beispiel trotz fehlerhafter Rekonstruktion der Kraft gegenüber dem linear gesteuerten System ohne Kraftkompensation eine Reduktion des maximalen Steuerungsfehlers um ungefähr den Faktor 1,75 erfolgt. Dies läßt sich qualitativ anhand des Vergleichs der Bilder 6.7 und 6.13 und quantitativ anhand des Vergleichs der Tabellen 6.16 und 6.21 nachvollziehen.

Ansteuerung	$\max\{\lvert s_{soll}(t) - s(t)\rvert\}$
linear	1,415 µm
invers	0,305 µm

Tabelle 6.21: Maximale Steuerungsfehler bei Kraftstörung mit Kraftkompensation durch Kraftrekonstruktion

Bild 6.14 zeigt die Funktionsweise der smarten inversen Steuerung des piezoelektrischen Mikropositioniersystems für den Fall, daß der smarten inversen Steuerung ein operatorbasiertes Sensor- und Aktormodell zugrunde liegt. In diesem Fall stimmt der rekonstruierte Kraftverlauf F_{rec} wesentlich besser mit dem realen Kraftverlauf F überein.

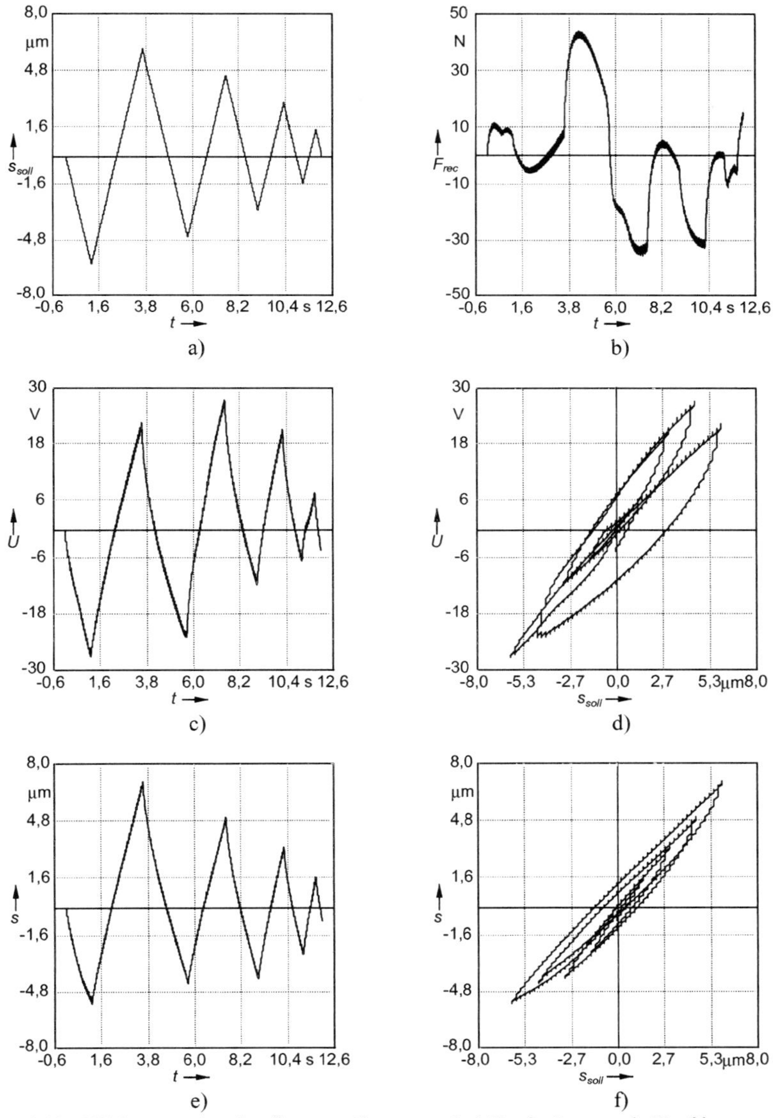

Bild 6.13: Wirkungsweise der linearen Steuerung bei Kraftstörung mit Kraftkompensation durch lineare Kraftrekonstruktion

a) Sollauslenkungssignal s_{soll} b) Rekonstruiertes Kraftsignal F

c) Spannungssignal U d) U-s_{soll}-Trajektorie

e) Istauslenkungssignal s f) s-s_{soll}-Trajektorie

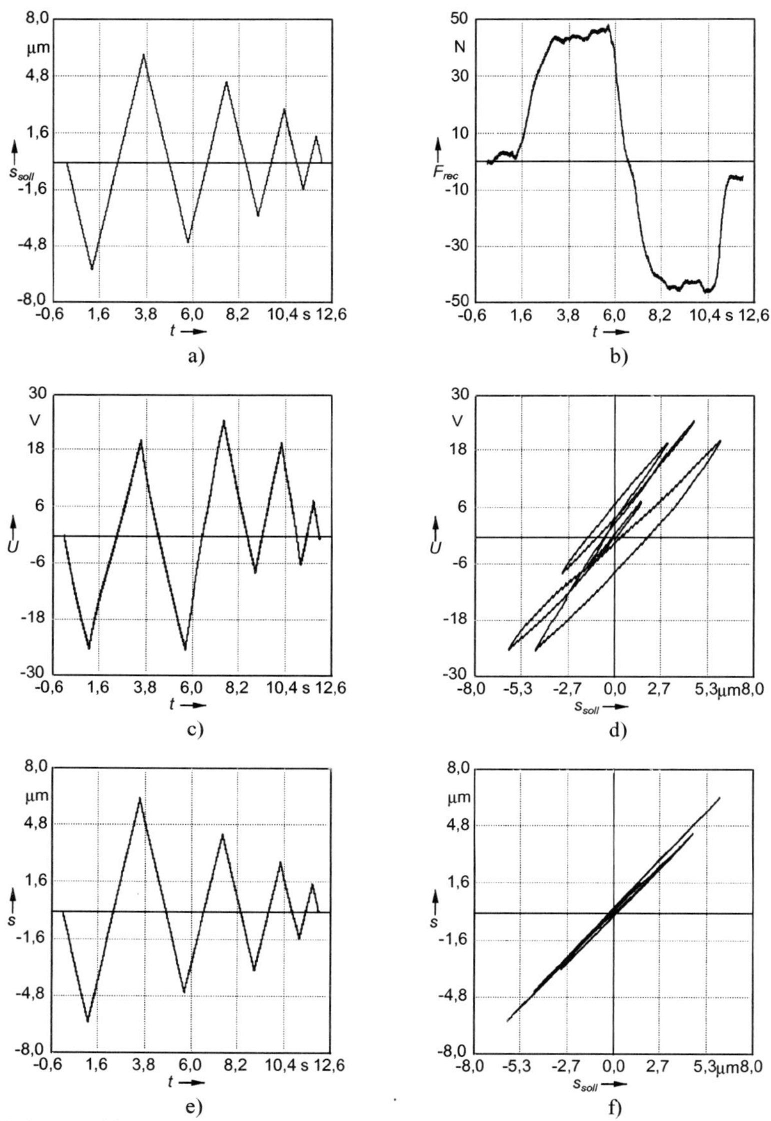

Bild 6.14: Wirkungsweise der inversen Steuerung bei Kraftstörung mit Kraftkompensation durch operatorbasierte Kraftrekonstruktion
a) Sollauslenkungssignal s_{soll} b) Rekonstruiertes Kraftsignal F
c) Spannungssignal U d) U-s_{soll}-Trajektorie
e) Istauslenkungssignal s f) s-s_{soll}-Trajektorie

Als Folge davon ergibt sich die in Bild 6.14f dargestellte s-s_{soll}-Trajektorie, die sich von dem entsprechenden Ergebnis der inversen Steuerung bei Kraftstörung mit Kraftkompensation durch externe Kraftmessung qualitativ nicht unterscheidet, vgl. Bild 6.10f. Der in Tabelle 6.22 angegebene, maximale Steuerungsfehler ist für die smarte inverse Steuerung nur geringfügig größer als der maximale Steuerungsfehler im Fall der inversen Steuerung mit Kraftkompensation durch externe Kraftmessung. Dieser vernachlässigbare Unterschied ist auf die Restfehler bei der Rekonstruktion der Kraft zurückzuführen.

Zusammenfassend kann festgehalten werden, daß mit der aus dem operatorbasierten Sensor- und Aktormodell hervorgehenden, smarten inversen Steuerung ohne Verwendung externer Kraft- oder Wegsensoren eine Über-alles-Verbesserung des Übertragungsverhaltens des piezolelektrischen Mikropositioniersystems um ungefähr eine Größenordnung möglich ist.

7 Zusammenfassung und Ausblick

Piezoelektrische Materialien werden aufgrund ihrer Fähigkeit, elektrische Energie in mechanische Energie umwandeln zu können, schon seit längerer Zeit industriell zum Aufbau von Aktoren genutzt. Gegenüber herkömmlichen Antriebsprinzipien weisen piezoelektrische Materialien den Vorteil auf, daß die Energiewandlung nahezu verzögerungsfrei erfolgt. Dabei können hohe Stellkräfte bei geringem inneren Leistungsumsatz im quasistatischen Betrieb erzeugt werden. Weitere Vorteile piezoelektrischer Aktoren sind die hohe Steifigkeit und das nahezu unbegrenzte Wegauflösungsvermögen. Andererseits sind ihre Auslenkungen klein, da die erreichbaren Dehnungen nur maximal 1,5 - 2 ‰ betragen. Daher werden piezoelektrische Aktoren zur Erzeugung möglichst großer Auslenkungen mit hohen elektrischen Spannungen angesteuert. Infolge des elektrischen Großsignalbetriebs laufen im Innern des piezoelektrischen Materials Domänenprozesse ab, die sich dem linearen piezoelektrischen Materialverhalten überlagern und auf makroskopischer Ebene Hysterese-, Kriech- und Sättigungseffekte im Übertragungsverhalten des piezoelektrischen Aktors verursachen. Aufgrund dieser nichtlinearen statischen und dynamischen Großsignaleffekte sind die linearen piezoelektrischen Materialbeziehungen im Großsignalbetrieb nicht mehr gültig.

Eine Möglichkeit zur Linearisierung des Aktorübertragungsverhaltens besteht in der Kompensation nichtidealer Übertragungsanteile in offener Wirkungskette durch Vorschalten einer inversen Kompensationssteuerung. Diese Lösungsvariante ist sehr wirtschaftlich, da keine externen Sensoren zur Kompensation benötigt werden. Eine prinzipielle Forderung der inversen Steuerung besteht jedoch darin, daß aufgrund der fehlenden Rückkopplung der Aktorausgangsgröße im Sinne einer Regelung für eine wirkungsvolle Kompensation unerwünschter Übertragungsanteile ein hinreichend genaues mathematisches Modell der zu steuernden Strecke vorliegen muß.

Ein mathematischer Formalismus zur systematischen Behandlung hysteresebehafteter Übertragungsglieder wurde Ende der 60er bzw. zu Beginn der 70er Jahre des 20sten Jahrhunderts entwickelt. Den Kern dieser Theorie bilden sogenannte Hystereseoperatoren, die hysteresebehaftete Übertragungsglieder als Abbildung zwischen Funktionenräumen beschreiben. Aufgrund der stark angestiegenen Anzahl mechatronischer Anwendungen, die neue Festkörperaktoren aus magnetostriktiven und piezoelektrischen Materialien oder aus Formgedächtnislegierungen als Antriebe verwenden - alle diese Aktoren zeigen starke Hystereseeffekte - wird seit Beginn der 90er Jahre des 20sten Jahrhunderts die Theorie hysteresebehafteter Systeme von Ingenieuren verstärkt zur Entwicklung von inversen Steuerungen für hysteresebehaftete Übertragungsglieder genutzt. Während anfangs überwiegend der Preisach-Hystereseoperator als Grundlage für die Modellbildung und inverse Steuerung von Festkörperaktoren herangezogen wurde, verwenden neuere Arbeiten auch den Prandtl-Ishlinskii-Hystereseoperator.

Zentraler Gegenstand der vorliegenden Arbeit ist die konsistente Erweiterung der mathematisch-phänomenologischen Methode zur Beschreibung hysteresebehafteter Übertragungsglieder um Elemente, die die im Großsignalbetrieb piezoelektrischer Aktoren zusätzlich auftretenden Kriech- und Sättigungseffekte berücksichtigen. Die Erweiterung basiert auf sogenannten elementaren Kriech- und Superpositionsoperatoren, die, geeignet gewichtet, komplexe Kriech- und Sättigungsphänomene sehr genau nachbilden können. Auf der Grundlage dieser operatorbasierten Methodik erfolgt im Anschluß daran die Entwicklung eines neuartigen, echtzeitfähigen Steuerungskonzeptes zur simultanen Kompensation von Hysterese-, Kriech- und Sättigungseffekten sowie zur zusätzlichen Kompensation von Störeffekten, die durch die endliche Steifigkeit des Aktormaterials zustande kommen.

Aufgrund der inhärenten sensorischen Eigenschaften piezoelektrischer Materialien können piezoelektrische Wandler während des aktorischen Betriebs auch sensorisch arbeiten. Sie werden daher zu den multifunktionalen Werkstoffen gezählt. In dieser Art und Weise betrieben werden piezoelektrische Wandler auch als smarte Aktoren bezeichnet. Die Information über die momentane mechanische Belastung und die momentane Auslenkung des Wandlers steckt bei Spannungssteuerung des Wandlers in der elektrischen Reaktionsgröße, das heißt der elektrischen Ladung. Der Grundgedanke des smarten Aktors besteht nun darin, aus der gemessenen elektrischen Ladung des Wandlers den durch die mechanische Belastung erzeugten Ladungsanteil herauszufiltern. Dies erfordert aber ein Modell, das die Abhängigkeit der Ladung von der Kraft und von der elektrischen Spannung hinreichend genau beschreibt. Da insbesondere die Abhängigkeit der elektrischen Ladung von der elektrischen Spannung bei elektrischer Großsignalaussteuerung hysterese-, kriech- und sättigungsbehaftetet ist, läßt sich auf der Basis der in dieser Arbeit entwickelten, elementaren Hysterese-, Kriech- und Superpositionsoperatoren ein operatorbasiertes Signalverarbeitungskonzept aufstellen, das eine Realisierung des smarten Aktors auch für den elektrischen Großsignalbetrieb ermöglicht.

Aus der Kombination des operatorbasierten Steuerungs- und Signalverarbeitungskonzepts resultiert das Prinzip der sogenannten smarten inversen Steuerung. Diese neuartige Steuerung ist in der Lage, gleichzeitig Hysterese-, Kriech- und Sättigungseffekte sowie Störeffekte, die durch die endliche Steifigkeit des Aktormaterials zustande kommen, zu kompensieren, ohne einen externen Weg- oder Kraftsensor zu verwenden. Die Sensorinformation, die zur Sicherstellung dieser Funktionalität benötigt wird, gewinnt die inverse Steuerung dabei allein über das Prinzip des smarten Aktors.

Die Arbeit schließt mit einer Validierung der operatorbasierten Steuerungs- und Signalverarbeitungskonzepte am Beispiel eines kommerziell erhältlichen piezoelektrischen Mikropositioniersystems. Dabei wird gezeigt, daß mit Hilfe der neuartigen Steuerungs- und Signalverarbeitungskonzepte das Aktorübertragungsverhalten um ungefähr eine ganze Größenordnung verbessert wird.

Aufgrund ihres phänomenologischen Charakters sind die in dieser Arbeit beschriebenen Steuerungs- und Signalverarbeitungsmethoden grundsätzlich auch auf hysterese-, kriech- und sättigungsbehaftete Systeme anderer physikalischer Herkunft anwendbar. Die Übertragbarkeit der Forschungsergebnisse ist deshalb Gegenstand zukünftiger Forschungsbemühungen. Im Rahmen dieser Arbeit erfolgt die Realisierung des operatorbasierten Steuerungs- und Signalverarbeitungskonzeptes mit Hilfe eines digitalen Rechners. Alternativ dazu ist auch eine Realisierung auf der Basis gemischt analoger und digitaler Signalverarbeitungselektronik denkbar. Erste Schritte in diese Richtung werden derzeit am Lehrstuhl für Prozeßautomatisierung unternommen. Darüber hinaus wird angestrebt, die derzeit off-line durchgeführte Anpassung der Steuerung an das Übertragungsverhalten des zu steuernden Übertragungsgliedes adaptiv zu gestalten. Erste Untersuchungen diesbezüglich wurden im Rahmen einer Diplomarbeit [Ram00] durchgeführt.

Literaturverzeichnis

[Ber94] Bergqvist, A.: *On magnetic hysteresis modeling*. Royal Institute of Technology, Electric Power Engineering, Stockholm, 1994.

[Ber92] Bertotti, G.: *Dynamic generalization of the scalar Preisach model of hysteresis*. In: IEEE Transaction on Magnetics Vol. 28 (1992) No. 5, S. 2599-2601.

[Ber98] Bertotti, G.: *Hysteresis in magnetism*. Acad. Press, San Diego, 1998.

[Bet93] Betten, J.: *Kontinuumsmechanik*. Springer-Verlag, Heidelberg, 1993.

[BHW93] Burg, K.; Haf, H.; Wille, F.: *Höhere Mathematik für Ingenieure Band V: Funktionalanalysis und partielle Differentialgleichungen*. Teubner-Verlag, Stuttgart, 1993.

[BHW97] Burg, K.; Haf, H.; Wille, F.: *Höhere Mathematik für Ingenieure Band I: Analysis*. Teubner-Verlag, Stuttgart, 1997.

[BS96] Brokate, M.; Sprekels, J.: *Hysteresis and Phase Transitions*. Springer-Verlag, New York, Berlin, Heidelberg, 1996.

[CC94] Cole D.J.; Clark R.L.: *Adaptive compensation of piezoelectric sensoriactuator*. In: Journal of Intelligent Material Systems and Structures Vol. 5 (1994), S.665-672.

[CCS82] Chu, P.L.; Chen, P.Y.P.; Sammut, R.A.: *Improving the Linearity of Piezoelectric Ceramic Actuators*. In: Electronic Letters Vol. 18 (1982) No. 11, S. 442-445.

[Cle99] Clephas, B.: *Untersuchung von hybriden Festkörperaktoren*. Universität des Saarlandes, Technische Fakultät, Saarbrücken, Dissertation, 1999.

[Del99] Della Torre, E.: *Magnetic Hysteresis*. IEEE-Press, New York, 1999.

[DHL99] Dimmler, M.; Holmberg, U.; Longchamp, R.: *Hysteresis Compensation of Piezo Actuators*. Proceedings of the European Control Conference (Karlsruhe 1999). CD-ROM rubicon GmbH.

[DIG92] Dosch, J.J.; Inman, D.J.; Garcia, E.: *A self-sensing piezoelectric actuator for collocated control*. In: Journal of Intelligent Material Systems and Structures Vol. 3 (1992), S.166-185.

[Föl90] Föllinger, O.: *Lineare Abtastsysteme*. Oldenbourg-Verlag, München, Wien, 1990.

[FUM98] Furutani, K.; Urushibata, M.; Mohri, N.: *Displacement Control of Piezoelectric Element by Feedback of induced Charge*. In: Nanotechnology 9 (1998), S. 93-98.

[GJ95] Ge, P.; Jouaneh, M.: *Modeling hysteresis in piezoceramic actuators*. In: Precision Engineering Vol. 17 (1995) No. 3, S. 211-221.

[GJ96] Ge, P.; Jouaneh, M.: *Tracking Control of a Piezoceramic Actuator*. In: IEEE Transaction on Control System Technology Vol. 4 (1996) No. 3, S. 209-216.

[GJ97] Ge, P.; Jouaneh, M.: *Generalized preisach model for hysteresis nonlinearity of piezoceramic actuators*. In: Precision Engineering Vol. 20 (1997) No. 2, S. 99-111.

[GMS84] Gill, P.E.; Murray, W.; Saunders, M.A.; Wright, M.H.: *Procedures for Optimization Problems with a Mixture of Bounds and General Linear Constraints*. In: ACM Transaction on Mathematical Software Vol. 10 (1984) No. 3, S. 282-298.

[GR98] Galinaitis, W.S.; Rogers, R.C.: *Control of a hysteretic actuator using inverse hysteresis compensation*. Proceedings of the SPIE Conference on Mathematics and Control in Smart Structures (San Diego 1998). S. 267-277.

[Has94] Haas, M.: *Korrektur von Hysteresefehlern bei Sensoren durch Signalverarbeitung auf der Basis mathematischer Modelle*. Fortschritt-Berichte VDI Reihe 8, VDI-Verlag, Düsseldorf, 1994.

[Heu95] Heuser, H.: *Gewöhnliche Differentialgleichungen*. Teubner-Verlag, Stuttgart, 1995.

[HR93] Hurlbut, B.J.; Regelbrugge, M.E.: *Development of a self-sensing multilayer piezoceramic actuator for structural damping applications*. 4th International Conference on Adaptive Structures (Cologne 1993). S. 29-41.

[HW97] Hughes, D.; Wen, J.T.: *Preisach modeling of piezoceramic and shape memory alloy hysteresis*. In: Smart Mater. Struct. Vol. 6 (1997), S. 287-300.

[JG97] Jones, L.; Garcia, E.: *Novel approach to self-sensing actuation*. Proceedings of SPIE-Conference on Smart Structures and Materials Vol. 3041 (San Diego 1997). S. 305-314.

[JGW94] Jones, L.; Garcia, E.; Waites, H.: *Selfsensing control applied to a stacked PZT actuator used as a micropositioner*. In: Smart Structures and Materials Vol. 3 (1994), S. 147-156.

[JJSS96] Janocha, H.; Jendritza, D.J.; Scheer, P.; Stephan, P.: *Principle of smart piezo-actuators*. Proceedings of the 5th International Conference on New Actuators (Bremen 1996). S. 148-151.

[JK98] Janocha, H.; Kuhnen, K.: *Ein neues Hysterese- und Kriechmodell für piezoelektrische Wandler*. In: at-Automatisierungstechnik Vol. 46 (1998) No. 10, S. 493-500.

[JK00] Janocha, H.; Kuhnen, K.: *Real-time Compensation of Hysteresis and Creep in Piezoelectric Actuators*. In: Sensors & Actuators A 79 (2000), S. 83-89.

[JKC98] Janocha, H.; Kuhnen, K.; Clephas, B.: *Inherent Sensory Capabilities of Solid State Actuators*. In: Fortschritt-Berichte VDI Reihe 11 (1998) Nr. 268, VDI-Verlag, Düsseldorf, S. 33-42.

[JSJ94] Janocha, H.; Schäfer, J.; Jendritza, D.J.: *Smart solid-state actuators*. Proceedings of the 4th International Conference on New Actuators (Bremen 1994). S. 224-228.

[KJ98a] Kuhnen, K.; Janocha, H.: *Compensation of Creep and Hysteresis of Piezoelectric Actuators with inverse Systems*. Proceedings of the 6th International Conference on New Actuators (Bremen 1998). S. 309-312.

[KJ98b] Kuhnen, K.; Janocha, H.: *Kompensationseinrichtung, Verfahren und Stelleinrichtung zur Kompensation von Kriech- und Hystereseeffekten im Übertragungsverhalten von Stellgliedern*. Offenlegungsschrift DE 19825 859 A 1, Anmeldung 10.06.1998.

[KJ99a] Kuhnen, K.; Janocha, H.: *Nutzung der inhärenten sensorischen Eigenschaften von piezoelektrischen Aktoren*. In: tm-Technisches Messen Vol. 66 (1999) No. 4, S.132-138.

[KJ99b] Kuhnen, K.; Janocha, H.: *Adaptive Inverse Control of Piezoelectric Actuators with Hysteresis Operators*. Proceedings of the European Control Conference (Karlsruhe 1999). CD-ROM rubicon GmbH.

[KJ00a] Kuhnen, K.; Janocha, H.: *Operator-based Compensation of Hysteresis, Creep and Force-dependence of Piezoelectric Actuators*. Proceedings of the 1st IFAC-Conference on Mechatronic Systems (Darmstadt 2000). S. 421-426.

[KJ00b] Kuhnen, K.; Janocha, H.: *An Operator-based Controller Concept for Smart Piezoelectric Actuators*. Proc. of the IUTAM-Symposium on Smart Structures and Structronic Systems (Magdeburg 2000). S. 299-306.

[KK00] Krejci, P.; Kuhnen, K.: *Inverse Control of Systems with Hysteresis and Creep*. Zur Veröffentlichung angenommen in: IEE Proceedings Control Theory and Applications.

[Kor93] Kortendieck, H.: *Entwicklung und Erprobung von Modellen zur Kriech- und Hysteresiskorrektur*. Fortschritt-Berichte VDI Reihe 8 Nr. 326, VDI-Verlag, Düsseldorf, 1993.

[KP89] Krasnosel'skii, M.A.; Pokrovskii, A.V.: *Systems with Hysteresis*. Springer-Verlag, Berlin, Heidelberg, New York, London, Paris, Tokyo, 1989.

[Kre96] Krejci, P.: *Hysteresis, Convexity and Dissipation in Hyperbolic Equations*. Gakuto Int. Series Math. Sci. & Appl. Vol. 8, Gakotosho, Tokyo, 1996.

[Krü75] Krüger, G.: *Untersuchung der Domänenprozesse und der Koerzitivkraft ferroelektrischer PLZT 6/65/35-Keramik*. Universität Fridericiana Karlsruhe (TU), Fakultät für Elektrotechnik, Karlsruhe, Dissertation, 1975.

[KT95] Ko, B.; Tongue, B.H.: *Acoustic control using a self-sensing actuator*. In: Journal of Sound and Vibration Vol. 187 (1995), S.145-165.

[Las98] Last, B.: *Analyse und Modellierung von Hystereseeigenschaften in piezoelektrischen Aktoren zum Zweck der Reglersynthese*. Universität Stuttgart, Fakultät für Luft- und Raumfahrttechnik, Stuttgart, Dissertation, 1998.

[May88] Mayergoyz, I. D.: *Dynamic Preisach model of hysteresis*. IEEE Transaction on Magnetics Vol. 24 (1988), S. 2925-2927.

[May91] Mayergoyz, I.D.: *Mathematical Models of Hysteresis*. Springer-Verlag, New York, 1991.

[MG97] Main, J.A.; Garcia, E.: *Design Impact of Piezoelectric Actuator Nonlinearities*. In: Journal of Guidance, Control and Dynamics Vol. 20 (1997) No. 2, S. 327-332.

[MGN95] Main, J.A.; Garcia, E.; Newton, D.V.: *Precision Positioning Control of Piezoelectric Actuators using Charge Feedback*. In: Journal of Guidance, Control and Dynamics Vol. 18 (1995) No. 5, S. 1068-1073.

[Pap91] Papageorgiou, M.: *Optimierung*. Oldenbourg-Verlag, München, Wien, 1991.

[Per98] Pertsch, P.: *Großsignalmeßtechnik für elektromechanische Festkörperaktoren*. Neue Aktoren im Maschinen- und Anlagenbau, Fachveranstaltung Nr. E-30-330-051-8, Haus der Technik e.V., Essen, 1998.

[PI98] Physik Instrumente: *Nanopositionierung 98*. Physik Instrumente Produktkatalog, Waldbronn, 1998.

[PLD98] Palis, F.; Ladra, U.; Dzhantimirov, S.: *Control of Piezoelectric Actuators in Sliding Mode Operation*. Proceedings of the Euromech 373 Colloquium (Magdeburg 1998). S. 237-244.

[Pre35] Preisach, F.: *Über die magnetische Nachwirkung*. In: Zeitschrift für Physik Vol. 94 (1935), S. 277-302.

[QI97] Queensgate Instruments: *Nanopositioning Book*. Queensgate Instruments Ltd., Berkshire, 1997.

[Ram00] Ramm, R.: *Entwicklung adaptiver Steuerungen zur On-line-Hysteresekompensation von piezoelektrischen Aktoren auf der Basis von Hystereseoperatoren*. Universität des Saarlandes, Technische Fakultät, Saarbrücken, Diplomarbeit, 2000.

[Sch96] Schäufele, A.: *Ferroelastische Eigenschaften von Blei-Zirkonat-Titanat-Keramiken*. Fortschritt-Berichte VDI Reihe 5 Nr. 445, VDI-Verlag, Düsseldorf, 1996.

[SJ95] Schäfer, J.; Janocha, H.: *Compensation of hysteresis in solid-state actuators*. In: Sensors & Actuators A 49 (1995), S. 97-102.

[SSN93] Sreeram, P.N.; Salvady, G.; Naganathan, N.G.: *Hysteresis Prediction for a Piezoceramic Material System*. In: Adaptive Structures and Material Systems Vol. 35 (1993), S. 35-42.

[Val95] Vallone, P.: *High-performance piezo-based self-sensor for structural vibration control*. SPIE Smart Structures and Materials Conference 2443 (1995). S.643-655.

[Vis94] Visintin, A.: *Differential Models of Hysteresis*. Springer-Verlag, Berlin Heidelberg, 1994.

Anhang A

Lipschitz-Stetigkeit des inversen, zeitdiskreten, modifizierten Prandtl-Ishlinskii-Kriech-Hystereseoperators

Gegenstand dieses Kapitels ist der Nachweis der in Kapitel 4 angegebenen Lipschitz-Stetigkeit des inversen, zeitdiskreten, modifizierten Prandtl-Ishlinskii-Kriech-Hystereseoperators Γ^{-1} in der Menge der beschränkten Folgen $L_\infty(0,N)$. Ausgehend von der Lipschitz-Stetigkeit wurde in Kapitel 4 auf eine weitere wichtige Eigenschaft des inversen, zeitdiskreten, modifizierten Prandtl-Ishlinskii-Kriech-Hystereseoperators Γ^{-1} geschlossen, die als $L_\infty(0,N)$-Stabilität bezeichnet wird. Im ersten Teil diese Kapitels werden die Menge der beschränkten Folgen $L_\infty(0,N)$, die Lipschitz-Stetigkeit und die $L_\infty(0,N)$-Stabilität definiert. Im zweiten Teil erfolgt der Nachweis der Lipschitz-Stetigkeit der Identitätsfunktion I, der einseitigen Totzonefunktion S, der gleitenden, symmetrischen Totzonefunktion H, der elementaren Funktion L und der elementaren Funktion K. Ausgehend von der Lipschitz-Stetigkeit dieser elementaren Funktionen läßt sich dann im dritten Teil die Lipschitz-Stetigkeit des Identitätsoperators, des einseitigen Totzoneoperators, des Playoperators, des elementaren, linearen Kriechoperators und des elementaren, schwellwertbehafteten Kriechoperators ableiten. Aus der Lipschitz-Stetigkeit der Elementaroperatoren wird im vierten Teil des Kapitels auf die Lipschitz-Stetigkeit des Prandtl-Ishlinskii-Superpositionsoperators S, des Prandtl-Ishlinskii-Hystereseoperators H und des Prandtl-Ishlinskii-Kriechoperators K geschlossen. Darauf folgt im fünften Teil der Nachweis der Lipschitz-Stetigkeit des inversen Prandtl-Ishlinskii-Superpositionsoperators S^{-1} und des inversen Prandtl-Ishlinskii-Hystereseoperators H^{-1} an. Im sechsten Teil wird aufbauend auf der Lipschitz-Stetigkeit der Prandtl-Ishlinskii-Operatoren S, H und K die Lipschitz-Stetigkeit des modifizierten Prandtl-Ishlinskii-Kriech-Hystereseoperators Γ aufgezeigt. Im siebten und abschließenden Teil des Kapitels erfolgt aufbauend auf den Stetigkeitseigenschaften des Prandtl-Ishlinskii-Kriechoperators K, des inversen Prandtl-Ishlinskii-Hystereseoperators H^{-1} und des inversen Prandtl-Ishlinskii-Superpositionsoperators S^{-1} der Nachweis der Lipschitz-Stetigkeit des inversen, modifizierten Prandtl-Ishlinskii-Kriech-Hystereseoperators Γ^{-1}.

A.1 Grundlegende Definitionen, Sätze und Formeln

Definition A.1: (Folgenraum $L_\infty(0,N)$)

Die Folgen x mit $x(k) \in \Re$, $k \in \aleph_0$ und $N \in \aleph$, welche der Maximumnorm

$$\| x \|_\infty := \max_{0 \le k \le N} \{ | x(k) | \} < \infty \tag{A.1}$$

genügen, bilden den Raum $L_\infty(0,N)$ der beschränkten Folgen.

Definition A.2: (Lipschitz-Stetigkeit)

Eine Funktion $W : \Re \rightarrow \Re$ wird Lipschitz-stetig genannt, wenn eine nicht negative Konstante $L_W < \infty$ existiert, so daß für alle $x_1(k)$, $x_2(k) \in \Re$ mit $k \in \aleph_0$

$$| W(x_2(k)) - W(x_1(k)) | \le L_W \, | x_2(k) - x_1(k) | \tag{A.2}$$

gilt. Ein Operator $W : L_\infty(0,N) \to L_\infty(0,N)$ wird Lipschitz-stetig genannt, wenn eine nicht negative Konstante $L_W < \infty$ existiert, so daß für alle Eingangsfolgen $x_1, x_2 \in L_\infty(0,N)$

$$\| W[x_2] - W[x_1] \|_\infty \leq L_W \| x_2 - x_1 \|_\infty \tag{A.3}$$

gilt.

Definition A.3: ($L_\infty(0,N)$-Stabilität)

Ein Operator $W : L_\infty(0,N) \to L_\infty(0,N)$ wird $L_\infty(0,N)$-stabil genannt, wenn eine nicht negative Konstante $L_W < \infty$ existiert, so daß für alle Eingangsfolgen $x \in L_\infty(0,N)$

$$\| W[x] \|_\infty \leq L_W \| x \|_\infty \tag{A.4}$$

gilt.

Satz A.4 (Gronwall's Lemma: Diskrete Version) [BS96], Seite 20 ff.

Gegeben sei $\rho > 0$, $k \in \aleph_0$ und $N \in \aleph$. Unter der Annahme, daß die nicht negativen, reellen Zahlen $x(k)$ und $y(k)$ der Ungleichung

$$x(k) \leq \rho + \sum_{l=0}^{k-1} x(l) y(l) \quad ; \quad 0 \leq k \leq N-1$$

genügen, gilt

$$x(k) \leq \rho \, e^{\sum_{l=0}^{k-1} y(l)} \quad ; \quad 0 \leq k \leq N . \tag{A.5}$$

Formel A.5 (Geometrische Summenformel) [BHW97], Seite 29 ff.

Die geometrische Summe, gegeben durch

$$\sum_{l=0}^{N} x^l = \sum_{l=0}^{N} x^{N-l} = 1 + x + x^2 + \ldots + x^N ,$$

läßt sich für $x \neq 1$ durch den geschlossenen Ausdruck

$$\frac{1 - x^{N+1}}{1 - x}$$

ersetzen. Für $x = 2$ gilt dann der Zusammenhang

$$\sum_{l=0}^{N} 2^l = \sum_{l=0}^{N} 2^{N-l} = \frac{1 - 2^{N+1}}{1 - 2} = 2^{N+1} - 1 . \tag{A.6}$$

A.2 Lipschitz-Stetigkeit der Elementarfunktionen

Für die Identitätsfunktion I, definiert durch

$$I(x(k)) := x(k)$$

gilt

$$| I(x_2(k)) - I(x_1(k)) | = | x_2(k) - x_1(k) | .$$

Daraus folgt die Abschätzung

$$| I(x_2(k)) - I(x_1(k)) | \leq | x_2(k) - x_1(k) | . \tag{A.7}$$

Für die einseitige Totzonefunktion S, definiert durch

$$S(x(k), r_S) := \begin{cases} \max\{x(k) - r_S, 0\} & ; \quad r_S > 0 \\ \min\{x(k) - r_S, 0\} & ; \quad r_S < 0 , \\ 0 & ; \quad r_S = 0 \end{cases}$$

$r_S \in \Re$, lassen sich folgende Fälle unterscheiden.

Für $r_S > 0$, $x_1(k) \geq r_S$, $x_2(k) \geq r_S$ bzw. $r_S < 0$, $x_1(k) \leq r_S$, $x_2(k) \leq r_S$ gilt

$$| S(x_2(k), r_S) - S(x_1(k), r_S) | = | x_2(k) - x_1(k) | .$$

Für $r_S > 0$, $x_1(k) < r_S$, $x_2(k) \geq r_S$ bzw. $r_S < 0$, $x_1(k) > r_S$, $x_2(k) \leq r_S$ gilt

$$| S(x_2(k), r_S) - S(x_1(k), r_S) | = | x_2(k) - r_S | \leq | x_2(k) - x_1(k) | .$$

Für $r_S > 0$, $x_1(k) \geq r_S$, $x_2(k) < r_S$ bzw. $r_S < 0$, $x_1(k) \leq r_S$, $x_2(k) > r_S$ gilt

$$| S(x_2(k), r_S) - S(x_1(k), r_S) | = | r_S - x_1(k) | \leq | x_2(k) - x_1(k) | .$$

Für $r_S > 0$, $x_1(k) < r_S$, $x_2(k) < r_S$ bzw. $r_S < 0$, $x_1(k) > r_S$, $x_2(k) > r_S$ gilt

$$| S(x_2(k), r_S) - S(x_1(k), r_S) | = 0 \leq | x_2(k) - x_1(k) | .$$

Für den Fall $r_S = 0$ gilt

$$| S(x_2(k), r_S) - S(x_1(k), r_S) | = 0 \leq | x_2(k) - x_1(k) | .$$

Daraus folgt die Abschätzung

$$| S(x_2(k), r_S) - S(x_1(k), r_S) | \leq | x_2(k) - x_1(k) | . \tag{A.8}$$

Für die gleitende symmetrische Totzonefunktion H, definiert durch

$$H(x(k), y(k), r_H) := \max\{x(k) - r_H, \min\{x(k) + r_H, y(k)\}\},$$

$r_H \in \Re^+$, gilt nach [BS96], Seite 42 ff die Abschätzung

$$|H(x_2(k), y_2(k), r_H) - H(x_1(k), y_1(k), r_H)| \leq \max\{|x_2(k) - x_1(k)|, |y_2(k) - y_1(k)|\}. \quad (A.9)$$

Für die Funktion L, definiert durch

$$L(x(k), y(k), a_K) := y(k) + (1 - e^{-a_K T_s})(x(k) - y(k)),$$

$a_K \in \Re^+$ und $T_s \in \Re^+$, gilt

$$\begin{aligned} &|L(x_2(k), y_2(k), a_K) - L(x_1(k), y_1(k), a_K)| \\ &= |(1 - e^{-a_K T_s})(x_2(k) - x_1(k)) + e^{-a_K T_s}(y_2(k) - y_1(k))| \\ &\leq (1 - e^{-a_K T_s})|x_2(k) - x_1(k)| + e^{-a_K T_s}|y_2(k) - y_1(k)|. \end{aligned}$$

Daraus folgt die Abschätzung

$$|L(x_2(k), y_2(k), a_K) - L(x_1(k), y_1(k), a_K)| \leq |x_2(k) - x_1(k)| + |y_2(k) - y_1(k)|. \quad (A.10)$$

Für die Funktion K, definiert durch

$$K(x(k), y(k), r_K, a_K) := y(k) + (1 - e^{-a_K T_s})H(x(k) - y(k), 0, r_K),$$

$r_K \in \Re^+$, $a_K \in \Re^+$ und $T_s \in \Re^+$, gilt unter Verwendung von (A.9) und (A.10)

$$\begin{aligned} &|K(x_2(k), y_2(k), r_K, a_K) - K(x_1(k), y_1(k), r_K, a_K)| \\ &= |(y_2(k) - y_1(k)) + (1 - e^{-a_K T_s})(H(x_2(k) - y_2(k), 0, r_K) - H(x_1(k) - y_1(k), 0, r_K))| \\ &\leq |y_2(k) - y_1(k)| + (1 - e^{-a_K T_s})|H(x_2(k) - y_2(k), 0, r_K) - H(x_1(k) - y_1(k), 0, r_K)| \\ &\leq |y_2(k) - y_1(k)| + (1 - e^{-a_K T_s})|x_2(k) - x_1(k) - y_2(k) + y_1(k)| \\ &\leq |y_2(k) - y_1(k)| + (1 - e^{-a_K T_s})(|x_2(k) - x_1(k)| + |y_2(k) - y_1(k)|). \end{aligned}$$

Daraus folgt die Abschätzung

$$\begin{aligned} &|K(x_2(k), y_2(k), r_K, a_K) - K(x_1(k), y_1(k), r_K, a_K)| \\ &\leq |x_2(k) - x_1(k)| + 2|y_2(k) - y_1(k)|. \end{aligned} \quad (A.11)$$

A.3 Lipschitz-Stetigkeit der Elementaroperatoren

Für den zeitdiskreten Identitätsoperator I definiert durch

$$I[x](k) := I(x(k))$$

gilt

$$| I[x_2](k) - I[x_1](k) | = | x_2(k) - x_1(k) | .$$

Daraus folgt die Abschätzung

$$| I[x_2](k) - I[x_1](k) | \le \max_{0 \le l \le k} \{ | x_2(l) - x_1(l) | \} . \qquad \text{(A.12)}$$

Aus der Beziehung

$$\max_{0 \le k \le N} \{ | I[x_2](k) - I[x_1](k) | \} = \max_{0 \le k \le N} \{ | x_2(k) - x_1(k) | \}$$

folgt die Lipschitz-Stetigkeit

$$\| I[x_2] - I[x_1] \|_\infty \le L_I \, \| x_2 - x_1 \|_\infty \qquad \text{(A.13)}$$

des Identitätsoperators mit der Lipschitz-Konstante

$$L_I = 1 . \qquad \text{(A.14)}$$

Für den zeitdiskreten, einseitigen Totzoneoperator S_{r_S}, definiert durch

$$S_{r_S}[x](k) := S(x(k), r_S) ,$$

$r_S \in \Re$, gilt wegen (A.8)

$$| S_{r_S}[x_2](k) - S_{r_S}[x_1](k) | \le | x_2(k) - x_1(k) | .$$

Daraus folgt die Abschätzung

$$| S_{r_S}[x_2](k) - S_{r_S}[x_1](k) | \le \max_{0 \le l \le k} \{ | x_2(l) - x_1(l) | \} . \qquad \text{(A.15)}$$

Aus der Beziehung

$$\max_{0 \le k \le N} \{ | S_{r_S}[x_2](k) - S_{r_S}[x_1](k) | \} \le \max_{0 \le k \le N} \{ | x_2(k) - x_1(k) | \}$$

folgt die Lipschitz-Stetigkeit

$$\| S_{r_S}[x_2] - S_{r_S}[x_1] \|_\infty \le L_{S_r} \, \| x_2 - x_1 \|_\infty \qquad \text{(A.16)}$$

des einseitigen Totzoneoperators mit der Lipschitz-Konstante

$$L_{S_r} = 1 . \qquad \text{(A.17)}$$

Für den zeitdiskreten Playoperator H_{r_H}, definiert als Lösung der Differenzengleichung

$$y(k) = H(x(k), y(k-1), r_H)$$

mit

$$y(0) = H(x(0), y_{H0}, r_H)$$

und

$$y(k) = H_{r_H}[x, y_{H0}](k),$$

$r_H \in \Re^+$ und $y_{H0} \in \Re$, gilt

$$|H_{r_H}[x_2, y_{H0}](k) - H_{r_H}[x_1, y_{H0}](k)| = |H(x_2(k), y_2(k-1), r_H) - H(x_1(k), y_1(k-1), r_H)|.$$

Durch die wiederholte Anwendung von (A.9), das heißt durch

$$\begin{aligned} &|H_{r_H}[x_2, y_{H0}](k) - H_{r_H}[x_1, y_{H0}](k)| \\ &\leq \max\{|x_2(k) - x_1(k)|, |y_2(k-1) - y_1(k-1)|\} \\ &\leq \max\{|x_2(k) - x_1(k)|, \max\{|x_2(k-1) - x_1(k-1)|, |y_2(k-2) - y_1(k-2)|\}\} \\ &\vdots \end{aligned}$$

erhält man die Abschätzung

$$|H_{r_H}[x_2, y_{H0}](k) - H_{r_H}[x_1, y_{H0}](k)| \leq \max_{0 \leq l \leq k}\{|x_2(l) - x_1(l)|\}. \tag{A.18}$$

Daraus folgt direkt

$$\max_{0 \leq k \leq N}\{|H_{r_H}[x_2, y_{H0}](k) - H_{r_H}[x_1, y_{H0}](k)|\} \leq \max_{0 \leq k \leq N}\{|x_2(k) - x_1(k)|\}$$

und damit die Lipschitz-Stetigkeit

$$\| H_{r_H}[x_2, y_{H0}] - H_{r_H}[x_1, y_{H0}] \|_\infty \leq L_{H_r} \| x_2 - x_1 \|_\infty \tag{A.19}$$

des Playoperators mit der Lipschitz-Konstante

$$L_{H_r} = 1. \tag{A.20}$$

Für den zeitdiskreten, elementaren, linearen Kriechoperator L_{a_K}, definiert als Lösung der Differenzengleichung

$$y(k) = L(x(k-1), y(k-1), a_K)$$

mit

$$y(0) = y_{L0}$$

und

$$y(k) = L_{a_K}[x, y_{L0}](k),$$

$a_K \in \Re^+$ und $y_{L0} \in \Re$, gilt

$$| L_{a_K}[x_2, y_{L0}](k) - L_{a_K}[x_1, y_{L0}](k) | = | L(x_2(k-1), y_2(k-1), a_K) - L(x_1(k-1), y_1(k-1), a_K) |$$

Durch die wiederholte Anwendung von (A.10), das heißt durch

$$\begin{aligned}
&| L_{a_K}[x_2, y_{L0}](k) - L_{a_K}[x_1, y_{L0}](k) | \\
&\leq | x_2(k-1) - x_1(k-1) | + | y_2(k-1) - y_1(k-1) | \\
&\leq | x_2(k-1) - x_1(k-1) | + | x_2(k-2) - x_1(k-2) | + | y_2(k-2) - y_1(k-2) | \\
&\vdots
\end{aligned}$$

erhält man die Abschätzung

$$| L_{a_K}[x_2, y_{L0}](k) - L_{a_K}[x_1, y_{L0}](k) | \leq \sum_{l=0}^{k-1} | x_2(l) - x_1(l) | . \tag{A.21}$$

Daraus folgt direkt

$$\max_{0 \leq k \leq N} \{ | L_{a_K}[x_2, y_{L0}](k) - L_{a_K}[x_1, y_{L0}](k) | \} \leq N \max_{0 \leq k \leq N} \{ | x_2(k) - x_1(k) | \}$$

und damit die Lipschitz-Stetigkeit

$$\| L_{a_K}[x_2, y_{L0}] - L_{a_K}[x_1, y_{L0}] \|_\infty \leq L_{L_a} \| x_2 - x_1 \|_\infty \tag{A.22}$$

des elementaren, linearen Kriechoperators mit der Lipschitz-Konstante

$$L_{L_a} = N < \infty . \tag{A.23}$$

Für den zeitdiskreten, elementaren, schwellwertbehafteten Kriechoperator $K_{r_K a_K}$, definiert als Lösung der Differenzengleichung

$$y(k) = K(x(k-1), y(k-1), r_K, a_K)$$

mit

$$y(0) = y_{K0}$$

und

$$y(k) = K_{r_K a_K}[x, y_{K0}](k) ,$$

$r_K \in \Re^+$, $a_K \in \Re^+$ und $y_{K0} \in \Re$, gilt

$$\begin{aligned}
&| K_{r_K a_K}[x_2, y_{K0}](k) - K_{r_K a_K}[x_1, y_{K0}](k) | \\
&= | K(x_2(k-1), y_2(k-1), r_K, a_K) - K(x_1(k-1), y_1(k-1), r_K, a_K) | .
\end{aligned}$$

Durch die wiederholte Anwendung von (A.11), das heißt durch

$$
\begin{aligned}
&| K_{r_K a_K}[x_2, y_{K0}](k) - K_{r_K a_K}[x_1, y_{K0}](k) | \\
&\leq | x_2(k-1) - x_1(k-1) | + 2 | y_2(k-1) - y_1(k-1) | \\
&\leq 2^0 | x_2(k-1) - x_1(k-1) | + 2^1 | x_2(k-2) - x_1(k-2) | + 2^2 | y_2(k-2) - y_1(k-2) | \\
&\vdots
\end{aligned}
$$

erhält man die Abschätzung

$$
| K_{r_K a_K}[x_2, y_{K0}](k) - K_{r_K a_K}[x_1, y_{K0}](k) | \leq \sum_{l=0}^{k-1} 2^{k-l-1} | x_2(l) - x_1(l) | . \tag{A.24}
$$

Daraus folgt durch Anwendung der geometrischen Reihe (A.6) der Ausdruck

$$
\max_{0 \leq k \leq N} \{ | K_{r_K a_K}[x_2, y_{K0}](k) - K_{r_K a_K}[x_1, y_{K0}](k) | \} \leq (2^N - 1) \max_{0 \leq k \leq N} \{ | x_2(k) - x_1(k) | \}
$$

und damit die Lipschitz-Stetigkeit

$$
\| K_{r_K a_K}[x_2, y_{K0}] - K_{r_K a_K}[x_1, y_{K0}] \|_\infty \leq L_{K_{ra}} \| x_2 - x_1 \|_\infty \tag{A.25}
$$

des elementaren, schwellwertbehafteten Kriechoperators mit der Lipschitz-Konstante

$$
L_{K_{ra}} = 2^N - 1 < \infty . \tag{A.26}
$$

A.4 Lipschitz-Stetigkeit der Prandtl-Ishlinskii-Operatoren

Für den zeitdiskreten Prandtl-Ishlinskii-Superpositionsoperator S, definiert durch

$$
S[x](k) := v_S I[x](k) + \sum_{i=-l}^{-1} w_{Si} S_{r_{Si}}[x](k) + \sum_{i=1}^{l} w_{Si} S_{r_{Si}}[x](k)
$$

mit den Nebenbedingungen

$$
-\infty < v_S < \infty \quad \text{und} \quad -\infty < w_{Si} < \infty ,
$$

$i = -l \,..\, -1,\ 1 \,..\, l$, gilt

$$
\begin{aligned}
| S[x_2](k) - S[x_1](k) | = | v_S (I[x_2](k) - I[x_1](k)) &+ \sum_{i=-l}^{-1} w_{Si} (S_{r_{Si}}[x_2](k) - S_{r_{Si}}[x_1](k)) \\
&+ \sum_{i=1}^{l} w_{Si} (S_{r_{Si}}[x_2](k) - S_{r_{Si}}[x_1](k)) | .
\end{aligned}
$$

Daraus folgt durch Anwendung der Dreiecksungleichung sowie (A.12) und (A.15)

$$| S[x_2](k) - S[x_1](k) | \leq | v_S \| I[x_2](k) - I[x_1](k) | + \sum_{i=-l}^{-1} | w_{Si} \| S_{r_{Si}}[x_2](k) - S_{r_{Si}}[x_1](k) |$$
$$+ \sum_{i=1}^{l} | w_{Si} \| S_{r_{Si}}[x_2](k) - S_{r_{Si}}[x_1](k) |$$
$$\leq (| v_S | + \sum_{i=-l}^{-1} | w_{Si} | + \sum_{i=1}^{l} | w_{Si} |) \max_{0 \leq l \leq k} \{ | x_2(l) - x_1(l) | \}$$

und

$$\max_{0 \leq k \leq N} \{ | S[x_2](k) - S[x_1](k) | \} \leq (| v_S | + \sum_{i=-l}^{-1} | w_{Si} | + \sum_{i=1}^{l} | w_{Si} |) \max_{0 \leq k \leq N} \{ | x_2(k) - x_1(k) | \}.$$

Daraus läßt sich die Abschätzung

$$| S[x_2](k) - S[x_1](k) | \leq L_S \max_{0 \leq l \leq k} \{ | x_2(l) - x_1(l) | \} \tag{A.27}$$

und die Lipschitz-Stetigkeit

$$\| S[x_2] - S[x_1] \|_\infty \leq L_S \| x_2 - x_1 \|_\infty \tag{A.28}$$

des Prandtl-Ishlinskii-Superpositionsoperators mit der Lipschitz-Konstante

$$L_S = | v_S | + \sum_{i=-l}^{-1} | w_{Si} | + \sum_{i=1}^{l} | w_{Si} | < \infty . \tag{A.29}$$

ableiten.

Für den zeitdiskreten Prandtl-Ishlinskii-Hystereseoperator H, definiert durch

$$H[x](k) := v_H I[x](k) + \sum_{i=1}^{n} w_{Hi} H_{r_{Hi}}[x, z_{H0}(r_{Hi})](k)$$

mit den Nebenbedingungen

$$0 < v_H < \infty \text{ und } \quad 0 \leq w_{Hi} < \infty ,$$

$i = 1 \,..\, n$, gilt

$$| H[x_2](k) - H[x_1](k) | = | v_H (I[x_2](k) - I[x_1](k))$$
$$+ \sum_{i=1}^{n} w_{Hi} (H_{r_{Hi}}[x_2, z_{H0}(r_{Hi})](k) - H_{r_{Hi}}[x_1, z_{H0}(r_{Hi})](k)) | .$$

Daraus folgt durch Anwendung der Dreiecksungleichung sowie (A.12) und (A.18)

$$
\begin{aligned}
| H[x_2](k) - H[x_1](k) | &\le v_H \; | I[x_2](k) - I[x_1](k) | \\
&\quad + \sum_{i=1}^{n} w_{Hi} \; | H_{r_{Hi}}[x_2, z_{H0}(r_{Hi})](k) - H_{r_{Hi}}[x_1, z_{H0}(r_{Hi})](k) | \\
&\le (v_H + \sum_{i=1}^{n} w_{Hi}) \max_{0 \le l \le k} \{ | x_2(l) - x_1(l) | \}
\end{aligned}
$$

und

$$
\max_{0 \le k \le N} \{ | H[x_2](k) - H[x_1](k) | \} \le (v_H + \sum_{i=1}^{n} w_{Hi}) \max_{0 \le k \le N} \{ | x_2(k) - x_1(k) | \}.
$$

Daraus läßt sich die Abschätzung

$$
| H[x_2](k) - H[x_1](k) | \le L_H \max_{0 \le l \le k} \{ | x_2(l) - x_1(l) | \} \tag{A.30}
$$

und die Lipschitz-Stetigkeit

$$
\| H[x_2] - H[x_1] \|_\infty \le L_H \| x_2 - x_1 \|_\infty \tag{A.31}
$$

des Prandtl-Ishlinskii-Hystereseoperators mit der Lipschitz-Konstante

$$
L_H = v_H + \sum_{i=1}^{n} w_{Hi} < \infty . \tag{A.32}
$$

ableiten.

Für den zeitdiskreten Prandtl-Ishlinskii-Kriechoperator K, definiert durch

$$
K[x](k) := v_K \sum_{j=1}^{m} L_{a_{Kj}}[x, z_{L0}(a_{Kj})](k) + \sum_{i=1}^{n} w_{Ki} \sum_{j=1}^{m} K_{r_{Ki} a_{Kj}}[x, z_{K0}(r_{Ki}, a_{Kj})](k)
$$

mit den Nebenbedingungen

$$
0 \le v_K < \infty \quad \text{und} \quad 0 \le w_{Ki} < \infty ,
$$

$i = 1 \,..\, n$, gilt

$$
\begin{aligned}
| K[x_2](k) - K[x_1](k) | = | \, & v_K \sum_{j=1}^{m} (L_{a_{Kj}}[x_2, z_{L0}(a_{Kj})](k) - L_{a_{Kj}}[x_1, z_{L0}(a_{Kj})](k)) \\
& + \sum_{i=1}^{n} w_{Ki} \sum_{j=1}^{m} (K_{r_{Ki} a_{Kj}}[x_2, z_{K0}(r_{Ki}, a_{Kj})](k) - K_{r_{Ki} a_{Kj}}[x_1, z_{K0}(r_{Ki}, a_{Kj})](k)) \, | .
\end{aligned}
$$

Daraus folgt durch Anwendung der Dreiecksungleichung

$$
\begin{aligned}
&| K[x_2](k) - K[x_1](k) | \\
&\leq | v_K \sum_{j=1}^{m} (L_{a_{Kj}}[x_2, z_{L0}(a_{Kj})](k) - L_{a_{Kj}}[x_1, z_{L0}(a_{Kj})](k)) | \\
&+ | \sum_{i=1}^{n} w_{Ki} \sum_{j=1}^{m} (K_{r_{Ki}a_{Kj}}[x_2, z_{K0}(r_{Ki}, a_{Kj})](k) - K_{r_{Ki}a_{Kj}}[x_1, z_{K0}(r_{Ki}, a_{Kj})](k)) | \\
&\leq v_K \sum_{j=1}^{m} | (L_{a_{Kj}}[x_2, z_{L0}(a_{Kj})](k) - L_{a_{Kj}}[x_1, z_{L0}(a_{Kj})](k)) | \\
&+ \sum_{i=1}^{n} w_{Ki} \sum_{j=1}^{m} | (K_{r_{Ki}a_{Kj}}[x_2, z_{K0}(r_{Ki}, a_{Kj})](k) - K_{r_{Ki}a_{Kj}}[x_1, z_{K0}(r_{Ki}, a_{Kj})](k)) |
\end{aligned}
$$

und durch die Anwendung von (A.21) und (A.24)

$$
\begin{aligned}
&| K[x_2](k) - K[x_1](k) | \\
&\leq v_K \sum_{j=1}^{m} \sum_{l=0}^{k-1} | x_2(l) - x_1(l) | + \sum_{i=1}^{n} w_{Ki} \sum_{j=1}^{m} \sum_{l=0}^{k-1} 2^{k-l-1} | x_2(l) - x_1(l) | \\
&\leq v_K \sum_{j=1}^{m} \sum_{l=0}^{k-1} 2^{k-l-1} | x_2(l) - x_1(l) | + \sum_{i=1}^{n} w_{Ki} \sum_{j=1}^{m} \sum_{l=0}^{k-1} 2^{k-l-1} | x_2(l) - x_1(l) | \\
&\leq (v_K + \sum_{i=1}^{n} w_{Ki}) \sum_{j=1}^{m} \sum_{l=0}^{k-1} 2^{k-l-1} | x_2(l) - x_1(l) | \\
&\leq (v_K + \sum_{i=1}^{n} w_{Ki}) \, m \sum_{l=0}^{k-1} 2^{k-l-1} | x_2(l) - x_1(l) | .
\end{aligned}
$$

Das Einsetzen der geometrischen Reihe (A.6) führt schließlich zu

$$
\max_{0 \leq k \leq N} \{ | K[x_2](k) - K[x_1](k) | \} \leq (v_K + \sum_{i=1}^{n} w_{Ki}) \, m \, (2^N - 1) \max_{0 \leq k \leq N} \{ | x_2(k) - x_1(k) | \} .
$$

Daraus läßt sich die Abschätzung

$$
| K[x_2](k) - K[x_1](k) | \leq L_K \sum_{l=0}^{k-1} 2^{k-l-1} | x_2(l) - x_1(l) | \tag{A.33}
$$

und die Lipschitz-Stetigkeit

$$
\| K[x_2] - K[x_1] \|_\infty \leq L_K L_{K_{ra}} \| x_2 - x_1 \|_\infty \tag{A.34}
$$

des Prandtl-Ishlinskii-Kriechoperators mit der Lipschitz-Konstante

$$
L_K = m(v_K + \sum_{i=1}^{n} w_{Ki}) < \infty . \tag{A.35}
$$

ableiten.

A.5 Lipschitz-Stetigkeit der inversen Prandtl-Ishlinskii-Operatoren

Gegeben sei der zeitdiskrete Prandtl-Ishlinskii-Superpositionsoperator

$$S[x](k) := v_S I[x](k) + \sum_{i=-l}^{-1} w_{Si} S_{r_{Si}}[x](k) + \sum_{i=1}^{l} w_{Si} S_{r_{Si}}[x](k),$$

dessen Schwellwerte die Reihenfolgebedingungen (3.43) und (3.44) und dessen Gewichte die Endlichkeitsbedingung (3.50) sowie die Monotoniebedingungen (3.51) und (3.52) erfüllen. Dann existiert der inverse, zeitdiskrete Prandtl-Ishlinskii-Superpositionsoperator

$$S^{-1}[y](k) := v'_S I[y](k) + \sum_{i=-l}^{-1} w'_{Si} S_{r'_{Si}}[y](k) + \sum_{i=1}^{l} w'_{Si} S_{r'_{Si}}[y](k)$$

und die aus den Transformationsgleichungen (3.63) - (3.67) hervorgehenden Schwellwerte und Gewichte des inversen, zeitdiskreten Prandtl-Ishlinskii-Superpositionsoperators genügen den Reihenfolgebedingungen (3.71) und (3.72), den Monotoniebedingungen (3.68) und (3.69) und der Endlichkeitsbedingung (3.70)

$$-\infty < v'_S < \infty \quad \text{und} \quad -\infty < w'_{Si} < \infty,$$

$i = -l \,..\, -1, 1 \,..\, l$. Daraus lassen sich analog zur Vorgehensweise beim zeitdiskreten Prandtl-Ishlinskii-Superpositionsoperator die Abschätzung

$$| S^{-1}[y_2](k) - S^{-1}[y_1](k) | \le L_{S^{-1}} \max_{0 \le l \le k} \{ | y_2(l) - y_1(l) | \} \tag{A.36}$$

und die Lipschitz-Stetigkeit

$$\| S^{-1}[y_2] - S^{-1}[y_1] \|_\infty \le L_{S^{-1}} \| y_2 - y_1 \|_\infty \tag{A.37}$$

des inversen Prandtl-Ishlinskii-Superpositionsoperators mit der Lipschitz-Konstante

$$L_{S^{-1}} = | v'_S | + \sum_{i=-l}^{-1} | w'_{Si} | + \sum_{i=1}^{l} | w'_{Si} | < \infty. \tag{A.38}$$

ableiten.

Gegeben sei der zeitdiskrete Prandtl-Ishlinskii-Hystereseoperator

$$H[x](k) := v_H I[x](k) + \sum_{i=1}^{n} w_{Hi} H_{r_{Hi}}[x, z_{H0}(r_{Hi})](k),$$

dessen Schwellwerte die Reihenfolgebedingung (3.139) und dessen Gewichte die Endlichkeitsbedingung (3.145) sowie die Bedingung (3.144) erfüllen. Dann existiert der inverse, zeitdiskrete Prandtl-Ishlinskii-Hystereseoperator

$$H^{-1}[y](k) := v'_H I[y](k) + \sum_{i=1}^{n} w'_{Hi} H_{r'_{Hi}}[y, z'_{H0}(r'_{Hi})](k)$$

und die aus den Transformationsgleichungen (3.152), (3.154) und (3.155) hervorgehenden Schwellwerte und Gewichte des inversen, zeitdiskreten Prandtl-Ishlinskii-Hystereseoperators genügen der Reihenfolgebedingung (3.159) und der Bedingung

$$0 < v'_H < \infty \text{ und } \quad -\infty < w'_{Hi} \le 0\,,$$

$i = 1\,..\,n$. Damit gilt

$$\begin{aligned} |H^{-1}[y_2](k) - H^{-1}[y_1](k)| = |\, & v'_H (I[y_2](k) - I[y_1](k)) \\ & + \sum_{i=1}^{n} w'_{Hi} (H_{r'_{Hi}}[y_2, z'_{H0}(r'_{Hi})](k) - H_{r'_{Hi}}[y_1, z'_{H0}(r'_{Hi})](k))\,|\,. \end{aligned}$$

Daraus folgt durch Anwendung der Dreiecksungleichung sowie (A.12) und (A.18)

$$\begin{aligned} |H^{-1}[y_2](k) - H^{-1}[y_1](k)| & \le v'_H \,|I[y_2](k) - I[y_1](k)| \\ & \quad + \sum_{i=1}^{n} |w'_{Hi}|\,|H_{r'_{Hi}}[y_2, z'_{H0}(r'_{Hi})](k) - H_{r'_{Hi}}[y_1, z'_{H0}(r'_{Hi})](k)| \\ & \le (v'_H + \sum_{i=1}^{n} |w'_{Hi}|) \max_{0 \le l \le k} \{|y_2(l) - y_1(l)|\} \end{aligned}$$

und

$$\max_{0 \le k \le N} \{|H^{-1}[y_2](k) - H^{-1}[y_1](k)|\} \le (v'_H + \sum_{i=1}^{n} |w'_{Hi}|) \max_{0 \le k \le N} \{|y_2(k) - y_1(k)|\}\,.$$

Daraus lassen sich die Abschätzung

$$|H^{-1}[y_2](k) - H^{-1}[y_1](k)| \le L_{H^{-1}} \max_{0 \le l \le k} \{|y_2(l) - y_1(l)|\} \qquad \text{(A.39)}$$

und die Lipschitz-Stetigkeit

$$\|H^{-1}[y_2] - H^{-1}[y_1]\|_\infty \le L_{H^{-1}} \|y_2 - y_1\|_\infty \qquad \text{(A.40)}$$

des inversen Prandtl-Ishlinskii-Hystereseoperators mit der Lipschitz-Konstante

$$L_{H^{-1}} = v'_H + \sum_{i=1}^{n} |w'_{Hi}| < \infty\,. \qquad \text{(A.41)}$$

ableiten.

A.6 Lipschitz-Stetigkeit des modifizierten Prandtl-Ishlinskii-Kriech-Hystereseoperators

Für den zeitdiskreten Prandtl-Ishlinskii-Kriech-Hystereseoperator Π, definiert durch

$$\Pi[x](k) := H[x](k) + K[x](k)$$

mit den Nebenbedingungen

$$0 < v_H < \infty \text{ und } \quad 0 \leq w_{Hi} < \infty$$

und

$$0 \leq v_K < \infty \text{ und } \quad 0 \leq w_{Ki} < \infty,$$

$i = 1 \,..\, n$, gilt

$$|\Pi[x_2](k) - \Pi[x_1](k)| = |H[x_2](k) - H[x_1](k) + K[x_2](k) - K[x_1](k)|.$$

Daraus folgt durch Anwendung der Dreiecksungleichung sowie (A.30) und (A.33)

$$\begin{aligned} |\Pi[x_2](k) - \Pi[x_1](k)| &\leq |H[x_2](k) - H[x_1](k)| + |K[x_2](k) - K[x_1](k)| \\ &\leq L_H \max_{0 \leq l \leq k}\{|x_2(l) - x_1(l)|\} + L_K \sum_{l=0}^{k-1} 2^{k-l-1} |x_2(l) - x_1(l)| \end{aligned}$$

und

$$\max_{0 \leq k \leq N}\{|\Pi[x_2](k) - \Pi[x_1](k)|\} \leq (L_H + L_K L_{K_{ra}}) \max_{0 \leq k \leq N}\{|x_2(k) - x_1(k)|\}.$$

Daraus läßt sich die Abschätzung

$$|\Pi[x_2](k) - \Pi[x_1](k)| \leq L_H \max_{0 \leq l \leq k}\{|x_2(l) - x_1(l)|\} + L_K \sum_{l=0}^{k-1} 2^{k-l-1} |x_2(l) - x_1(l)| \quad \text{(A.42)}$$

und die Lipschitz-Stetigkeit

$$\| \Pi[x_2] - \Pi[x_1] \|_\infty \leq L_\Pi \| x_2 - x_1 \|_\infty \quad \text{(A.43)}$$

des Prandtl-Ishlinskii-Kriech-Hystereseoperators mit der Lipschitz-Konstante

$$L_\Pi = L_H + L_K L_{K_{ra}} < \infty. \quad \text{(A.44)}$$

ableiten.

Für den zeitdiskreten, modifizierten Prandtl-Ishlinskii-Kriech-Hystereseoperator Γ, definiert durch

$$\Gamma[x](k) := S[\Pi[x]](k)$$

mit den Nebenbedingungen

$$0 < v_H < \infty \text{ und } \quad 0 \leq w_{Hi} < \infty$$

und

$$0 \leq v_K < \infty \text{ und } \quad 0 \leq w_{Ki} < \infty ,$$

$i = 1 \,..\, n$ sowie

$$-\infty < v_S < \infty \text{ und } \quad -\infty < w_{Si} < \infty ,$$

$i = -l \,..\, -1,\ 1 \,..\, l$, gilt

$$\| \Gamma[x_2] - \Gamma[x_1] \|_\infty = \| S[\Pi[x_2]] - S[\Pi[x_1]] \|_\infty$$

Aus der Anwendung von (A.28) und (A.43) folgt

$$\| \Gamma[x_2] - \Gamma[x_1] \|_\infty \leq L_S \, \| \Pi[x_2] - \Pi[x_1] \|_\infty \leq L_S \, L_\Pi \, \| [x_2 - x_1 \|_\infty$$

und daraus die Lipschitz-Stetigkeit

$$\| \Gamma[x_2] - \Gamma[x_1] \|_\infty \leq L_\Gamma \, \| x_2 - x_1 \|_\infty \tag{A.45}$$

des modifizierten Prandtl-Ishlinskii-Kriech-Hystereseoperators mit der Lipschitz-Konstante

$$L_\Gamma = L_S L_\Pi < \infty . \tag{A.46}$$

A.7 Lipschitz-Stetigkeit des inversen, modifizierten Prandtl-Ishlinskii-Kriech-Hystereseoperators

Gegeben sei der zeitdiskrete Prandtl-Ishlinskii-Kriech-Hystereseoperator

$$\Pi[x](k) := H[x](k) + K[x](k) ,$$

dessen Schwellwerte die Reihenfolgebedingungen (3.139) und (3.186) und dessen Gewichte die Endlichkeitsbedingungen (3.145) und (3.189) sowie die Bedingungen (3.144) und (3.188) erfüllen. Dann existiert nach Kapitel 4 der inverse, zeitdiskrete Prandtl-Ishlinskii-Kriech-Hystereseoperator Π^{-1} als Lösung der zeitdiskreten Operatorgleichung

$$x(k) = H^{-1}[y - K[x]](k) .$$

Um die Lipschitz-Stetigkeit des inversen, zeitdiskreten Prandtl-Ishlinskii-Kriech-Hystereseoperators nachzuweisen, wird von einem Ansatz ausgegangen, der in [KK00] zum Beweis der Lipschitz-Stetigkeit des inversen, zeitkontinuierlichen Prandtl-Ishlinskii-Kriech-Hystereseoperators mit $w_{Ki} = 0$, $i = 1 \,..\, n$ verwendet wird. Zu zeigen ist

$$\| \Pi^{-1}[y_2] - \Pi^{-1}[y_1] \|_\infty \leq L_{\Pi^{-1}} \, \| y_2 - y_1 \|_\infty .$$

Das ist aber mit

$$x = \Pi^{-1}[y] \quad \text{und} \quad y = \Pi[x]$$

äquivalent zu

$$\| x_2 - x_1 \|_\infty \leq L_{\Pi^{-1}} \| \Pi[x_2] - \Pi[x_1] \|_\infty ,$$

so daß der Nachweis dieser Abschätzung den gleichen Zweck erfüllt. Existiert der zu H inverse Operator H^{-1}, kann die Operatorgleichung

$$\Pi[x] = H[x] + K[x]$$

mit der Substitution

$$u = H[x] \quad \text{und} \quad x = H^{-1}[u]$$

in

$$\Pi[x] = u + K[H^{-1}[u]]$$

umgeformt werden kann. Daraus folgt

$$\Pi[x_2] - \Pi[x_1] = u_2 - u_1 + K[H^{-1}[u_2]] - K[H^{-1}[u_1]]$$

bzw.

$$u_2 - u_1 = \Pi[x_2] - \Pi[x_1] + K[H^{-1}[u_1]] - K[H^{-1}[u_2]] .$$

Im Zeitpunkt k gilt dann

$$u_2(k) - u_1(k) = \Pi[x_2](k) - \Pi[x_1](k) + K[H^{-1}[u_1]](k) - K[H^{-1}[u_2]](k) .$$

Daraus folgt durch Anwendung der Dreiecksungleichung sowie (A.33) und (A.39)

$$\begin{aligned}
& | u_2(k) - u_1(k) | \leq \| \Pi[x_2] - \Pi[x_1] \|_\infty + | K[H^{-1}[u_2]](k) - K[H^{-1}[u_1]](k) | \\
& \leq \| \Pi[x_2] - \Pi[x_1] \|_\infty + v_K \sum_{j=1}^{m} | L_{a_{Kj}}[H^{-1}[u_2], z_{L0}(a_{Kj})](k) - L_{a_{Kj}}[H^{-1}[u_1], z_{L0}(a_{Kj})](k) | \\
& + \sum_{i=1}^{n} w_{Ki} \sum_{j=1}^{m} | K_{r_{Ki} a_{Kj}}[H^{-1}[u_2], z_{K0}(r_{Ki}, a_{Kj})](k) - K_{r_{Ki} a_{Kj}}[H^{-1}[u_1], z_{K0}(r_{Ki}, a_{Kj})](k) | \\
& \leq \| \Pi[x_2] - \Pi[x_1] \|_\infty + v_K \sum_{j=1}^{m} \sum_{l=0}^{k-1} | H^{-1}[u_2](l) - H^{-1}[u_1](l) | \\
& + \sum_{i=1}^{n} w_{Ki} \sum_{j=1}^{m} \sum_{l=0}^{k-1} 2^{k-l-1} | H^{-1}[u_2](l) - H^{-1}[u_1](l) | \\
& \leq \| \Pi[x_2] - \Pi[x_1] \|_\infty + (v_K + \sum_{i=1}^{n} w_{Ki}) \sum_{j=1}^{m} \sum_{l=0}^{k-1} 2^{k-l-1} | H^{-1}[u_2](l) - H^{-1}[u_1](l) | \\
& \leq \| \Pi[x_2] - \Pi[x_1] \|_\infty + L_K \sum_{l=0}^{k-1} 2^{k-l-1} L_{H^{-1}} \max_{0 \leq p \leq l} \{ | u_2(p) - u_1(p) | \}
\end{aligned}$$

und

$$\max_{0 \leq l \leq k} \{ | u_2(l) - u_1(l) | \} \leq \| \Pi[x_2] - \Pi[x_1] \|_\infty + \sum_{l=0}^{k-1} L_K L_{H^{-1}} 2^{k-l-1} \max_{0 \leq p \leq l} \{ | u_2(p) - u_1(p) | \} .$$

Die Anwendung der diskreten Version des Gronwall-Lemma, das heißt Satz A.4, liefert dann die Abschätzung

$$\max_{0\le l\le k}\{|u_2(l)-u_1(l)|\}\le\|\Pi[x_2]-\Pi[x_1]\|_\infty\,\mathrm{e}^{L_K L_{H^{-1}}\sum_{l=0}^{k-1}2^{k-l-1}}.$$

Für $k = N$ gilt dann

$$\max_{0\le l\le N}\{|u_2(l)-u_1(l)|\}\le\|\Pi[x_2]-\Pi[x_1]\|_\infty\,\mathrm{e}^{L_K L_{H^{-1}}\sum_{l=0}^{N-1}2^{N-l-1}}$$

und durch Anwendung der geometrischen Summenformel (A.6)

$$\max_{0\le l\le N}\{|u_2(l)-u_1(l)|\}\le\mathrm{e}^{L_K L_{H^{-1}}(2^N-1)}\,\|\Pi[x_2]-\Pi[x_1]\|_\infty.$$

Daraus folgt für die Maximumnorm

$$\|u_2-u_1\|_\infty\le\mathrm{e}^{L_K L_{H^{-1}}L_{K_{ra}}}\,\|\Pi[x_2]-\Pi[x_1]\|_\infty.$$

Mit

$$\|x_2-x_1\|_\infty=\|H^{-1}[u_2]-H^{-1}[u_1]\|_\infty\le L_{H^{-1}}\,\|u_2-u_1\|_\infty$$

folgt dann endgültig

$$\|x_2-x_1\|_\infty\le L_{H^{-1}}\mathrm{e}^{L_K L_{H^{-1}}L_{K_{ra}}}\,\|\Pi[x_2]-\Pi[x_1]\|_\infty.$$

Damit ist der inverse, zeitdiskrete Prandtl-Ishlinskii-Kriech-Hystereseoperator Π^{-1} Lipschitz-stetig, das heißt es gilt

$$\|\Pi^{-1}[y_2]-\Pi^{-1}[y_1]\|_\infty\le L_{\Pi^{-1}}\,\|y_2-y_1\|_\infty \tag{A.47}$$

mit der Lipschitz-Konstante

$$L_{\Pi^{-1}}=L_{H^{-1}}\mathrm{e}^{L_K L_{K_{ra}}L_{H^{-1}}}<\infty. \tag{A.48}$$

Gegeben sei der zeitdiskrete, modifizierte Prandtl-Ishlinskii-Kriech-Hystereseoperator

$$\Gamma[x](k):=S[\Pi[x]](k),$$

dessen Schwellwerte die Reihenfolgebedingungen (3.43), (3.44), (3.139) und (3.186) und dessen Gewichte die Endlichkeitsbedingung (3.50), (3.145) und (3.189) sowie die Bedingung (3.51), (3.52), (3.144) und (3.188) erfüllen. Dann existiert der inverse, zeitdiskrete, modifizierte Prandtl-Ishlinskii-Kriech-Hystereseoperator

$$\Gamma^{-1}[y](k) = \Pi^{-1}[S^{-1}[y]](k)$$

und es gilt

$$\| \Gamma^{-1}[y_2] - \Gamma^{-1}[y_1] \|_\infty = \| \Pi^{-1}[S^{-1}[y_2]] - \Pi^{-1}[S^{-1}[y_1]] \|_\infty .$$

Aus der Anwendung von (A.47) und (A.36) ergibt sich

$$\| \Gamma^{-1}[y_2] - \Gamma^{-1}[y_1] \|_\infty \leq L_{\Pi^{-1}} \| S^{-1}[y_2] - S^{-1}[y_1] \|_\infty \leq L_{\Pi^{-1}} L_{S^{-1}} \| [y_2 - y_1 \|_\infty .$$

Daraus folgt schließlich die Lipschitz-Stetigkeit

$$\| \Gamma^{-1}[y_2] - \Gamma^{-1}[y_1] \|_\infty \leq L_{\Gamma^{-1}} \| y_2 - y_1 \|_\infty \tag{A.49}$$

des inversen, zeitdiskreten, modifizierten Prandtl-Ishlinskii-Kriech-Hystereseoperators mit der Lipschitz-Konstante

$$L_{\Gamma^{-1}} = L_{\Pi^{-1}} L_{S^{-1}} < \infty . \tag{A.50}$$

Anhang B

Liste der verwendeten Formelzeichen

B.1 Erläuterungen zur verwendeten Nomenklatur

w	Funktion
$w(t)$	Funktionswert zum Zeitpunkt t
$\|w(t)\|$	Absolutbetrag
$\|\|w\|\|_\infty$	Maximumnorm
$\boldsymbol{w}$	Vektor
$\boldsymbol{w}^T$	Transponierter Vektor
$\boldsymbol{w}^T \cdot \boldsymbol{w}$	Skalarprodukt
$\boldsymbol{w}\boldsymbol{w}^T$	Dyadisches Produkt
$\boldsymbol{W}$	Matrix
$\boldsymbol{W}^T$	Transponierte Matrix
W	Abbildung
W^{-1}	Inverse Abbildung
$W[w]$	Funktion, die durch Abbildung der Funktion w entsteht
$W[w](t)$	Funktionswert von $W[w]$ an der Stelle t
$W(w(t))$	Funktionswert, der durch Abbildung des Funktionswertes $w(t)$ entsteht
$\mathrm{d}w/\mathrm{d}t$	Ableitung der Funktion w nach der Zeit t

B.2 Formelzeichen und Bezeichnungen

A_+	Menge der Relayoperatoren mit dem Zustand +1
A_-	Menge der Relayoperatoren mit dem Zustand -1
a_K	Kriecheigenwert
$\boldsymbol{a}_K$	Kriecheigenwertevektor des Prandtl-Ishlinskii-Kriechoperators
$C(t_0,t_e)$	Menge der absolut stetigen Funktionen auf dem Intervall $[t_0,t_e]$
c	Federkonstante
d	Dämpfungskonstante
E	Fehleroperator, Elektrische Feldstärke
F	Kraft
F_r	Losbrechkraft
F_{rec}	Rekonstruierte Kraft

f	Funktion allgemein
H_{r_H}	Playoperator
H	Prandtl-Ishlinskii-Hystereseoperator, gleitende symmetrische Totzonefunktion
H^{-1}	Inverser Prandtl-Ishlinskii-Hystereseoperator
$\boldsymbol{H}_{\boldsymbol{r}_H}$	Playoperatorenvektor des Prandtl-Ishlinskii-Hystereseoperators
$\boldsymbol{H}_{\boldsymbol{r}'_H}$	Playoperatorenvektor des inversen Prandtl-Ishlinskii-Hystereseoperators
$\boldsymbol{H}$	Vektor der gleitenden symmetrischen Totzonefunktionen
H_e	Prandtl-Ishlinskii-Hystereseoperator: Elektrischer Übertragungspfad
H_s	Prandtl-Ishlinskii-Hystereseoperator: Sensorischer Übertragungspfad
H_a	Prandtl-Ishlinskii-Hystereseoperator: Aktorischer Übertragungspfad
I	Identitätsoperator, Identitätsfunktion
$\boldsymbol{I}$	Einheitsmatrix
$\boldsymbol{i}$	Einheitsvektor
$K_{r_K a_K}$	Elementarer, schwellwertbehafteter Kriechoperator
K_{r_K}	Schwellwertbehafteter log(t)-Kriechoperator
K	Prandtl-Ishlinskii-Kriechoperator, Elementarfunktion
$\boldsymbol{K}_{\boldsymbol{r}_K \boldsymbol{a}_K}$	Elementare Kriechoperatorenmatrix des Prandtl-Ishlinskii-Kriechoperators
$\boldsymbol{K}$	Matrix der Elementarfunktionen K
K_e	Prandtl-Ishlinskii-Kriechoperator: Elektrischer Übertragungspfad
K_a	Prandtl-Ishlinskii-Kriechoperator: Aktorischer Übertragungspfad
k	Diskrete Zeitvariable
$L_\infty(0,N)$	Raum der beschränkten Folgen für $0 \leq k \leq N < \infty$
L_{a_K}	Elementarer, linearer Kriechoperator
L	Linearer log(t)-Kriechoperator, Elementarfunktion
L_W	Lipschitzkonstante der Abbildung W
L_I	Lipschitzkonstante des Identitätsoperators
L_{S_r}	Lipschitzkonstante des einseitigen Totzoneoperators
L_{H_r}	Lipschitzkonstante des Playoperators
L_{L_a}	Lipschitzkonstante des elementaren, linearen Kriechoperators
$L_{K_{ra}}$	Lipschitzkonstante des elementaren, schwellwertbehafteten Kriechoperators
L_S	Lipschitzkonstante des Prandtl-Ishlinskii-Superpositionsoperators
L_H	Lipschitzkonstante des Prandtl-Ishlinskii-Hystereseoperators
L_K	Lipschitzkonstante des Prandtl-Ishlinskii-Kriechoperators
$L_{S^{-1}}$	Lipschitzkonstante des inversen Prandtl-Ishlinskii-Superpositionsoperators

$L_{H^{-1}}$	Lipschitzkonstante des inversen Prandtl-Ishlinskii-Hystereseoperators
L_{Π}	Lipschitzkonstante des Prandtl-Ishlinskii-Kriech-Hystereseoperators
L_{Γ}	Lipschitzkonstante des modifizierten Prandtl-Ishlinskii-Kriech-Hystereseoperators
$L_{\Pi^{-1}}$	Lipschitzkonstante des inversen Prandtl-Ishlinskii-Kriech-Hystereseoperators
$L_{\Gamma^{-1}}$	Lipschitzkonstante des inversen, modifizierten Prandtl-Ishlinskii-Kriech-Hystereseoperators
l	Halbe Anzahl der Schwellwerte des Prandtl-Ishlinskii-Superpositionsoperators
m	Anzahl der Kriecheigenwerte des Prandtl-Ishlinskii-Kriechoperators
$\aleph$	Menge der natürlichen Zahlen
$\aleph_0$	Menge der natürlichen Zahlen einschließlich der Null
N	Diskrete Endzeit
n	Anzahl der Schwellwerte des Prandtl-Ishlinskii-Kriech- und -Hystereseoperators
$\boldsymbol{O}$	Nullmatrix
$\boldsymbol{o}$	Nullvektor
P	Preisach-Hystereseoperator, Elektrische Polarisation
p	Hilfsvariable
q	Elektrische Ladung
$\Re$	Menge der reellen Zahlen
$\Re^+$	Menge der positiven reellen Zahlen ohne die Null
$\Re^+_0$	Menge der positiven reellen Zahlen einschließlich der Null
$R_{s_R r_R}$	Relayoperator
r_R	Halber Abstand des Aufwärts- und des Abwärtssschwellwertes des Relayoperators
r_H	Schwellwert des Playoperators
r_H'	Transformierter Schwellwert des Playoperators
$\boldsymbol{r}_H$	Schwellwertevektor des Prandtl-Ishlinskii-Hystereseoperators
$\boldsymbol{r}_H'$	Schwellwertevektor des inversen Prandtl-Ishlinskii-Hystereseoperators
r_K	Schwellwert des elementaren, schwellwertbehafteten Kriechoperators
$\boldsymbol{r}_K$	Schwellwertevektor des Prandtl-Ishlinskii-Kriechoperators
r_S	Schwellwert des einseitigen Totzoneoperators
r_S'	Transformierter Schwellwert des einseitigen Totzoneoperators
$\boldsymbol{r}_S$	Schwellwertevektor des Prandtl-Ishlinskii-Superpositionsoperators
$\boldsymbol{r}_S'$	Schwellwertevektor des inversen Prandtl-Ishlinskii-Superpositionsoperators
S_{r_S}	Einseitiger Totzoneoperator

S	Prandtl-Ishlinskii-Superpositionsoperator, einseitige Totzonefunktion, mechanische Dehnung
S^{-1}	Inverser Prandtl-Ishlinskii-Superpositionsoperator
$\boldsymbol{S}_{r_S}$	Totzoneoperatorenvektor des Prandtl-Ishlinskii-Superpositionsoperators
$\boldsymbol{S}_{r'_S}$	Totzoneoperatorenvektor des inversen Prandtl-Ishlinskii-Superpositionsoperators
$\boldsymbol{S}$	Totzonefunktionenvektor des Prandtl-Ishlinskii-Superpositionsoperators
S_e	Prandtl-Ishlinskii-Superpositionsoperator: Elektrischer Übertragungspfad
S_s	Prandtl-Ishlinskii-Superpositionsoperator: Sensorischer Übertragungspfad
S_a	Prandtl-Ishlinskii-Superpositionsoperator: Aktorischer Übertragungspfad
S_m	Prandtl-Ishlinskii-Superpositionsoperator: Mechanischer Übertragungspfad
s	Auslenkung
s_0	Anfangswert der Auslenkung
s_{soll}	Sollauslenkung
s_{rec}	Rekonstruierte Auslenkung
s_R	Mittelwert des Aufwärts- und des Abwärtsschwellwertes des Relayoperators
T	Mechanische Spannung
T_s	Konstante Zeitspanne, Integrationsschrittweite oder Abtastschrittweite
t	Kontinuierliche Zeitvariable
t_0	Anfangszeitpunkt
t_e	Endzeitpunkt
U	Elektrische Spannung
$\boldsymbol{U}_S$	Matrix der Ungleichungsnebenbedingungen des Prandtl-Ishlinskii-Superpositionsoperators
$\boldsymbol{U}_H$	Matrix der Ungleichungsnebenbedingungen des Prandtl-Ishlinskii-Hystereseoperators
$\boldsymbol{U}_H'$	Matrix der Ungleichungsnebenbedingungen des inversen Prandtl-Ishlinskii-Hystereseoperators
$\boldsymbol{U}_K$	Matrix der Ungleichungsnebenbedingungen des Prandtl-Ishlinskii-Kriechoperators
$\boldsymbol{u}_S$	Vektor der Ungleichungsnebenbedingungen des Prandtl-Ishlinskii-Superpositionsoperators
$\boldsymbol{u}_H$	Vektor der Ungleichungsnebenbedingungen des Prandtl-Ishlinskii-Hystereseoperators

$\boldsymbol{u}_K$	Vektor der Ungleichungsnebenbedingungen des Prandtl-Ishlinskii-Kriechoperators
u	Hilfsfunktion
V	Gütefunktion
v_S	Gewicht des Prandtl-Ishlinskii-Superpositionsoperators
v_S'	Gewicht des inversen Prandtl-Ishlinskii-Superpositionsoperators
v_H	Gewicht des Prandtl-Ishlinskii-Hystereseoperators
v_H'	Gewicht des inversen Prandtl-Ishlinskii-Hystereseoperators
v_K	Gewicht des Prandtl-Ishlinskii-Kriechoperators
w_S	Gewichtsfunktion des Prandtl-Ishlinskii-Superpositionsoperators
w_S'	Gewichtsfunktion des inversen Prandtl-Ishlinskii-Superpositionsoperators
w_R	Gewichtsfunktion des Preisach-Hystereseoperators
w_H	Gewichtsfunktion des Prandtl-Ishlinskii-Hystereseoperators
w_H'	Gewichtsfunktion des inversen Prandtl-Ishlinskii-Hystereseoperators
w_K	Gewichtsfunktion des Prandtl-Ishlinskii-Kriechoperators
$\boldsymbol{w}_S$	Gewichtevektor des Prandtl-Ishlinskii-Superpositionsoperators
$\boldsymbol{w}_S'$	Gewichtevektor des inversen Prandtl-Ishlinskii-Superpositionsoperators
$\boldsymbol{w}_S'^*$	Wahrer Gewichtevektor des inversen Prandtl-Ishlinskii-Superpositionsoperators
$\boldsymbol{w}_{S0}'$	Vektor der Startgewichte des inversen Prandtl-Ishlinskii-Superpositionsoperators
$\boldsymbol{w}_H$	Gewichtevektor des Prandtl-Ishlinskii-Hystereseoperators
$\boldsymbol{w}_H'$	Gewichtevektor des inversen Prandtl-Ishlinskii-Hystereseoperators
$\boldsymbol{w}_H^*$	Wahrer Gewichtevektor des Prandtl-Ishlinskii-Hystereseoperators
$\boldsymbol{w}_{H0}$	Vektor der Startgewichte des Prandtl-Ishlinskii-Hystereseoperators
$\boldsymbol{w}_K$	Gewichtevektor des Prandtl-Ishlinskii-Kriechoperators
$\boldsymbol{w}_K^*$	Wahrer Gewichtevektor des Prandtl-Ishlinskii-Kriechoperators
$\boldsymbol{w}_{K0}$	Vektor der Startgewichte des Prandtl-Ishlinskii-Kriechoperators
$\boldsymbol{w}_\Pi$	Gewichtevektor des Prandtl-Ishlinskii-Kriech-Hystereseoperators
$\boldsymbol{w}_\Pi^*$	Wahrer Gewichtevektor des Prandtl-Ishlinskii-Kriech-Hystereseoperators
X	Definitionsbereich einer Abbildung W
x	Eingangsfunktion
x_{min}	Lokales Minimum der Eingangsfunktion
x_{max}	Lokales Maximum der Eingangsfunktion
Y	Wertebereich einer Abbildung
y	Ausgangsfunktion

y_0	Anfangswert der Ausgangsfunktion
y_{soll}	Sollwertverlauf der Ausgangsfunktion
y_{off}	Gleichanteil der Ausgangsfunktion
y_{R0}	Anfangswert des Relayoperators
y_{H0}	Anfangswert des Playoperators
y_{L0}	Anfangswert des elementaren, linearen Kriechoperators
y_{K0}	Anfangswert des elementaren, schwellwertbehafteten Kriechoperators
z_R	Zustandsfunktion des Preisach-Hystereseoperators
z_{R0}	Anfangswert der Zustandsfunktion des Preisach-Hystereseoperators
z_H	Zustandsfunktion des Prandtl-Ishlinskii-Hystereseoperators
z_{H0}	Anfangswert der Zustandsfunktion des Prandtl-Ishlinskii-Hystereseoperators
z_L	Zustandsfunktion des linearen $\log(t)$-Kriechoperators
z_{L0}	Anfangswert der Zustandsfunktion des linearen $\log(t)$-Kriechoperators
z_K	Zustandsfunktion des schwellwertbehafteten $\log(t)$-Kriechoperators
z_{K0}	Anfangswert der Zustandsfunktion des schwellwertbehafteten $\log(t)$-Kriechoperators
$\mathbf{z}_H$	Zustandsvektor des Prandtl-Ishlinskii-Hystereseoperators
$\mathbf{z}_{H0}$	Vektor der Anfangszustände des Prandtl-Ishlinskii-Hystereseoperators
$\mathbf{z}_H'$	Zustandsvektor des inversen Prandtl-Ishlinskii-Hystereseoperators
$\mathbf{z}_{H0}'$	Vektor der Anfangszustände des inversen Prandtl-Ishlinskii-Hystereseoperators
$\mathbf{Z}_K$	Zustandsmatrix des Prandtl-Ishlinskii-Kriechoperators
$\mathbf{Z}_{K0}$	Matrix der Anfangszustände des Prandtl-Ishlinskii-Kriechoperators

B.3 Griechische Formelzeichen und Bezeichnungen

α	Aufwärtsschaltschwellwert des Relayoperators
β	Abwärtsschaltschwellwert des Relayoperators
χ	Hilfsvariable
Γ	Modifizierter Prandtl-Ishlinskii-Kriech-Hystereseoperator
Γ^{-1}	Inverser, modifizierter Prandtl-Ishlinskii-Kriech-Hystereseoperator
Γ_e	Modifizierter Prandtl-Ishlinskii-Kriech-Hystereseoperator: Elektrischer Übertragungspfad
Γ_s	Modifizierter Prandtl-Ishlinskii-Kriech-Hystereseoperator: Sensorischer Übertragungspfad
Γ_a	Modifizierter Prandtl-Ishlinskii-Kriech-Hystereseoperator: Aktorischer Übertragungspfad

Γ_m	Modifizierter Prandtl-Ishlinskii-Kriech-Hystereseoperator: Mechanischer Übertragungspfad
Γ_s^{-1}	Inverser, modifizierter Prandtl-Ishlinskii-Kriech-Hystereseoperator: Sensorischer Übertragungspfad
Γ_a^{-1}	Inverser, modifizierter Prandtl-Ishlinskii-Kriech-Hystereseoperator: Aktorischer Übertragungspfad
γ	Gewichtungsfaktor des log(t)-Kriechens
δ	Dirac'sche Impulsfunktion
ε	Untere positive Schranke
$\boldsymbol{\Phi}_S$	Transformationsabbildung des Prandtl-Ishlinskii-Superpositionsoperators
$\boldsymbol{\Phi}_H$	Transformationsabbildung des Prandtl-Ishlinskii-Hystereseoperators
φ_H	Generatorfunktion des Prandtl-Ishlinskii-Hystereseoperators
φ_H^{-1}	Inverse Generatorfunktion des Prandtl-Ishlinskii-Hystereseoperators
φ_H'	Generatorfunktion des inversen Prandtl-Ishlinskii-Hystereseoperators
φ_S^+	Generatorfunktion des Prandtl-Ishlinskii-Superpositionsoperators
φ_S^-	Generatorfunktion des Prandtl-Ishlinskii-Superpositionsoperators
φ_S^{+-1}	Inverse Generatorfunktion des Prandtl-Ishlinskii-Superpositionsoperators
φ_S^{--1}	Inverse Generatorfunktion des Prandtl-Ishlinskii-Superpositionsoperators
$\varphi_S^{+\prime}$	Generatorfunktion des inversen Prandtl-Ishlinskii-Superpositionsoperators
$\varphi_S^{-\prime}$	Generatorfunktion des inversen Prandtl-Ishlinskii-Superpositionsoperators
Π	Prandtl-Ishlinskii-Kriech-Hystereseoperator
Π^{-1}	Inverser Prandtl-Ishlinskii-Kriech-Hystereseoperator
$\boldsymbol{\Theta}_H$	Transformationsabbildung des Prandtl-Ishlinskii-Hystereseoperators
ρ	Hilfsvariable
σ	Hilfsvariable
τ	Hilfsvariable
ξ	Hilfsvariable
$\boldsymbol{\Psi}_S$	Transformationsabbildung des Prandtl-Ishlinskii-Superpositionsoperators
$\boldsymbol{\Psi}_H$	Transformationsabbildung des Prandtl-Ishlinskii-Hystereseoperators